珍 藏 版

Philosopher's Stone Series

哲人石丛书

立足当代科学前沿

彰显当代科技名家

绍介当代科学思潮

激扬科技创新精神

珍藏版策划

王世平　姚建国　匡志强

出版统筹

殷晓岚　王怡昀

双螺旋探秘

量子物理学与生命

In Search
of the
Double Helix

Quantum Physics
and Life

John Gribbin

[英]约翰·格里宾——著

方玉珍　朱进宁　秦久怡　朱　方——译

 上海科技教育出版社

"哲人石"，架设科学与人文之间的桥梁

　　"哲人石丛书"对于同时钟情于科学与人文的读者必不陌生。从1998年到2018年，这套丛书已经执着地出版了20年，坚持不懈地履行着"立足当代科学前沿，彰显当代科技名家，绍介当代科学思潮，激扬科技创新精神"的出版宗旨，勉力在科学与人文之间架设着桥梁。《辞海》对"哲人之石"的解释是："中世纪欧洲炼金术士幻想通过炼制得到的一种奇石。据说能医病延年，提精养神，并用以制作长生不老之药。还可用来触发各种物质变化，点石成金，故又译'点金石'。"炼金术、炼丹术无论在中国还是西方，都有悠久传统，现代化学正是从这一传统中发展起来的。以"哲人石"冠名，既隐喻了科学是人类的一种终极追求，又赋予了这套丛书更多的人文内涵。

　　1997年对于"哲人石丛书"而言是关键性的一年。那一年，时任上海科技教育出版社社长兼总编辑的翁经义先生频频往返于京沪之间，同中国科学院北京天文台（今国家天文台）热衷于科普事业的天体物理学家卞毓麟先生和即将获得北京大学科学哲学博士学位的潘涛先生，一起紧锣密鼓地筹划"哲人石丛书"的大局，乃至共商"哲人石"的具体选题，前后不下十余次。1998年年底，《确定性的终结——时间、混沌与新自然法则》等"哲人石丛书"首批5种图书问世。因其选题新颖、译笔谨严、印制精美，迅即受到科普界和广大读者的关注。随后，丛书又推

出诸多时代感强、感染力深的科普精品,逐渐成为国内颇有影响的科普品牌。

"哲人石丛书"包含4个系列,分别为"当代科普名著系列"、"当代科技名家传记系列"、"当代科学思潮系列"和"科学史与科学文化系列",连续被列为国家"九五"、"十五"、"十一五"、"十二五"、"十三五"重点图书,目前已达128个品种。丛书出版20年来,在业界和社会上产生了巨大影响,受到读者和媒体的广泛关注,并频频获奖,如全国优秀科普作品奖、中国科普作协优秀科普作品奖金奖、全国十大科普好书、科学家推介的20世纪科普佳作、文津图书奖、吴大猷科学普及著作奖佳作奖、《Newton-科学世界》杯优秀科普作品奖、上海图书奖等。

对于不少读者而言,这20年是在"哲人石丛书"的陪伴下度过的。2000年,人类基因组工作草图亮相,人们通过《人之书——人类基因组计划透视》、《生物技术世纪——用基因重塑世界》来了解基因技术的来龙去脉和伟大前景;2002年,诺贝尔奖得主纳什的传记电影《美丽心灵》获奥斯卡最佳影片奖,人们通过《美丽心灵——纳什传》来全面了解这位数学奇才的传奇人生,而2015年纳什夫妇不幸遭遇车祸去世,这本传记再次吸引了公众的目光;2005年是狭义相对论发表100周年和世界物理年,人们通过《爱因斯坦奇迹年——改变物理学面貌的五篇论文》、《恋爱中的爱因斯坦——科学罗曼史》等来重温科学史上的革命性时刻和爱因斯坦的传奇故事;2009年,当甲型H1N1流感在世界各地传播着恐慌之际,《大流感——最致命瘟疫的史诗》成为人们获得流感的科学和历史知识的首选读物;2013年,《希格斯——"上帝粒子"的发明与发现》在8月刚刚揭秘希格斯粒子为何被称为"上帝粒子",两个月之后这一科学发现就勇夺诺贝尔物理学奖;2017年关于引力波的探测工作获得诺贝尔物理学奖,《传播,以思想的速度——爱因斯坦与引力波》为读者展示了物理学家为揭示相对论所预言的引力波而进行的历时70年的探索……"哲人石丛书"还精选了诸多顶级科学大师的传记,《迷人的科学风采——费恩曼传》《星云世界的水手——哈勃传》《美丽心灵——纳什传》《人生舞台——阿西莫夫自传》《知无涯者——拉马努金传》《逻辑人生——哥德尔传》《展演科学的艺术家——萨根传》《为世界而生——霍奇金传》《天才的拓荒者——冯·诺伊曼传》《量子、猫与罗曼史——薛定谔传》……细细追踪大师们的岁月足迹,科学的力量便会润物细无声地拂过每个读者的心田。

"哲人石丛书"经过20年的磨砺,如今已经成为科学文化图书领域的一个品牌,也成为上海科技教育出版社的一面旗帜。20年来,图书市场和出版社在不断变化,于是经常会有人问:"那么,'哲人石丛书'还出下去吗?"而出版社的回答总是:"不但要继续出下去,而且要出得更好,使精品变得更精!"

"哲人石丛书"的成长,离不开与之相关的每个人的努力,尤其是各位专家学者的支持与扶助,各位读者的厚爱与鼓励。在"哲人石丛书"出版20周年之际,我们特意推出这套"哲人石丛书珍藏版",对已出版的品种优中选优,精心打磨,以全新的形式与读者见面。

阿西莫夫曾说过:"对宏伟的科学世界有初步的了解会带来巨大的满足感,使年轻人受到鼓舞,实现求知的欲望,并对人类心智的惊人潜力和成就有更深的理解与欣赏。"但愿我们的丛书能助推各位读者朝向这个目标前行。我们衷心希望,喜欢"哲人石丛书"的朋友能一如既往地偏爱它,而原本不了解"哲人石丛书"的朋友能多多了解它从而爱上它。

上海科技教育出版社

2018年5月10日

"哲人石丛书":20年科学文化的不懈追求

◇ 江晓原(上海交通大学科学史与科学文化研究院教授)
◆ 刘兵(清华大学社会科学学院教授)

◇ 著名的"哲人石丛书"发端于1998年,迄今已经持续整整20年,先后出版的品种已达128种。丛书的策划人是潘涛、卞毓麟、翁经义。虽然他们都已经转任或退休,但"哲人石丛书"在他们的后任手中持续出版至今,这也是一幅相当感人的图景。

说起我和"哲人石丛书"的渊源,应该也算非常之早了。从一开始,我就打算将这套丛书收集全,迄今为止还是做到了的——这必须感谢出版社的慷慨。我还曾向丛书策划人潘涛提出,一次不要推出太多品种,因为想收全这套丛书的,应该大有人在。将心比心,如果出版社一次推出太多品种,读书人万一兴趣减弱或不愿一次掏钱太多,放弃了收全的打算,以后就不会再每种都购买了。这一点其实是所有开放式丛书都应该注意的。

"哲人石丛书"被一些人士称为"高级科普",但我觉得这个称呼实在是太贬低这套丛书了。基于半个世纪前中国公众受教育程度普遍低下的现实而形成的传统"科普"概念,是这样一幅图景:广大公众对科学技术极其景仰却又懂得很少,他们就像一群嗷嗷待哺的孩子,仰望着高踞云端的科学家们,而科学家则将科学知识"普及"(即"深入浅出地"单向灌输)给他们。到了今天,中国公众的受教育程度普遍提高,最基础的科学教育都已经在学校课程中完成，上面这幅图景早就时过境迁。传统"科普"概念既已过时，鄙意以为就不宜再将优秀的"哲人石丛书"放进"高级科普"的框架中了。

◆ 其实，这些年来，图书市场上科学文化类，或者说大致可以归为此类的丛书，还有若干套，但在这些丛书中，从规模上讲，"哲人石丛书"应该是做得最大了。这是非常不容易的。因为从经济效益上讲，在这些年的图书市场上，科学文化类的图书一般很少有可观的盈利。出版社出版这类图书，更多地是在尽一种社会责任。

但从另一方面看，这些图书的长久影响力又是非常之大的。你刚刚提到"高级科普"的概念，其实这个概念也还是相对模糊的。后期，"哲人石丛书"又分出了若干子系列。其中一些子系列，如"科学史与科学文化系列"，里面的许多书实际上现在已经成为像科学史、科学哲学、科学传播等领域中经典的学术著作和必读书了。也就是说，不仅在普及的意义上，即使在学术的意义上，这套丛书的价值也是令人刮目相看的。

与你一样，很荣幸地，我也拥有了这套书中已出版的全部。虽然一百多部书所占空间非常之大，在帝都和魔都这样房价冲天之地，存放图书的空间成本早已远高于图书自身的定价成本，但我还是会把这套书放在书房随手可取的位置，因为经常会需要查阅其中一些书。这也恰恰说明了此套书的使用价值。

◇ "哲人石丛书"的特点是：一、多出自科学界名家、大家手笔；二、书中所谈，除了科学技术本身，更多的是与此有关的思想、哲学、历史、艺术，乃至对科学技术的反思。这种内涵更广、层次更高的作品，以"科学文化"称之，无疑是最合适的。在公众受教育程度普遍较高的西方发达社会，这样的作品正好与传统"科普"概念已被超越的现实相适应。所以"哲人石丛书"在中国又是相当超前的。

这让我想起一则八卦：前几年探索频道（Discovery Channel）的负责人访华，被中国媒体记者问到"你们如何制作这样优秀的科普节目"时，立即纠正道："我们制作的是娱乐节目。"仿此，如果"哲人石丛书"的出版人被问到"你们如何出版这样优秀的科普书籍"时，我想他们也应该立即纠正道："我们出版的是科学文化书籍。"

这些年来，虽然我经常鼓吹"传统科普已经过时"、"科普需要新理念"等等，这当然是因为我对科普做过一些反思，有自己的一些想法。但考察这些年持续出版的"哲人石丛书"的各个品种，却也和我的理念并无冲突。事实上，在我们两人已经持续了17年的对谈专栏"南腔北调"中，曾多次对谈过"哲人石丛书"中的品种。我想这一方面是因为丛书当初策划时的立意就足够高远、足够先进，另一方面应该也是继任者们在思想上不懈追求与时俱进的结果吧！

◆ 其实，究竟是叫"高级科普"，还是叫"科学文化"，在某种程度上也还是个形式问题。更重要的是，这套丛书在内容上体现出了对科学文化的传播。

随着国内出版业的发展，图书的装帧也越来越精美，"哲人石丛书"在某种程度上虽然也体现出了这种变化，但总体上讲，过去装帧得似乎还是过于朴素了一些，当然这也在同时具有了定价的优势。这次，在原来的丛书品种中再精选出版，我倒是希望能够印制装帧得更加精美一些，让读者除了阅读的收获之外，也增加一些收藏的吸引力。

由于篇幅的关系，我们在这里并没有打算系统地总结"哲人石丛书"更具体的内容上的价值，但读者的口碑是对此最好的评价，以往这套丛书也确实赢得了广泛的赞誉。一套丛书能够连续出到像"哲人石丛书"这样的时间跨度和规模，是一件非常不容易的事，但唯有这种坚持，也才是品牌确立的过程。

最后，我希望的是，"哲人石丛书"能够继续坚持以往的坚持，继续高质量地出下去,在选题上也更加突出对与科学相关的"文化"的注重,真正使它成为科学文化的经典丛书!

2018年6月1日

内容提要

达尔文和孟德尔开创了一个全新的世界，然而遗传和进化的机制，长久以来仍是未解之谜。只有当量子物理学家加入揭秘行动时，我们才真正开始理解复杂的有机分子是如何造就的。约翰·格里宾填补了对这一背景的认识，记述了确定DNA结构和破译最终密码的激烈（有时是肆无忌惮的）竞争。他认为，今天，即使是对血液中氨基酸的分析，也确证了达尔文理论的原理，揭示了我们与大猩猩和黑猩猩之间有着多么令人惊诧的相近之处。科学家如今已了解了生命的基本秘密：量子效应导致了微小的遗传突变，由DNA加以传递，这引发了植物和动物中的生存斗争。《双螺旋探秘》解释了这些过程是如何环环相扣的，提供了一种理想化的概观。

作者简介

约翰·格里宾,英国著名科学读物专业作家,萨塞克斯大学天文学访问学者。他毕业于剑桥大学,获天体物理学博士学位。曾先后在《自然》杂志和《新科学家》周刊任职。1974年他以其关于气候变迁的作品获得了英国最佳科学著作奖。

约翰·格里宾著有50多部科普和科幻作品,其中的科学三部曲《薛定谔猫探秘》、《双螺旋探秘》和《大爆炸探秘》(中译本于2000年由上海科技教育出版社出版)尤为脍炙人口。此外,他还与妻子合著了一系列著名科学家的传记,而反映"科学顽童"费恩曼科学生涯的《迷人的科学风采——费恩曼传》(中译本于1999年由上海科技教育出版社出版)更是广受好评。约翰·格里宾的其他作品包括《宇宙之初》、《时间边缘探秘》、《物质神话》(与保罗·戴维斯合著)、《斯蒂芬·霍金——科学的一生》、《爱因斯坦——科学的一生》(与迈克尔·怀特合著)等。

如果我们了解了自然的变异性，以及一个随时都会作用并进行选择的强大动因，为什么我们还要质疑在极其复杂的生命关系条件下，任何对生物有利的变异均能够保留、积累并遗传下去呢？如果人类能够凭借耐心选择对自己最有利的变异，为什么大自然就不能在千变万化的生存条件下选择对其生灵有利的变异呢？对这种千百万年来一直在发挥作用，每种生物的构造、结构和习惯均无法逃过其严格审查，借此实现优胜劣汰的力量，能够施加什么限制呢？我认为这种缓慢而绝妙地使每种生物适应最复杂生命关系的力量是无限的。

——查尔斯·达尔文(Charles Darwin)，

《物种起源》，1859年

　　惟有最最适应者方得生存。

——鲍勃·马利(Bob Marley)，

《你能被爱吗》，1980年

CONTENTS 目录

目 录

001 — 导言

005 — **第一篇　达尔文**

007 — 第一章　重新认识达尔文

025 — 第二章　孟德尔与现代综合

051 — 第三章　性与重组

075 — **第二篇　DNA**

077 — 第四章　量子物理学

102 — 第五章　量子化学

124 — 第六章　生命之分子

162 — 第七章　生命分子

213 — **第三篇　……及超越**

215 — 第八章　破译密码

248 — 第九章　跳跃基因

269 — 第十章　从达尔文到DNA

292 — 注释

302 — 参考文献

写这本书的想法是由我那本关于量子力学的书《薛定谔猫探秘》自然而然地萌生出来的。那本书简要介绍了20世纪量子物理学对许多科学领域所产生的革命性影响,包括对化学研究的影响,特别是对我们关于大分子(即生命分子)的认识所产生的影响。没有量子力学,就根本不会有分子生物学这门学科。大约是在同时,我通过与切法斯(Jeremy Cherfas)合写的有关人类进化的两本书,也就是《猴子之谜》和《过剩的雄性》,对达尔文那个年代以来历次关于进化的大辩论提出了自己的见解,反向地即由表及里地从整个动植物开始直到遗传物质,提出了我对基因和DNA研究方法的见解。

关于达尔文进化论的故事,人们已经讲了很多遍,这同不久前的达尔文100周年纪念活动有很大关系;关于DNA和分子生物学的故事,人们也同样反复地讲述。但至今我还没有看到过任何文章谈到应该公正地把分子生物学归根于量子,而且即便有什么科普读物讲述从达尔文到DNA以及更远的有关整个进化的故事,那也是屈指可数的。我在不同场合对从量子物理学到分子生物学,以及从达尔文到进化的遗传基础这些发展过程所作的探讨,启示我可能会有人需要一本书来完整地讲述这一故事。或许通过这样一本书,能够通俗易懂地为当今媒体上许多关于科学的热门话题,诸如关于创世说的"辩论"和遗传工程等,提供背景材料。我希望本书能够满足这样的需求。

我并不想在这里为进化论本身的真实性进行辩护,最好还是让事实自己说话。但因为仍有一些人还在反对进化论,所以,即使是到了20世纪80年代中期,人们还是会饶有兴趣地注意到把整个故事串在一起会是多么协调。量子物理学和分子生物学为进化机制提供了一种达尔文本人确信存在但在他那个年代一直未能得出的解释。量子物理学和分子生物学确切地解释了遗传信息怎样从亲代传给后代,同时也解释了为什么复制这种信息有时会出现差错,因而后代与它们的亲代常常并不十分相像。我们不久将要看到,遗传信息的这种精确复制(当然不是100%精确),是达尔文进化论的精髓。

不过,在我的故事开始之前,我要感谢许许多多的朋友和同事,要是没有他们,这本书是永远写不出来的,因为对一个学术背景是物理学和天文学的作者来说,写这样一本书离自己的专业太远。我的妻子学的是生物学,她为这本书提供的帮助比我以前写书时她所作的贡献更大,而在萨塞克斯大学图书馆工作的李(Steve Lee)和他的同事们最近建立了一个可以进行计算机查询的资料库,这大大简化了写此书必不可少的科学文献检索工作。我真不知道过去没有它时我是怎么写作的——正像我如今发现,如果没有文字处理计算机或复印机,要写一本书简直是不可思议。《新科学家》周刊的瓦因斯(Gail Vines)从头至尾认真阅读了本书的初稿,免去了我因不懂生物学而讲了许多外行话的尴尬,而对有关化学的章节,米尔格罗姆(Lionel Milgrom)也做了同样的工作。我还非常感激我的生物学顾问切法斯,虽然他没有直接参与本书的写作,但他为我开辟了一个崭新的世界。最后,我始终要感谢我的小儿子本(Ben),感谢他在我初稿写到一半而无望完稿,像许多作者那样怀疑自己是否在浪费时间之际所说的一段评语。当时他拿起一摞打印出来的书稿,默不作声地坐在那儿读了一个多小时,然后转身对他母亲说:"我喜欢这本书。它实在是太有趣了。尽管你不见得能看懂书中所有的词,但它还是像一本故事书。"正是有了此类事件,才使得我们这些作者有勇气继续写下去;我希望你能像他一样欣赏这本书。

约翰·格里宾

1984年6月

第一篇

达尔文

如果人类能够凭借耐心选择对自己最有利的变异,为什么大自然就不能在千变万化的生存条件下选择对其生灵有利的变异呢?

——查尔斯·达尔文,
《物种起源》,1859 年

第一章

重新认识达尔文

查尔斯·达尔文(Charles Darwin)被公认为有史以来最伟大的知识革命之父。他在1859年的《物种起源》一书中发表的自然选择进化论,不仅对科学界,而且对整个社会所广泛持有的观点提出了挑战。确实,哈佛大学动物学教授迈尔(Ernst Mayr)在1982年达尔文逝世100周年纪念大会上发表的演讲中说,"在科学与神学还没有干净彻底地决裂之前,任何真正客观而不带偏见的科学是不可能产生的",《物种起源》一书的出版是导致这场决裂的最具影响的一件大事。[1]我在本书的开头无须解释达尔文是什么人或进化论是怎么回事,仅用这样的一段话作为开场白,就足以说明在达尔文谢世后的100年里那场革命的影响是如何之大。我相信,每个读者对这个人和他的贡献都有一定的了解,而从这个意义上说,我却不敢肯定,每个阅读有关宇宙学书籍的人对爱因斯坦(Einstein)的广义相对论一定会有哪怕是一丝丝的了解。你我之间对达尔文所做工作的印象是否相同尚待以后见分晓;不过,从一开始我们都会同意这样一种看法,即由于达尔文从古今皆然的自然过程的角度来解释包括我们人类在内的所有物种起源的问题,因而他确定无疑地至少使生物科学与宗教发生了决裂。

但这场革命究竟是纯属"达尔文的"呢,还是那个时代不可避免的产物？科学是不是实际上已经具备了同宗教决裂的条件,而达尔文所做的只不过是加快了它的进程呢？我们看到,到19世纪中叶,自然选择的思想已日臻成熟,这并不是贬低达尔文无可置疑的天才,更不是贬低他综合各学科的证据使之成为一个统一理论的能力,这一点已经被这样一个事实所证明,即:达尔文的同代人华莱士(Alfred Russel Wallace)通过与达尔文几乎相同的观察,也独立地形成了同样的思想。

从多方面来看,达尔文是一个胆小的革命者。虽然到1842年,也就是他乘"贝格尔号"进行那次著名的环球考察结束回到家里6年以后,他的理论已经基本上形成,但他并没有向外界发布,直到1858年当他收到华莱士从加里曼丹岛写给他的一封信为止,华莱士的这封信概述了同达尔文几乎完全相同的理论。正是由于害怕华莱士会抢在前面,达尔文才发表了自己的理论。即使在那个时候,体弱多病的达尔文依然埋头于写作,而那个才华横溢的解剖学家托马斯·亨利·赫胥黎(Thomas Henry Huxley)(他第一次听到达尔文的理论时曾自我感叹道"没有往那里想,真是愚蠢透顶")[2]却在公开的辩论中为进化论仗义执言,他那毫不妥协的精神使他背上了"达尔文斗犬"的名声。没有达尔文,华莱士也会发表自然选择理论,没有华莱士或达尔文,赫胥黎或他的某个同代人迟早也会想到这一点。自然选择进化论是整个18世纪和19世纪初人们对地球的地质史、地球年龄及化石的本质不断深入了解的必然产物。

时间之厚礼

地质学赠予达尔文那一代科学思想家们的一大厚礼是时间。18世纪末,基督教神学家们仍在鼓吹说地球的年龄不可能大于6000年,而上帝创造万物则发生在公元前4004年。这种信念来自对《圣经》故事生搬硬套的解释,它是从当时起按一代代人倒数到亚当算出来的。用这么短的一段时间作为依据,那些如此考虑问题的人只能想象地球是不变的,即使有变化,也只能是由《圣经》所描写的大洪水这样的突发性大灾难造成的。当有证据说明地球的年龄远远超过6000年,而且在这漫长的历史长河中,地球表面确实发生了巨大变化时,灾变说一时间也许很自然地占据了上风,因为它可以把地质新发现解释为由许多次不同的灾难而不是《圣经》所说的一次洪水所造成的。

那些地质新发现的确非常引人注目。英国勘测人员史密斯(William Smith)是对化石进行系统研究的第一人,他在18世纪末所做的工作使他经常要深入矿井之中以及来往于新开凿的运河剖面。他对所看到的不同岩层以及其中包容的化石都一一做了记录,最后证明,每一个地层,不管是在哪里发现的,都含有一个独特的化石群,也就是某一特定生物体的遗体。当时许多地质学家和思想家所得出的结论是,地球一定非常古老,随着时间的推移,地层一层层地在加厚,在这个过程中出现了不同的生命,它们在地球表面生活了一段时间,然后又被别的生命所替代,这种活动反复发生,贯穿于整个历史长河中。

19世纪初,法国科学家居维叶(Georges Cuvier)把这些想法归纳为灾变说。他把地层的分层及各层所含的不同种类的生命都视为地球上突发而致命的环境变化的征兆——海平面的变化引发了洪水,地壳隆起造成了新的山脉或气候的剧烈变化。每一次地壳运动以后,上帝就创造出新的生命,这些生命到一定的时候又被下一次灾难所毁灭。这就是到19世纪为止一直为人们普遍接受的世界观。但是还有另外一种观点,这个观点对达尔文产生了巨大的影响。

赖尔对达尔文的影响

赫顿(James Hutton)是一个老派的绅士科学家,出生于1726年。到

1768年，他通过经营农场和发明一项生产氯化铵的工艺挣了不少钱，使他能够全力以赴地投入到科学会议和研究不同种类岩石构造的野外考察中去。所有这些活动使他得出一个结论，即自然过程对现今地球所产生的影响——流水侵蚀，潮汐活动，以及火山喷发等等，足以解释地球形成以来其表面所发生的变化，只要这些自然过程有足够的时间来发挥作用。这是与灾变说相对立的均变说思想的本质。对赫顿来说，我们今天看到的地质构造，无须用特别的剧烈活动来解释，只要在一个极其漫长的时间里，日积月累的缓慢变化就足够了。

1785年，赫顿向爱丁堡皇家学会提交了第一篇论文，阐明了他的思想，3年后又提交了第二篇。他提出的原理是把地球历史假设为一个非常长的时期，比灾变论者认为的时间还要长得多，但他的同代人对这一设想的可能性几乎没有给予任何认真的考虑。直到1793年，他的观点才引起爱丁堡皇家学会足够的注意，并遭到了猛烈的攻击。赫顿1795年出版了《地球理论》一书作为对这些攻击的回敬；这本书分为两卷，1797年他的逝世使第三卷未能问世，但他的朋友普莱费尔(John Playfair)1802年出版了一本书，概要地阐述了均变说的理论。科学界仍抱着怀疑的态度：灾变说依然还是当时公认的观点，而且由于居维叶的工作，这种观点还挺吃香，但均变说的思想至少已经产生，而且还有支持者。这就是赖尔(Charles Lyell)所从事的地质工作的背景。在达尔文乘"贝格尔号"远航期间及航行刚刚结束的这段时间里，赖尔所从事的地质工作对达尔文科学思想的萌发产生了独一无二的最直接影响。

赫顿逝世的那一年，另一个苏格兰人赖尔刚刚出生。像赫顿一样，他的科学生涯也没有遵循我们今天认定的那种常规学术道路。他19岁那年进入牛津大学求学，1819年毕业，然后去伦敦学习法律。1825年他获得了律师资格。但他在学习与实践法律的过程中都受到了他对地质学爱好的影响。严格地说，这种爱好也只是业余的，他之所以能这样投注热情,主要是他父亲为他提供了经济资助。他制订了一个写书的计划,打算论证所有地质现象都能用自然过程来解释,而无须求助于超自然现象。1828年,他出发去欧洲大陆四周考察,为他的观点收集材料。从法国和意大利,尤其是西西里岛的埃特纳火山,他找到了说明自然力量威力的充分证据。1829年2月回到伦敦后,他就着手写他的巨著《地质学原理》,1830年出版了此书的第一卷。1830年7月,赖尔再次外出旅行,这次他去了比利牛斯这个地质学上颇具吸引力的地方,还南下去了西班牙。1831年,他按计划出了此书的第二卷,1833年出了第三卷,也是最后一卷。

赖尔的工作是在赫顿工作的基础上做的,但比赫顿要更进一步。即使如此,也没有把灾变说一夜间全都扫尽。过了数十年,均变说才被确认为地质学的指导原理。然而赖尔的书立即引起了辩论并得到了许多人的支持,其中之一就是查尔斯·达尔文。达尔文正好比赖尔小12岁。1831年12月27日,达尔文带着赖尔的《地质学原理》第一卷,登上"贝格尔号"出发远航。后来在航海途中,他又得到了第二卷。1836年航海回来,读到了第三卷,那时,达尔文也只有27岁。达尔文从赖尔身上得到了两件东西——一是自然过程起作用必须要经历一个很长的时间,再就是除了我们今天所看到的在长时间里发挥作用的自然过程以外,不需要任何别的东西就可以解释地球上发生巨大变化这一思想。同样,赖尔研究自然问题的科学态度,他组织材料及提出观点的方法都给达尔文留下了深刻印象,达尔文后来写道:

> 我总觉得我写的书有一半出自赖尔的脑子,而对此我一直无法充分表达我的感激之情……我一直认为,《地质学原理》一书最大的功劳就在于它改变了一个人的整体思路。[3]

那么达尔文自己的背景是怎样的呢？进化论是在什么样的背景下产生的呢？何种背景使这个22岁的年轻人有如此理想的条件——随身携带着赖尔新出版的《地质学原理》，像一个博物学家那样周游世界——去创立自然选择进化论的思想？

形象和其人

在公众的眼里，青年达尔文常常被描述为一个漫画式的人物。他出身于一个富裕的家庭，母亲的娘家姓韦奇伍德（Wedgewood），是个颇具名声的制陶世家，而他的祖父伊拉兹马斯·达尔文（Erasmus Darwin）除了各种职业之外，还是当时一位有名的自然哲学家，他常常在琢磨生物进化的本质。许多传记和电视普及节目向公众塑造了这么一个形象，即达尔文是一个不务正业而只对打猎、射击、钓鱼感兴趣的青年，这是19世纪初新发迹家庭中年轻少爷典型的"游猎公子"形象。但这一形象并不反映他的真实面貌。最近的一些传记作家们指出，这个形象在很大程度上是基于达尔文晚年对往事的回忆而塑造出来的，虽然这些回忆也许表明了达尔文的谦虚，但它们并非完全可靠。事实上所有的证据表明，虽然达尔文非常喜爱野外运动，但从小就对他周围的世界有浓厚的兴趣，他热爱科学，对地质学方面重要的新发展颇有了解。[4]

当然，达尔文没有如他父亲所期盼的那样成为一名医生，在他看到未施麻醉药做的手术以后，他离开了爱丁堡大学。不过当他还在爱丁堡大学的时候，他也学了地质学，而当他去剑桥读书时，表面上看是准备在教会谋求一份职业，实际上他获得了充分的机会发展他对生物界的兴趣和爱好。他成了植物学教授亨斯洛（John Stevens Henslow）的好朋友。即使是在19世纪初，剑桥大学的教授们也不习惯让浅薄的花花公子进入自己的圈子。单凭达尔文与亨斯洛的亲密关系这一点，就足以说明当时达尔文对科学已经非常投入。正是由于亨斯洛的影响,在达尔文即将被任命圣职的关键时刻,他得到了一个无报酬的博物学研究岗位,并成为"贝格尔号"船长的伙伴。这并不是因为他走运或给他点儿事消磨时间,而是因为这位剑桥大学的植物学教授认为达尔文最能够胜任这项工作。以后的事实充分证明教授的信任是有道理的。

当然,达尔文生在一个有钱的人家,这对他来说确实很幸运,他的父亲有条件供他读两所大学,而他的舅舅乔赛亚·韦奇伍德二世(Josiah Wedgewood Ⅱ)并没有花费多少口舌,年轻的达尔文就获准离开家乡漂洋过海,而不是22岁时就守在家里干一份"正经"的职业。当时甚至是以后,也很少有人在人生开端之时就能有这么优越的条件,而在**拥有**这种机会的人当中,能像达尔文那样很好地把握这种机会的人又是极少数。布伦特(Peter Brent)所著的传记详细记述了达尔文的一生;至于他在"贝格尔号"上的详细情况,在拉林(Christopher Ralling)整理的文集中都能看到。我现在所要谈的是为达尔文自身工作铺平道路的科学背景,这个背景很大程度上来自赖尔的影响。

在赖尔的工作开始之前,地质学和生物学已有了密不可分的联系。独特的化石有助于确定地层年代,不同岩层间的差别所显示的不断变化的环境,为化石发生变化的原因提供了线索。赖尔认为,任何物种迟早都会灭绝,因为地球上不断变化的环境会毁灭它们所适应的栖息地,也就是生态位。他认为,每一个物种的属性都是由它繁殖所需的一系列特定的环境条件所决定的。当这一系列条件消失时,那么这种生命形式也就随之消失。但是当条件发生变化时,适应新出现的生态位的生命又从何而来?对这个问题,他只是作了推论。他特别反对这样一种说法,即一个物种通过"蜕变"会变为另一个物种,他只是说,适应新环境的新物种是被创造出来的。在赖尔的观念世界里,万物仍是上帝创造的,只不过这种创造并非一次性的,而是几乎每天都在对地球上的生命进行修补替换,以确保适应各种生态位的物种存在。

这就是达尔文本人思想产生的背景,也是他的出发点。达尔文的进化思想是在赖尔思想的基础上,根据他航海周游世界的所见所闻发展起来的。达尔文是一位伟大的观察家,他善于发现细节及它们的各种关系。他看到较年轻陆地上的物种,尤其是加拉帕戈斯群岛*上的鸟类与邻近较古老陆地上的物种非常相像,他还看到,邻近岛屿上的物种相互之间比它们与大陆上同类物种之间更为接近。虽然那些岛屿上的每一个物种**确实**对它所生存的生态位非常适应,但他也看到由同一祖先即从大陆迁徙来的一个物种,能够最好地解释它们的**起源**,它们是同一祖先的后代,所以它们之间有相似性,而为了适应不同的环境,它们之间又有所区别。用适应性和共同祖先一起来作解释,比单纯用适应性作解释更加清楚;不过,又是什么**机制**使得这些后代们能够逐渐变得具有与它们的祖先所不同的形态呢?

达尔文与马尔萨斯

这个问题是达尔文结束长达5年之久的"贝格尔号"航行之后,1836年回到家里时脑子里的主要谜团。对于达尔文在以后的6年里怎样创立了他关于自然选择的构想,利兹大学的霍奇(M. J. S. Hodge)所作的描述是最清楚也是最具权威性的。在由本多尔(D. S. Bendall)编写的纪念达尔文逝世100周年文集中,霍奇总结了他的发现。根据他的这一描述,达尔文本人思想的关键性发展是在1838年9月28日首次读到马尔萨斯(Thomas Malthus)的名著《人口论》以后的6个月中。这本书现在广泛地被人们,特别是那些臭名昭著的鼓吹"增长极限学派"的世界末日论者误解和歪曲。他们认为,由于有"马尔萨斯极限"的存在,所以

---

* 加拉帕戈斯群岛,位于太平洋东部赤道上,现属厄瓜多尔。——译者

世界马上就会处在毁灭的危险之中。现在有必要暂且把达尔文的故事搁一搁,看一看马尔萨斯究竟是怎么说的。

马尔萨斯生于1766年,1798年匿名出版了《人口论》的第一版。马尔萨斯本人是个科班出身的数学家,他对人口以及其他物种的种群在不受控制的条件下的增长方式甚感兴趣。他意识到这种增长是按几何级数进行的,也就是说,在一定的时间间隔里,这种增长是成倍而不是稳定或线性地进行。这样的增长如果不加控制,会呈现爆炸性的趋势,对于这一点,只要想象如果老鼠、蟑螂和兔子种群不受抑制或不均衡地增长,这个世界会变成什么样子,就能够很容易地看清。虽然人类繁殖要比这些动物缓慢得多,但马尔萨斯指出,当时美洲新大陆人口的增长实际上比每25年翻一番要快。当然,其条件是每对夫妇在25岁之前要生育足够数量的孩子,这样才能有4个能够存活到可生育的年龄。然而从历史上看,人口的增长显然没有达到每25年翻一番。即使是所有动物中繁殖最慢的大象,如不加限制的话,在仅仅750年中就能生育1900万头后代;但是,一直到"文明的"人类打乱了原有的平衡以前,象的种群数基本上是稳定不变的。平均来说,750年前的每对大象,过了750年或随便多少年以后,留下的后代还是一对,这是为什么呢?

马尔萨斯认识到,所有的种群都受制于制衡力量,如捕食者的袭击等,其中最主要的是食物来源的限制。种群的增长将消耗现有的资源,或如他所说的那样:

> 在任何地方,(人口或种群的)自然增长趋势都如此之大,以至于一般来说很容易解释为什么每个国家都会有这么多人口。在这个问题上,比较难但又比较有趣的一点是要找出阻止其进一步发展的直接原因……那么,这种巨大的力量又是什么……是什么样的限制因素和夭折形式使人口保持在与生活资料相适应的低水平。[5]

　　既然有史以来人类或大象的数目并没有呈几何级数增长，一定有什么东西限制了它们。马尔萨斯断言，这些东西就是饥荒、瘟疫、战争和疾病。他悲观地预言，如果误导人们企图通过减少这些自然限制的影响来改善人类，只能给我们自身造成越来越多的麻烦。只有"不端行为"（在他看来其中也包括避孕）、"灾难"或"自我约束"才能阻止人口的不断增长，从粮食供给的角度看，这种增长是农民无法承受得起的。

　　那场辩论至今仍然在继续着。值得顺便一提的是，自20世纪40年代后，在人口增长最快的这段时期里，粮食的增长实际上还更快一点，[6]当然避孕也不再如马尔萨斯所认为的那样是一种"不端行为"。不过对这个偏离达尔文思想的话题，我们也就只能说到这里。

进化的三大关键

　　马尔萨斯《人口论》对达尔文影响的关键就在"夭折"这个词上。马尔萨斯指出，在自然状态中，所有生物个体中的**多数**在出生以后都活不到它们自己能够生育的年龄。达尔文想知道，为什么那些少数的个体能够生存下来并进行繁殖，而其他的就不能。他清楚地看到，最成功的个体也就是那些最能适应其所处的特定生态位的个体。反过来说，适应能力最差的将成为那些在争夺马尔萨斯所指的有限资源中的失败者。用我们现在都很熟悉的话来说，也就是适者生存。大量地生育，经过残酷的淘汰，剩下的只是那些最能适应环境的个体。

　　就在达尔文第一次读到马尔萨斯《人口论》的当天，他在《关于物种蜕变的笔记》中写下了如下这段话：

　　　　总体上说，每年每一种生物都有同样的数目死于老鹰、严寒等等——甚至一种鹰数量的减少都必然会对其他的生物产生立竿见影的影响。所有这些变化的最终原因一定会导致一

种相应的结构……有一种力量就像10万个楔子一样，把各种
适应的结构挤入自然经济的空隙中，或者更确切地说，排挤了
弱者，从而形成了新的空隙。[7]

但是，正如达尔文很快就意识到的那样，这种争取生存的争斗并不
是发生在不同的**物种**之间，而是在**同一个**物种的不同**个体**之间进行的。

达尔文思想发展的下一个阶段是在1838年11月底前后，当时他首
次开始对自然界发生的这一过程以及人类为了自身目的而驯化其他生
物——狗、马等等——的选择过程进行类比。人类在每一代狗中间挑
选腿最长的狗，或者在每一代马中挑选个头最大的马，只让它们进行繁
殖，长此以往，就能从许多不同的祖先中"创造"出灵𤟎(一种身体细长、
善于赛跑的狗)和结实的拉车大马来。自然界通过"选择"最能适应某
个特定环境的品种，而令其他的品种消亡，也能做出同样的把戏，这就
是与人类对物种进行人工选择相类似的过程，因此也叫"自然选择"。
要完成这项基本的理论，还需要再迈出一步。

如果只有一种品种可供挑选的话，那么，自然选择只能识别出哪些
个体更适应环境。1839年初，达尔文推断，自然选择并不一定要"知道"
进化的目标是什么，但是它对偶然出现的变异能够发挥作用。假如正
好有一只鸟生来喙就比较长，而且这样的喙有利于它寻找食物，那么它
就很有可能生存下去，并把这一颇有特色的长喙传给它的后代。那些
喙比较短的鸟则会因为所有的食物都被长喙鸟吃光而逐渐地被从那个
特定的生态位中淘汰出局。

这些就是达尔文自然选择进化论的关键。它对生物的个体起作
用，只让最能适应某一特定环境的个体生存;它涉及遗传特性，由一代
传给下一代;但这一遗传过程并不是完美的，因而自然可以在每一代生
物的许多个体中来进行这样的选择过程。1839年3月，达尔文在陈述

自己的论据时提出了这一观点,并把它写入了文章;1842年当他33岁时,他写出了一篇更加完整的论文,即《提纲》,这篇论文1909年由他的儿子弗朗西斯·达尔文(Francis Darwin)发表。但是,从1842年一直到1858年看到华莱士的信后仓促发表自己的观点为止,他从来没有公开宣布自己的想法,只是在几个亲密的朋友和他信得过的学术同行中透露过。

达尔文与华莱士

华莱士是自然选择进化论的共同创立人,生于1823年。到19世纪40年代,正当达尔文在悄悄地完成自己关于进化的一套理论之时,华莱士已经成了一个爱好植物学和热衷于采集植物标本的教师。他的这一兴趣很快又扩大到昆虫。1848年,华莱士去亚马孙河流域进行科学考察,他在那里看到了丰富的热带生物,这使他成了进化论思想的支持者,尽管他对物种如何适应其环境这个问题的认识还没有跳出赖尔的思想。为了追求自己的志向,1854年华莱士出发去马来群岛作了一次旷日持久的考察,在那里待了整整8年。这些岛屿上热带生物的多样性以及岛屿之间的差异,使他产生了与25年前达尔文乘"贝格尔号"旅行时同样的思路,所不同的是华莱士在出发旅行前已经读了马尔萨斯的《人口论》。1858年2月,在他染上一次严重的疟疾后的养病期间,他想起了这本书,并把它与进化论联系在了一起。他的许多传记都曾讲述到他是怎样突然产生了适者生存这个思想,以及他的那篇对达尔文有震撼力的文章是怎样在其后接连两个晚上写出来,并通过下一班邮差给达尔文寄去的。

当然,达尔文之所以不愿意公开他的想法,是因为他多少知道教会和那些相信《圣经》说法的人有可能会加罪于他。特别要提及的是,他很可能想尽量避免对妻子的感情造成伤害,因为达尔文虽然早已不再信教,但他的妻子仍是教徒。但是,如果华莱士马上就要发表自己观点的话,他也不能再稳坐钓鱼台,只在几个亲朋好友之间谈论自己的观点。为了解决好这个难题,他向赖尔(当时已是查尔斯·赖尔爵士)和著名植物学家约瑟夫·胡克爵士(Sir Joseph Hooker)请教。在他们的劝说下,1858年7月1日华莱士的论文和达尔文关于进化思想的概述被综合成一篇两人联名的论文,提交给了伦敦的林奈学会。

某些现代作家有时把这段故事描写成达尔文对华莱士的算计,如果华莱士不是把论文寄给了达尔文而是寄给另一个人的话,那么他就有可能独家第一个发表,并得到全部的荣誉。但反过来也同样可以说,达尔文并没有选择一种袖手旁观的态度,让华莱士独自承受因为发表这一思想而受到不可避免的攻击之打击,而是站出来与他的同行共担责任。当然,华莱士在今日的科学巨匠殿堂里有他的地位,他是通过自己对进化的认知赢得这一地位的。在1858年他与达尔文联名的那篇论文中他所著的章节里,他把上面所提到的所有观点都与达尔文的工作联系在一起,并得出结论说,"那些能延续其生存的个体,只能是最健康和最充满活力的个体……那些最弱者和机体最差的个体是必死无疑的"。[8]

尽管有如此明确的论断,但并没有马上引起林奈学会的注意。而那次赖尔和胡克首次得以让大家听到这篇论文的会议,恰恰是专门为选举一位新的副会长而召集的,因此会员们的思想没有完全放在会议的学术部分上。而且,在那天的会议上宣读了好多篇论文——一共有6篇,所以会员们的脑子里塞满了填给他们的大量信息。回顾起来令人感到诧异的是,尽管如此,在11个月以后,也就是1859年5月24日,林奈学会的会长在对刚刚过去的一年作总结时居然说,"这一年……确实没有任何能够对哪一个学科马上产生革命性影响的惊人发现"。[9]从那天起整整6个月以后,也就是1859年11月24日,《物种起源》的第一版问世了,并马上销售一空。到1872年,这本书已经出了6版;而早在此之前很久，达尔文和华莱士1858年向林奈学会提交的那篇论文的革命性影响早就非常清楚了，而且远远超出了科学界。

科学与信仰

我们且不去详细介绍19世纪那场关于进化的辩论，有一点非常重要，即它描述了科学方法，应该特别予以强调。自古以来那些反对进化论的人，基本上都是这样一些人，他们出于一种信仰，**相信**《圣经》里上帝造物的故事。而这个故事恰恰在达尔文那个时代之前很久，就已经受到不少人的抨击。人们想象存在一个造物主，他一次性地创造了世界，以后就让事情按照他确定的规则进行，这是一回事；而正像达尔文的前一辈人意识到的那样，认为有一个造物主不断地犯错误，在接连不断的灾难中把整属的物种全部毁灭，再造出新的物种去适应新的生态位，这又是另一回事。这更像是一个老是对建造的东西修修补补的蹩脚建筑工，而不像一个按照某种宏伟设计进行工作的伟大建筑师。对那些确实相信宗教创世观点的人来说，把这一观点与进化论思想糅在一起还是有可能的，那就是要把《圣经》的故事作为一种比喻，想象上帝造就了整个宇宙，其中包括宇宙间所有的物质规律，然后让不管是物质的还是生命的进化都按其自身的道路去发展。这就确实带有伟大的建筑师的味儿了。但这并不是达尔文解决问题的科学方法的关键。

达尔文曾多次指出，包括在后来被弗朗西斯·达尔文收藏的信中也都提到，他什么也不**相信**。像许多优秀的科学家一样，他先提出假说来解释他在自然界所观察到的，然后再去检验世界其他地方的情况是否符合这些假说。他把自然选择进化论视为一个非常好的假说，因为它能解释许许多多的现象，这些现象除了被认为是那个多少有点反复无常的上帝对自然所为之外，再无其他办法解释。这两者之间的区别听起来很微妙,但却非常关键。要是问一下那些虔诚的基督徒,他们是否相信耶稣死后又复活了,他们会说当然相信。如果要他们拿出证据,他们就会被难住了。这不是一个证据的问题,而是**信仰**的问题;要他们拿出证据,就说明有疑问,对一件事情既然有疑问,就不存在什么信仰。但是科学是,也应该是充满疑问的。如果问一位科学家,他是否**相信**进化论或者是否相信地球是圆的,在追问之下,如果他是一位好的科学家,他就会承认这些都是很好的工作假说,不过也可能会出现新的证据,使这些假说被更好的假说所代替。科学与宗教说的是不同的语言,这就是为什么"创世论者"和"进化论者"之间的辩论无论是过去还是现在总也辩不出个结果来。

这一点特别重要,因为达尔文有一个假说极其不正确。后来经过检验发现这个假说是不完全的,因而被一种更好的假说所代替。这一点证明了科学方法是强有力的而不是脆弱的。对达尔文的信条采取固执刻板的**信奉**态度,就会阻碍进步,使人们无法更好地认识自然。

变异与进化

这一重大的进展涉及个体之间变异的起因,而个体又是自然选择直接作用的对象。没有变异,就没有不同的事物可供选择,尽管许多个体在马尔萨斯所说的那种压力下依然也会死去,但它们的死亡都是随机的,对后代物种的一般特征产生不了什么影响。变异及其遗传性对进化论来说,就如同自然选择一样重要。

达尔文指出,进化以两种方式进行。首先,它通过挑选出某个个体所具有的任何一点点优势,使某一物种能够巧妙地适应周围的生态位——譬如我前面举例提到过的喙比较长的鸟。但这是自然选择较次要的方面,正如达尔文选择的书名《物种起源》所表明的那样。达尔文解释说,当许多最初属于同一物种的个体群落各自分开后,每一个群落将继续进化。

就加拉帕戈斯群岛上的鸟来说,据推测最早从大陆迁移来的几种鸟都是同一物种的成员(被达尔文专门选来进行研究的是一些不同的雀科鸣鸟)。不同的个体在不同的岛屿上定居,这些岛屿上略有差异的环境对这些个体不同的特征形成了选择压力。或许在一个岛上,喙长是一种优势,因而便能稳定地得到进化;而在另一个岛上,喙长得短而厚,可能有利于咬碎那个岛上的种子,经过许多代以后,早期定居者的后代就会按这种方式进化。到一定时期,最初源自同一祖先的两个家族的鸟将会变得完全不同,它们的进食习惯不同,体表特征也不同。达尔文指出,这一持续了相当长时间的演绎过程,不仅能够解释近源的各种鸣鸟之间的差异,而且能够解释狮子和老虎,人和猿,人和老虎,老虎和鸣鸟及地球上所有其他种类的动植物之间的差异。由于个体间存在这种变异,19世纪地质学的新发现所提供的漫长时段,正好是达尔文对所有物种起源于最初的原始活细胞作出解释所需要的。但是——这是一个不可忽视的大因素——变异能力的起因究竟是什么?

在《物种起源》发表的那个时代,谁也不知道个体间变异的起因是什么,也不知道生物的特征怎样代代相传。达尔文所依据的惟一假说是混合遗传的概念,也就是说,一个新个体所继承的特征基本上是其双亲各自特征的平均体现。举例来说,一只体形较大的公狗与一只个头较小的母狗交配,生下来的一般是一只个头中等的幼犬。但是这个混合过程与保持个体变异能力所要求的条件恰恰相反。经过差不多10代的繁殖,这种混合应该产生出实际上是完全相同的个体,没有变异可供选择。如果遗传过程仅仅是把双亲的特征混合在一起的话,那么为什么兄弟之间还有如此的不同之处? 根据这种简单的混合假说,所有的亲兄弟都应该像同卵双胞胎那样长得一模一样。

这个不解之谜把达尔文和他的同代人至少带进了两条死胡同。很显然,生长期间的环境因素可以影响一个个体成熟后的形态。如果婴儿喂养得好,他就会长得又大又结实;若喂养得不好,就会发育不良,长大后就容易患佝偻病等疾病。由于没有一种更好的假说,所以当时的许多科学家都倾向于认为,个体间存在的许多差异应该用这些环境的差异去解释,更有甚者,人们普遍认为这种后天获得的特点会传给患者的后代。按此说法,佝偻病患者生下的孩子不管出生后怎样抚养,就已经命中注定会得佝偻病。然而在过去100年中,在受控条件下对动植物繁殖进行的许多观察和实验,并没有发现这些后天获得的特征能够以这种方式遗传的证据,因而那种假说也就被否定了。

另一条死胡同则涉及变异的其他方面的起因,这个问题即使是在达尔文时代都无法用环境的差异加以解释。当时人们都知道,在偶然的情况下某些上一代或已知祖先中未曾有过的全新特征,却会在下一代的某一个体中突然出现。这样的个体被称为变种,我们现在称之为突变,它们所具有的那些以前未曾见过的新特征常常能够传给后代。让我们举一个假设的例子,这就好像白鼠在实验室被培养了许多代,都是白色的,直到有一天,一只黑鼠在笼子里出现,结果那只黑鼠所有的后代便都是黑色的。这是一幅过于简单化的描绘;但这种突然的变异的确发生了,它给达尔文提供了另一种假说,其主要内容是,突变在每一代个体中为自然选择的有效进行提供了足够多的变异。

科学界以外的许多人至今仍然相信进化就是这么一回事。不错,即使在科学界内部也有专家认为,从上一代到下一代的这种突变也许是很重要的,这种突变并不是在每一代都发生,而是发生在新物种进化过程中的某些阶段。关于这一内容,下一章里会作更多的介绍;不过首先应当了解,达尔文所描绘的那种进化并**不**取决于每一代出现许多突变。后来的研究确定,突变的出现非常罕见,以至于它们不能起这种推动进化的作用；每一代中个体的变异能力有着完全不同的起因，达尔文对此一无所知，虽然当他仍然在世的时候已经有人对这一机理进行了开拓性的工作。

变异和选择，再加上遗传，它们一起描绘了进化论。达尔文对选择作出了解释，但他从来没有对变异或者遗传作出过令人满意的解释。这项任务为后人所完成，而一个不出名的摩拉维亚修道士孟德尔（Gregor Mendel）在19世纪60年代所做的工作则是这一领域的先驱。只是到了20世纪，进化的这两个方面才融合成为一个完整的理论，这个理论有时被称为新达尔文主义，但更多地则是被称为"现代综合"。达尔文主义仅仅是现代综合的一个方面；它的另一个方面就是孟德尔遗传学。

第二章

孟德尔与现代综合

　　龙生龙,凤生凤,但上下两代并非绝对相同。这是自然选择进化论的关键。一只公狗和一只母狗的后代不是公狗就是母狗,不可能是兔子或金丝雀,或是橡树。但是它们的后代中没有一个与它们的父亲或母亲完全一样。要了解进化到底是怎么进行的,就必须超越达尔文关于变种是进化基础的认识,并找出这种变种是怎样产生以及为什么产生的。孟德尔在了解进化机制的道路上,也就是从达尔文到DNA的道路上迈出了第一步。但是他的工作在许多方面超越了他那个时代。这并不仅仅因为孟德尔是一个名不见经传的摩拉维亚修道士,他的研究成果没有在科学界掀起波澜。在19世纪60年代,科学界还没有接受遗传"粒子"(也就是我们今天所说的基因)的思想准备。基因是进化的机器,它在生命组织的最小结构即一个个细胞的中心部位进行工作。但是当孟德尔作出这项发现的时候,人们对细胞、它们怎样产生一个生物体,以及像你我这样一个复杂的多细胞生物又是怎样从一个单细胞(即受精卵)发育生长的这类问题了解甚少。只是到了20世纪,当孟德尔的遗传定律被重新发现并得到充分肯定后,这些问题才逐渐得到解决。然而,因为孟德尔的遗传定律为人们理解达尔文的自然选择进化思想奠定了基础,所以当人们确立了达尔文伟大工作的历史地位后,紧接着又确立了孟德尔工作的历史地位,这不能不说是一个绝妙的巧合。

这位"名不见经传的摩拉维亚修道士"的传记只有一本,也就是伊尔蒂斯(Hugo Iltis)所著的《孟德尔生平》,最早于1924年以德文出版,到1932年才译成英文。所幸的是,这是一本非常好的传记;之所以没有其他的传记问世,主要因为史料太少——而现在能够找到的史料比20世纪20年代更少——而且很难说哪一个人能够把现有的零散资料更好地组织在一起编一本书。伊尔蒂斯生在布尔诺,这座城镇与孟德尔曾度过大半生的奥古斯丁修道院紧密地联系在一起。伊尔蒂斯在书中叙述了自己上小学时怎样在博物馆的图书馆里读到孟德尔经典专著的情形,当时他全然不知这一专著的意义所在。20世纪初,当孟德尔的工作及名字已经家喻户晓之时,伊尔蒂斯自己也成了一名科学家。他获得了博士学位,在布尔诺做了一名教师,最终实现了自己撰写孟德尔传记的宿愿。

孟德尔的早年生活

尽管伊尔蒂斯对他在搜集传记素材时所遇到的困难只是一笔带过,但这些困难非常有趣也非常重要。正像伊尔蒂斯解释的那样,"作为一名神父,他(孟德尔)在表述自己的哲学观时极其小心谨慎"。孟德尔从来不写日记;从他的信件里也几乎看不出他的内心世界;为了严格信守自己的誓言,他拒绝同女性交往。一个酷爱科学的人居然成了一个修道士,况且不是一般的修道士,还晋升为修道院院长,这在今天看来似乎是件怪事。但即使在伊尔蒂斯那个年代,这种事情对一个科学家来说也并不稀罕,更何况在19世纪中叶,在欧洲的心脏地带,这样的一种生涯也就更不足为怪了。

在那个时代和那个地域,宗教仍然是人们日常生活的一部分。19世纪的摩拉维亚并不处在变革的前沿。这里地处现今波兰、捷克、斯洛伐克和德国之间的边界地区,即使在今天也没有什么政治倾向性,当时也就更不用说了。这一小片地区在过去的一二百年里,政治版图几经变更。孟德尔1822年出生在海因岑多夫的一个小农舍。对于他这样一个贫苦农民家庭出身的孩子来说,信仰宗教是天经地义的,而当神父则是他踏上学习生涯的惟一机会。

少年时代的孟德尔教名是约翰(Johann),他在当地的乡村小学上学时非常幸运地学了一些基本的科学知识。在当地政府批准的教学课程中并不包含这些内容,但学校按照女庄园主瓦尔德伯格伯爵夫人(Countess Waldburg)吩咐开设了这一课程。有两个比他大的同村孩子在20千米外的莱尼克镇上中学,他们回来讲述的故事进一步激发了孟德尔对科学的热情。在母亲和村里一位教师的鼓励下,1834年孟德尔也去了那所中学读书。以后连续数年成绩优秀,这又激励了他的父母为少年孟德尔节衣缩食,筹集学费。但是当孟德尔1840年中学毕业时,继续求学的希望非常渺茫。1838年他的父亲遭遇到一场严重的事故,因而被迫卖掉了农场。后来孟德尔去了奥尔莫茨哲学院,但在那里他几乎身无分文,又患病在身,结果不得不在1841年放弃了考试。在下一个学年他又回到那里学习,这全是靠他妹妹特蕾西娅(Theresia),她放弃了自己那份微薄的家产来供养孟德尔。孟德尔靠着这点钱和从私人渠道得到的助学金,终于完成了他在哲学院的学业。[1]

然而到1843年,孟德尔要想继续他的学习,只有一条路可走。他必须要有一个稳定的职业,使他不用为生活而操心。对他来说惟一的选择就是去当神父。在哲学院一位教授的建议下,他终于去了现属捷克的布尔诺城的奥古斯丁修道院。1843年10月9日他被接纳为一名见习生,从此取名格雷戈尔(Gregor)。

布尔诺是摩拉维亚首府,而修道院无论对于布尔诺来说,还是对于整个地区来说都是一个文化中心。但是对于这一切,作为一个小小的见习修道士，在一开始他是不可能有所作为的。据记载，孟德尔勤奋超人，品行端正，他埋头研究了好几年的神学。随着这些年间许多年长修道士的相继去世，1847年7月22日，也就是在格雷戈尔·孟德尔25岁生日时，他被任命为副执事，8月4日被委任为执事，两天后又被任命为牧师，尽管一直到1848年6月30日他才正式完成了神学的学业。但是作为一个教区的牧师，他做得并不成功，因此当1849年9月他有机会成为摩拉维亚南部乡村小镇兹南姆一所中学的教师时，他感到非常高兴。

孟德尔的教师职业似乎干得很不错，可是他从未获得过当时所要求的正式资格。1850年当他参加教师资格考试时，他的成绩很惨。主考人指出，尽管他"既不缺勤奋也不缺才智"，但他缺乏经验，而且没有机会系统地学习他所需要的知识。他们的意见是，最好能给他一个系统学习的机会，使他"起码能胜任一个初级学校教师的工作"。在这一并不很热情的建议下，布尔诺的主教决定送他去维也纳大学学习，从1851年到1853年，他都在那里。到1854年5月，他已在布尔诺的现代学校教书，这是一所刚刚创建一年的技术学校，他在那所学校当"代课"老师，一直干到1868年，具有讽刺意味的是，虽然其间他至少还参加过一次，也就是1856年的那次考试，但他始终都未能通过成为一个正式教师所需要的考试。而那一年正是孟德尔主要研究工作的开始之际，当时他年方34岁，其研究工作一直继续到1871年。那时，由于他在1868年被选为布尔诺奥古斯丁教区的主教，他已经无暇再继续开展有意义的研究工作了。

孟德尔的豌豆

孟德尔对科学有炽热的兴趣，当时教会里的许多同事和上司对此都表示质疑，他不得不非常小心地做他的研究工作。有一段时间他热衷于养小鼠,并让它们交配繁殖,观察它们的各种特征是怎样一代代往下传的;或许这只不过是一种爱好,或许正如伊尔蒂斯所说的,这样的动物实验与宗教的精神相距过远,以至于很难长期继续下去。不管出于什么原因,反正他转而又开始研究植物,做了一连串重要的实验——对一个熟知植物繁殖价值的农民出身的孩子来说,这样做一点也不奇怪。同样值得注意的是,这些实验早在达尔文的《物种起源》首次发表的3年以前就已经开始了,虽然孟德尔是当时科学书籍的热心读者,收集了达尔文发表的所有著作,但早在达尔文的文章发表之前,他就已经开始为自己的发现工作了。到19世纪50年代中期,他已经受到了良好的科学教育,得到了青年时期所缺乏的生活保障,而且有足够的空余时间在修道院的菜园里从事研究。

不过,仅仅靠机会还不足以使孟德尔在1856年以后的短短7年时间里取得进展。他还具有刻苦工作的能力,对于这一点在他当学生和见习修道士时的成绩报告中都有很好的评价,他的研究态度认真而且严谨。但是孟德尔的伟大成就并不仅仅如人们有时理解的那样,他更是一位20世纪科学的先驱——重要的不在于他发现了一些孤立的事实,而在于他把各种事实以及这些事实与一整套用来解释它们的理论联系在一起的逻辑方法。孟德尔注意在实验植物的后代中寻找**统计**关系,也就是数值比,这就把遗传研究牢固地建立在数学的基础上。为了得到可靠的统计数据,他用了许多植物来做实验,并仔细把每个杂交类型的种子分开保存,以便对遗传作用不仅对新一代而且对以后的许多代植物所产生的影响进行追踪。这种精益求精和真正"科学"的态度贯穿在孟德尔的整个工作中。但是现在让我们把注意力集中到最终使孟德尔出了名的最重要的工作上,这就是豌豆的杂交研究。

孟德尔异常谨慎地选用了豌豆来进行研究。在这之前他曾用几种其他植物做过实验,最后发现豌豆最符合他的要求。首先,他拥有精心培养了多年的品种,可以保证每个品系都是通过"纯育"而得到的纯种。此外,他需要一种便于实验者进行人工授精的植物。孟德尔在他种植的豌豆植株成熟之前就把雄蕊打掉了,以确保这些植物不能自体受精,只能靠从另一株豌豆雄蕊上刷下的花粉受精。最后,他注意到对性状不同的每一对植物进行研究的重要性。他不是企图一次就对这些植物的所有特性进行解释,而是逐步地进行,对豌豆的一对对明显属性进行研究。有些豌豆植株的花是紫色的,还有一些豌豆的花则是白色的;有些豌豆本身是黄色的,而另一些豌豆是绿色的;有些豌豆的表面是皱缩的,还有些则很光滑。他总共研究了7对这样的特性。

孟德尔使用的是具有明显特征的纯种豌豆。他考虑了所有这些特征的可能组合("皱巴巴"的妈妈与"光溜溜"的爸爸杂交,"光溜溜"的妈妈与"皱巴巴"的爸爸杂交,它们的后代相互杂交以及与每一种的亲本再进行杂交,等等),他用统计的方法仔细分析了所得出的结果,并把对许多植物进行实验的结果综合在一起以确保其可靠性。正是这些特点使他的研究工作取得了如此卓越的成果。孟德尔用了7年时间对豌豆进行研究,但是到1863年这项工作实质上结束了,其结果现在可以很简单地加以概括。

举一个例子。孟德尔分别从总是结绿色种子和总是结黄色种子的豌豆株系中取出植株,仔细地使它们杂交。如果混合遗传真是自然界遗传的基础的话,那么它们的后代就应该结出中间色的豌豆。实际上,这样结出来的豌豆却都是黄色的,但是把这些黄色的豌豆种下后,让长出来的植株自然受精,它们就不再是纯种。在下一代长出来的豌豆(是最初两株纯种的"孙子辈")中,有3/4是黄色的,1/4是绿色的(孟德尔在实验中得出的确切数字是8023粒豌豆,其中6022粒是黄色的,2001粒是绿色的。每个豆荚里可能有5粒或6粒是黄色的,2粒或3粒是绿色的)。于是孟德尔又种下这些豌豆,拭目以待到底会有什么事情发生。

这一次，通过纯育，绿豌豆产出的豆荚里全都是绿豌豆，但黄豌豆结出的种子就比较复杂了。在519粒黄豌豆中，有166粒结出的豆荚里清一色都是黄豌豆；而其余的结出来的豌豆颜色与以前的一样，黄色与绿色的比率是3∶1。[2]

通过这些研究以及他对其他6种特性所做的工作，孟德尔得出了一个简单的解释。每一种属性(在这里也就是"黄色"或者"绿色")与豌豆所携带的一个品质相对应。我们现在称这种品质为一个基因，它在每一粒豌豆中肯定都是成对存在的，其中一种品质或基因的表现形式是显性的，另一种则是隐性的。如果我们把代表黄色的基因称为A，把代表绿色的基因称作a(今天，我们把这类同一种基因的两个变异称为等位基因)，那么，一粒纯种黄豌豆可以用AA来表示，一粒纯种绿豌豆用aa来表示。但是孟德尔指出，当这两种颜色的豌豆杂交时，结出来的豌豆种子只继承了每一个亲本的一个品质——也就是一个等位基因。用作实验的豌豆结出的第一代都是黄色豌豆，因此可以用Aa来表示，它们之所以都是黄色的，是因为等位基因A呈显性，而等位基因a呈隐性，一对等位基因中只有一个在豌豆中得到表达。

那么，如果让这些杂种豌豆再进行繁殖，又会出现什么情况呢？每一个新植株从每个亲本那里只继承了一个等位基因。有一半的机会，它从一个亲本那里继承了A，从另一个亲本那里继承了a(在这种情况下Aa和aA是一样的)；有1/4次，它从两个亲本那里都继承了a，因而它自己就是aa；还有1/4次，它从两个亲本那里继承的都是A，于是它自己就是AA。我们知道AA的种子是黄色的，aa的种子是绿色的，而Aa的种子也是黄色的，因为黄色呈显性。因此从整体上看，在第二代豌豆中，3/4是黄色的(1/4加1/2)，只有1/4是绿色的。在以后的各代中，各种类型豌豆的统计比例相同。

孟德尔所有的工作都得出了同样的结论，这些结论是现代人了解进化的核心。除了研究单个特征外,他对比较复杂的杂交体也进行了比较,例如那些用皱巴巴的黄种子与光溜溜的绿种子杂交出来的植株,证明各种不同的特性都是独立遗传的。他的工作证实了有性繁殖的生物是根据基因定下的规则而构建的。每个个体里有成对存在的许多基因,每一个被描述的因子里有两个等位基因,尽管其中只有一个等位基因可能对决定生物自身的结构起作用。这一点非常重要,它说明了基因型和表型的区别,所谓基因型是遗传物质所携带的指令"蓝图",而表型则是一个生物体全部的外部特征。整体并不等于各部分之和,因为有些部分实际上不起作用因而是可以忽略的。不管这些特定的基因怎么排列,具有一种黄色表型的豌豆或许有两种不同的基因型,AA或者Aa,而绿色豌豆总是只有基因型aa。但是一粒Aa基因型的豌豆**绝不会**像混合遗传的观点所认为的那样,结出中间色的或者绿黄相间的豌豆。

当有性生物繁殖时,每一个配子(植物的配子是花粉和卵细胞;动物的配子就是精子和卵子)都含有一套单独的基因。亲本基因型分离时,一个等位基因随机地进入到一个配子中去,因此**受精卵**或者种子含有两套完整的基因,从每个亲本那里继承了一套基因。但是——这个"但是"在整个进化故事中至关重要——当我们考虑了组成多数生物体的整个表型的多种性状之时,繁殖出来的基因型无须与任一亲本的基因型相同,实际上也不会相同。

每一个生物体——每一种表型——现被视为一大批基因共同作用或者相反作用以形成整体形式的产物。在基因水平上没有中间形式——孟德尔从实验一开始就没有发现过介于黄色与绿色之间的中间颜色的豌豆。但当一个高个子男子与一个矮个子女子结婚并有了孩子时,孩子可能是中等个头,因为有许许多多基因一起决定表型里的性别,它们的共同作用也许就在两个亲本个头大小的某一点上体现出来了。轮廓清楚的显性基因系统和隐性基因系统并不很普遍,在这个意义上说,孟德尔的工作是个特例。这不是幸运;尽管刚开始做实验时,他对显性性状和隐性性状一无所知,但正是这些性状的存在,才使豌豆成其为豌豆,才导致孟德尔选用豌豆作为实验对象。使豌豆成为理想实验对象的特点,也就是它的表型,取决于豌豆的基因型。只有首先理解那些特例,生物学家才能进一步更好地去认识遗传和进化。

超越时代的预言家

1865年2月,孟德尔把他的研究成果提交给布尔诺自然科学研究学会。他的报告并没有引起这个学会的注意。孟德尔的传记作者伊尔蒂斯推测说,学会的那些老爷们都是很好的科学家,但是他们都持老派的自然哲学观,对他们来说,把数学和植物学搅在一起不仅不可理解,而且还多少有点让人反感。孟德尔那种认真策划,用一系列经过合理设计的实验检验一个特定的现实模型,并用数学方法来分析研究结果的做法,对于今天的科学家来说是理所当然的。但在19世纪60年代,这样的做法对于多数科学家来说却是不可思议的。正是这些特点使我们生活在20世纪的人能够认识到孟德尔的天才,也正是这些特点使生活在19世纪的孟德尔孤掌难鸣。

尽管如此,孟德尔的论文最终还是在1866年收入学会那年的公报中发表了。按照惯例,这些公报要寄给其他一百多个学会,这些学会也要定期把它们自己的公报寄给布尔诺自然科学研究学会。于是,孟德尔那篇明确提出其发现的伟大论文在伦敦和巴黎、维也纳和柏林、彼得堡、罗马和乌普萨拉的科学图书馆里都能够看到。没有人认识到这篇论文的重要性,更没有几个人去读它。但这并没有逃过摩拉维亚教会当局的注意。孟德尔在主教界里被看成一个达尔文主义者(毫无疑问这是事实),因而一时失去了宠信。在无奈之中他又屈身重操神职工作,在社区里干得非常出色并赢得了荣誉,但他以后再也没有去发展自己的学术思想,一直到他1884年去世。差不多20年以后,当他的论文被重新发现时,有几位科学家迫不及待地到图书馆的书架上寻找1866年布尔诺自然科学研究学会的公报,结果他们发现刊印孟德尔论文的那几页纸甚至还没有裁开。

回过头来看,孟德尔的工作没有马上造成影响,其实毫不奇怪。**真正**奇怪的是他从来没有把自己工作的情况写信告诉达尔文。如果达尔文读了孟德尔的论文,那么19世纪后半期人们对进化的认识又会有怎样的发展呢?这样的推测一定非常有趣。但是,也许孟德尔不敢冒着自毁前程的风险把自己的想法直接告诉达尔文。或许,即使达尔文读了孟德尔的论文,科学史的进程也不会有多大改变。就如何让这些思想为当时人们所接受这一点来说,真正的问题在于生物学还没有赶上对孟德尔遗传学说所依靠的机制进行直接观察的步伐。孟德尔的理论是抽象的,它建立在数学推理的基础上。控制遗传的那看不见、觉察不到的"因子"是由他定名的。产生这样一种理论的合适时机是在显微技术发明**以后**,有了这种技术,就能够研究细胞内的情况,并揭示出那些我们称之为染色体的细胞组分。

要了解孟德尔的思想最终是怎样汇入科学进步的主流的,我们就要从历史的角度再退一步去看看生物学家最初是怎样了解身体结构、细胞的性质及细胞结构的。不过当我们这样做的时候,我们应该记住孟德尔究竟作出了什么发现,我们将会看到,直接与生命内在结构有关的一共有5点。

1. 生物体的每一种性状与一个遗传因子有关。

2. 因子成对存在。

3. 每一个亲本只能把每对因子中的一个传给它的一个后代。

4.每对因子中的任意一个以这种方式传给任意一个特定后代的概率(从严格的统计意义上说)都是相同的。

5.一些因子是显性因子,而另一些则是隐性因子。

赋予这些抽象的思想以血肉,使这些我们现在称之为基因的孟德尔因子成为现实的故事,也就是细胞的故事。

细胞

一直到17世纪发明显微镜,人们才开始对生命体的基本结构有所认识。在17世纪60年代,罗伯特·胡克(Robert Hooke)发表了一篇叙述他用显微镜观察植物组织情况的论文。他在切得很薄的软木片上看到许多彼此由壁隔开的小室,他为这些小室取名为细胞。不过,现代细胞理论只是到了19世纪当人们对生命本质的看法在新发现(特别是显微观察技术不断改进)的压力下发生变化时才得以发展的。只是到了1838年,德国植物学家施莱登(Matthias Schleiden)才首次提出了所有植物组织都是由细胞组成的看法,又过了一年,施旺(Theodor Schwann)把这个思想扩展到了动物组织,指出**所有**生命形式都以细胞为基础。19世纪40年代,施旺创立了细胞理论。他指出,细胞是生命的基本单位,个体细胞具有生命的所有特征,生物体所有的复杂器官,不管其形态和功能在宏观层次上有多么不同,它们最终都是由细胞组成的。动物的卵子、植物的种子,首次被看作能够进行繁殖的单体细胞,它们经过分裂和生长,产生了更多的细胞,组成了这种生物的成体。生命不再被视为整个生物体的某种神秘特征,而是许许多多最微不足道的细胞所共有的财富。

施莱登写道:"每一个细胞都过着一种双重的生活,一种是独立的,与它的发育有关;另一种是中介的,因为它已成了一株植物的一个部分。"[3] 对于动物来说也是如此;正如施旺所说的,生物体是一个"细胞王国",在这个王国里,"每个细胞都是一个公民"。

有一段时间,生物学家不太清楚细胞究竟从何而来。施莱登从他早期的观察中得出了这样的印象,即细胞就像晶体一样,它的结构是从中央的细胞核一点一点自己长出来的。细胞理论的完整意义真正变得明确起来是在1858年,这一年,魏尔啸(Rudolph Virchow)的研究表明,没有一个细胞是自发产生的。魏尔啸指出,只要有一个细胞存在,在它以前必定会先有一个细胞。就像动物是由别的动物生下的,植物是从别的植物种子长出来的一样,细胞只能由其他细胞经过分裂而产生出来。今天地球上的生命都不是创造出来的;所有的生命细胞都是从远古时期某个古老的祖先不间断地传下来的。当然,第一个细胞或者说细胞群一定是从某个地方起源的。但是1858年以后,对于每一种新的植物或动物的"生命"起源不再有任何的疑惑;每一种植物或动物都被视为那些公民细胞的总和,而每一种细胞都带有生命的烙印。

魏尔啸对细胞真正本质的认识,同达尔文和华莱士的联合论文提交给林奈学会正好在同一年,也就是《物种起源》发表的前一年。虽然这个谜已经慢慢开始被人解开,但要探索细胞的内在情况,着手了解生命与繁殖的机制,还需要另一代懂得细胞理论和有进化论思想的科学家。

用雅各布(Francois Jacob)的话来说,"随着细胞的发现,生物学便发现了自己的原子"。[4]对生命的研究便成了对细胞的研究。所有的细胞基本上都是相同的。它们的大小一般都在10—100微米之间,每一个细胞都是一袋液体,由一层不到0.01微米厚的极薄的膜包着。我们最感兴趣的是那些组成植物以及像我们人类那样的动物的细胞,在它们的中心都有一个黑色的核。细胞在孤立的情况下一般呈球状,就像肥皂泡一样,但是当它们与相邻的细胞连接在一起的时候,它们也会像肥皂泡那样被挤缩或伸展成别的形状。细胞壁或细胞膜使每个细胞结合成一个单独的实体,但化学物质能够根据需要穿透这层膜进入或者离开细胞。所谓生命之谜,也就是要弄清一个异乎寻常的大细胞(卵子)与另一个较小的细胞(精子)融合是怎样产生一个单细胞的,这个单细胞又是怎样经过一系列复杂的阶段进行分裂的,开始是分裂成2个,然后又变成4个,最终分裂出许许多多的细胞。这种分裂不是随机的,而是经过了一系列的阶段,在这些阶段中,随着细胞的生长,各种形状的结构渐渐得以形成与发展,最终变成了一个成体。

19世纪下半叶,生物学家通过借助显微镜亲眼看到的证据了解到,在卵子中并不是出生以后仅在体形上变大的微型的人或鸡或猫。他们能够亲眼看到从初始到发育长大的不同阶段,这个过程显然是按照某种蓝图来进行的。那么,这个蓝图到底是什么,它可能藏在受精卵的什么地方呢?

染色体

每一个生物体都是作为它上一代的一个单位开始发育的,对于像我们人类这样进行有性繁殖的物种来说,要有上一代的两个成员才能组成一个基本单位。所谓龙生龙、凤生凤的原因,已经不再是一个谜了,因为后代都是从亲本身上的"一块肉"发育起来的。对进化至关重要的变异也必须在这个阶段,即在双亲的遗传信息结合生成受精卵期间(植物也是这样,当然为了方便起见,我在这里只讲动物,特别是我们人类自己)引入。

19世纪中叶以后,新兴科学细胞学,这一研究活细胞的学科,主要在研究细胞如何分裂和繁殖,这已不足为怪。为了弄清楚个中细节,许许多多的人进行了多年的研究,但是为了便于讲清这个故事,我可以非常简要地概括介绍有关的重大发现。1879年出现了一项关键性的进展,那一年,德国解剖学家弗莱明(Walther Flemming)发现,细胞学家用来揭示细胞内构造的染料被某种线状结构吸收得很厉害,在细胞分裂过程中这种结构显得特别清晰。弗莱明把这种善于吸收染料中颜色的物质称为"染色质";1888年以后,这种线状结构被人们称为染色体,而细胞中的其他零碎部分则被称为染色单体、色质体、核粒纽丝等等。通过在细胞分裂的不同阶段杀死细胞,用染料把它们染上颜色,并用显微镜观察这些染了色的细胞,弗莱明发现了在细胞分裂的正常过程中所发生变化的模式与顺序,他把这个过程称为有丝分裂。

所有生物都是因为细胞发生这样的分裂与增殖而生长的。我们现在知道,许多生物体都以单细胞的形式存在,并无其他的生活方式。这样的细胞从它周围的环境中吸取物质并把它们加工成细胞结构,当长到一定大小以后,它就分裂为两个细胞。这两个完全相同的子细胞又重复进行这样的分裂。多细胞生物也按照同样的细胞分裂过程生长,修复损伤及老化的组织。其实,这一过程在你的体内也无时不在进行。

当细胞开始进入分裂前的活动期时,首先能够看到的是颜色深暗的细胞核里的成分渐渐地排成了线状的结构,这就是染色体。实际上我们现在知道,在染色体变得可见之前,在细胞核里还有一个活动期,在这个活动期里,每一条染色体都已经被细胞机器所复制。当它们渐渐可见的时候,每一条染色体在显微镜下看上去就像一对并排靠在一起的相同的线,这对线也叫一对染色单体,它们仅在一个称为着丝粒的地方相连。在有丝分裂的下一个阶段,染色体变得又短又粗,螺旋似地盘绕在一起。当细胞核与细胞其他部分之间的界限消失之时,形成了一个由微管组成的纺锤形结构,它从细胞的一"极"横穿到另一"极"。纺锤体的顶端称为中心粒。染色体的着丝粒贴附在纺锤体的中心部分,也就是"赤道"上,继续做着相同的事情,然后被微管分开。着丝粒一分为二,从赤道上被拉开,并使染色单体相互分开,这样,每一对染色单体中的一个便跑到了细胞的一极,也就是到达中心粒。每一条染色单体现在自己就变成了一条染色体。纺锤体消失了,每一组染色体的外面形成了一层新的核膜,细胞本身从中间分开,染色体便散开而且再次变得难以辨别,并进入每个子细胞的新的细胞核里,结果产生了两个新细胞,每一个细胞有一组与原来的细胞完全相同的染色体。整个过程需要几十分钟,这是按典型的过程来计算的(见图2.1)。

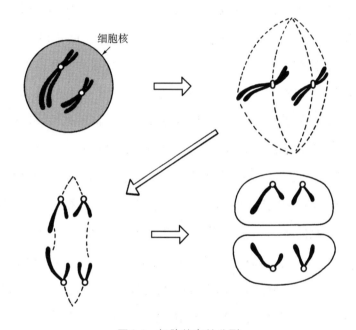

图2.1 细胞的有丝分裂

有丝分裂期间,原始细胞中的全套染色体已经被复制和传递。这就是每个子细胞怎么会有一套完整染色体的原因。显然,染色体对细胞来说非常重要,而且人们并没有花太长时间就认识到这种核物质肯定为细胞的工作提供了指导,或者说提供了蓝图。有丝分裂的全部意义在于它提供了非常精确的复制品。的确,要说由有丝分裂产生的两个细胞哪个是原来的,哪个是复制的,这好像不太可能;两个都是原来同一个亲本的子细胞。但这可能不是细胞分裂的惟一形式。

德国弗赖堡的动物学家魏斯曼(August Weismann)提出了这样一个

思想,即动物的生殖细胞——卵细胞与精子细胞—— 一定含有某种生命必需的基本物质,这种物质从一代传给下一代。1886年他在一本书里发表了这个观点。他称这种神秘的"某种东西"为种质,以示它与一般的体细胞即体质的区别。19世纪90年代初,魏斯曼确定,这种遗传物质实际上肯定是由染色体携带的——这是现代对遗传认识的基石。他的这个思想在很多方面都还是模糊不清的。在19世纪90年代,可以凭借的证据少得可怜。但魏斯曼确实抓住了一个关键的问题。如果两个亲本的遗传物质即染色体在受精卵里相混合,这个受精卵就应该含有两倍于亲本细胞的遗传物质。在以后的几代里,遗传物质就会大量增加。在魏斯曼看来,惟一能够解开这个谜的答案就是假设这些生殖细胞是由一个特殊的过程即细胞分裂的过程产生的,这个过程使遗传物质的量,也就是染色体的数目减少一半。这个过程被称为减数分裂,虽然按照严格的时间顺序来说,这个问题应该到后面再介绍,但我们把它与有丝分裂的概念一起介绍可能会讲得更清楚一些。

在与配子产生有关的特殊器官(男性的睾丸,女性的卵巢)里,细胞经历了一个与有丝分裂完全不同的分裂过程。当母细胞开始活动的时候,就像有丝分裂的情况一样,染色体先是被复制,然后变得可见。对某一特定的生物体来说,能够看到和有丝分裂相应阶段相同数量的染色体,但每一条染色体只是以单个的形式出现,而没有分裂成两条分开的线状体。相反,单个的染色体按差不多的大小成对排列(在生物的细胞中,染色体的数目总是偶数,尽管对于不同的生物,染色体的数目有很大的差异)。这样,每条染色体便分成两条染色单体,它们中间有一小段连在一起,因此每对染色体就变成了4根缠在一起的线,在一个与有丝分裂对应阶段非常相似的过程中,纺锤体形成了,线也分开了。显著的区别在于有丝分裂期间成对的着丝粒断开,染色单体分开,而减数分裂期间,每条染色体产生的两条线连在一起——着丝粒并不分开——染色体本身互相分开。但正像我们将要看到的那样,在它们分开之前,某件事情已经发生了。

分裂以后,形成了两个子细胞,每个子细胞又进一步开始分裂,这个过程基本上与有丝分裂相同,但没有最初一步染色体的复制,这样,正像韦斯曼预料的那样,总共有4个新细胞产生,每个新细胞所含的染色体只有原先细胞的一半。对于雄性来说,4个细胞中的3个常常会变成精子,而对雌性来说,4个细胞中只有1个将发育成为卵子(参见图3.1)。

有丝分裂与减数分裂的重要区别在于,有丝分裂制造了一整套有成对染色体的、与原始细胞完全一样的细胞复本,即二倍体细胞。减数分裂产生的细胞互不相同,一种形状的染色体只含有一个,这就是单倍体细胞。当两个单倍体细胞即卵子和精子相遇并融合在一起时,一个含有两套染色体的二倍体细胞就产生了。对任何一个熟悉孟德尔工作的人来说,其中的含义是十分清楚的。成对的染色体分开了,每个亲本的每对染色体中的一个就结合进了新的个体。把孟德尔的因子与染色体联系在一起,这仅仅是一小步,孟德尔的工作一旦被重新发现,这一步很快就会实现。

孟德尔被重新发现

到了19世纪末,生物学家知道了染色体的存在并对它们在遗传中所起的作用进行了猜测。关于这方面机制的各种理论纷纷出笼,而验证这些理论的方法显然是通过孟德尔35年前做过的那些实验。因而人们毫不奇怪地发现,在20世纪最初几年里,一些研究人员做的都是这样的工作,而且他们中的一些人出于和孟德尔选择豌豆进行实验同样的考虑,在他们的实验中也采用豌豆进行实验。1900年3月随着荷兰科学家德弗里斯(Hugo De Vries)两篇有关植物杂交论文的发表,孟德尔被"重新发现"了。

这两篇论文中有一篇是用法文发表的,这篇文章很短,通篇都没有直接提到孟德尔,尽管文中提供的数据与孟德尔得到的遗传比率完全吻合。另外一篇较长的论文是在一家德文刊物上发表的,这篇文章比较详细地从理论上论述了这项工作,也非常得体地对孟德尔表示了感谢。文章在提到孟德尔的经典论文时说,"这篇重要的专著很少被人引用,一直到我的实验已经基本做完并且独立地提出了以上的论点之后,我才看到了这篇专著"。[5] 如果说当德弗里斯发现自己的工作早就被孟德尔预见到时一定会感到失落的话,那么,再想象一下德国植物学家科伦斯(Karl Correns)在收到德弗里斯那篇用法文发表的论文时会有怎样的感受吧。当时,科伦斯也在做杂交实验(其中有些也是用豌豆做的),他也以为他是最早发现遗传本质的人,结果在苦心查阅学术论文时才知道,孟德尔早已走在了他的前面。此后,就在他准备发表自己的研究结果时,德弗里斯又以一步之遥抢在了他的前面。奥地利的塞斯奈克(Erich Tschermark von Seysenegg)也差不多是以同一方法,在同一时间,独立获得了同样的结果后发现了孟德尔的工作的。接着,就像大堤决口一样,孟德尔的工作得到证实的消息从美国、英国、法国纷至沓来。到1900年底,孟德尔在科学史上的地位被确定了。[6]

了解遗传与进化过程的下一步是1902年由哥伦比亚大学的萨顿(William Sutton)实现的。他想知道在减数分裂最初阶段彼此成对的染色体在形态上为什么会如此相似。显然,染色体是成对出现的,到了减数分裂稍后的阶段,这些成对的染色体又被分开。每对染色体中只有一条由每一亲本传递给后代。萨顿认识到,在减数分裂期间,这些分开的相似染色体一定是原先独立染色体的复制品,当新的个体形成时,这些独立染色体汇集在受精卵中,每个亲本提供一套。他解释说,在每对染色体中,有一条最初来自母亲,另一条则来自父亲,尽管后来长成生物体的卵子自受精后，每条染色体在有丝分裂期间被忠实地复制了许多次。随着孟德尔思想在当时流行，一切都明朗了。孟德尔所猜测的携带遗传信息的那些神秘因子一定与染色体有关。

既然细胞里的染色体数目（人有23对），远远不能涵盖在表型中表达的所有孟德尔因子，那么，每条染色体一定载有许多基因。孟德尔的遗传机制在这里终于被弄清楚了。只要等位基因——同一基因的不同版本——总是出现在减数分裂中配对又分开的同源染色体上，孟德尔的发现就可以从简单的物理学角度来解释。这一发现是一个伟大的概念性发展。在萨顿以前，基因只是一个抽象的理念，是解释遗传模式所需要的一种数学实体。有了他的工作以后，基因就成了一个实在的东西。要看到一个个基因是不可能的，但借助显微镜与合适的染料，生物学家就可以看到基因群组——染色体。但是这些发现与达尔文关于自然选择进化机制的抽象思想有什么样的关系呢？有讽刺意味的是，孟德尔遗传学的重新发现最初曾被视为对已经确立的达尔文进化论的沉重打击。

达尔文的理论建立在生物体不断发生小的渐变这一思想的基础上，这些变化因选择压力而慢慢积累，并产生了各种各样的进化。而孟德尔所做的实验涉及的全都是种群从一代到下一代的比较剧烈的变化。当然，这就是遗传学家要选择这些特殊的生物体做研究的原因。但是在20世纪初，人们发现了大量关于骤变的直接实验证据，而达尔文假定的那种渐变过程仍然无法探知——那个过程慢得无法看见。德弗里斯特别反对那种认为进化变易是由一代又一代小得几乎微不足道的差异积累而成的观点，他赞同那种认为进化是因为一系列明显的变化即突变而发生的，这些突变能够产生在某些重要特征方面与它们的双亲有很大差异的后代。早期的遗传学家认为，自然选择的作用仅仅在于把经过这样一种突变或进化飞跃后缺陷最明显的个体淘汰掉。

任何一个出生于第二次世界大战以后并基本上了解现代科学思想

的人,都应该读一读现代进化思想的巨匠之一斯特宾斯(Ledyard Stebbins)对达尔文在20世纪20年代科学界地位的评价。斯特宾斯在他所著的《从达尔文到DNA,从分子到人类》中讲述了1926年他首次接触达尔文理论的经过。[7] 他在哈佛大学的两位教授告诉学生们说,自然选择是一个完全不充分的进化理论。要求学生读的标准教科书是努登舍尔德(Erik Nordenskiöld)撰写的生物学史,他在书中大胆地声称,"人们常常把自然选择理论提升为可以同牛顿万有引力定律相当的一种自然规律,这种做法当然是十分荒谬的……达尔文的物种起源理论很早以前就被淘汰了。"

这种谬误并不仅仅发生在美国的大学里。努登舍尔德是瑞典人,科学家中持同样观点的人相当普遍。贝特森(William Bateson)在他1914年就任英国科学促进会会长的讲话中就对进化论提出了同样的看法,这种看法尽管有人反对,但可以肯定它是20世纪20年代占主导地位的观点。只是在20世纪30年代经过更深入的研究,孟德尔学说与达尔文学说之间才有了一种真正的联姻,这就是成为现代人认识进化论基础的综合思想。现代综合依据的是两大支柱——一是对植物的研究,其中的基因模式比孟德尔研究豌豆时仅仅得出的非此即彼的选择模式要复杂得多(但与在包括我们人类在内的多数生物体中所作的大多数选择相比还是不够复杂)。再就是经过改进的数学研究,这确实符合孟德尔工作的真正实质,这方面的研究表明,细微的突变在大的种群内确实起到了达尔文所要求的作用。

现代综合

多数生物的多数特征并不简单地像孟德尔从豌豆的黄、绿两个等位基因中挑选一个那样从两个等位基因中择其一而继承下来。我在前面提到过,人并不是非高即矮,而是有各种体形和身高,表型是根据一套完整阵列中的基因发出的相互作用指令建立起来的。如果我们把孟德尔的学说引申到更加一般的例子上,就是要找到这样一些植物:它们复杂到足以表现出几种不同的等位基因对一种特征的影响。瑞典遗传学家尼尔森-埃勒(Herman Nilsson-Ehle)做了这项工作。他发现,如果把一种红麦粒的小麦与一种白麦粒的小麦进行杂交,便能够得到5种不同类型的麦粒,一种是红色的,一种是黄白色的,3种是深浅不同的粉色麦粒。这更像一个高个子男子与一个矮个子女子或一个黑皮肤男子与一个肤色白皙的女子结婚的情况,他们的后代处于两极的中间状态。但重要的是尼尔森-埃勒发现,原来两个品种的小麦杂交后得到的5种不同颜色麦粒各自的数量正好符合孟德尔提出的统计规律,而在这里则是应用在两条染色体上两对等位基因同时传递的问题上。

哈佛大学的伊斯特(Edward East)用两种分别开短花和长花的烟草进行了同样的实验。其结果初看上去像是混合遗传,这一现象正好可以解释为涉及多组基因的孟德尔遗传规律。于是伊斯特接下去又决定去寻找达尔文理论所要求的突变。他在受控条件下培育了一种长出来都一样的纯种烟草。然后,他又在同样的受控环境下对这种烟草进行了许多代的培养。虽然在开始时使用的烟草都具有同样的基因型,而且它们都在同一个环境中生长,但经过几代以后,每一株烟草长得与它的邻株略有差异。伊斯特得出结论认为,这些变化一定是由基因本身的细小变化即自发突变引起的,这种自发突变并不是德弗里斯所期待的大规模变化,而正是达尔文所期待的那种变化方式。变种是自发但又是一点一点地出现的。这些细小的突变能不能真正提供自然选择进化的原材料呢?

说到这里,数学家们加入到故事中来了。大约在同时,也就是20世纪20年代末和30年代初,4位精通数学的遗传学家各自独立地认识到,孟德尔和他的继承人对少数动植物家系所做的研究对于大种群的遗传突变能够起什么作用没有什么指导意义。即使是尼尔森-埃勒的小麦,也只有5种不同的颜色,而经过杂种繁殖的大种群生物——人就是一个很好的典型例子——其个体表型中则会有更多的潜在基因等候表达。任何一个人细胞中的任何基因在下一代的某个成员的表型里都可能得到表达;任何一个女子所携带的任何等位基因,都可能在她的一个子女中与任何一个男子所携带的同一基因的任何一个等位基因配对。地球上有这么多的人,足以让你感受到下一代人基因型的多样化在原则上可能有多大的潜力。这一等位基因的巨大多样化比在孟德尔选出的豌豆中可能出现的对数要大得多,我们称之为基因库。虽然每个个体可能只有一对等位基因来确定某种特征,但在构成其他人体的细胞中也许会隐藏着更多的那种基因的版本。

这意味着人或者大种群的个体成员中存在大量的多样化。如果环境发生某种变化使基因库里的一种等位基因占据优势,那么带有那种等位基因的个体就会成功地繁衍。当然,这种情况基本上不适用于今天的**人**,因为我们控制了我们自己的环境。但可以想象一下几千年以前的情况。假如太阳辐射发生了某种变化,使得有蓝眼睛的人看东西很困难(这种可能性不大!)。在自然的原始状态下,蓝眼睛的人将会处在一个非常不利的条件下因而不能生存,他们的后代就会比其他的人群要少。不用多少时间,蓝眼睛等位基因就会从基因库中消失。同样,如果因为某些无法想象的原因而使蓝眼睛成为一种优势,那么,蓝眼睛的人就会取胜,活得长,而且生育得多。这种等位基因就会在基因库里迅速扩散。选择非常有效地作用在个体上。但由于等位基因在基因库里扩散的方式,进化的影响要在整个种群中才能显示出来。

表明等位基因如何通过种群有效传播的数学方式,是由英国的费希尔(R. A. Fisher)、霍尔丹(J. B. S. Haldane),美国的赖特(Sewall

Wright）以及苏联的切特韦里科夫（S. S. Chetverikov）发明的。在费希尔1930年发表的经典著作《自然选择的遗传理论》中，人们可以从他的计算中得到关于选择力量的某种印象：如果老的等位基因经过突变产生的新的等位基因，使那些具有突变基因的动物获得超出不具有这种突变基因的动物1%的优势，那么这种新的等位基因经过100代以后就会传遍整个种群。正像安德鲁·赫胥黎（Andrew Huxley）1982年在剑桥大学达尔文逝世100周年纪念大会上所评论的，"这个力量远远超越了人们想到自然选择时的通常认识"。[8]从个体的角度看，这种优势太微弱，以至于研究野生动物种群的观察者们注意不到，而它足以保证一个突变的基因获得成功。

根据现代综合的说法，进化**就是**有针对性的突变，但这种突变——由一个个体传给其后代基因的自发突变——只需要很少一点就可以起作用了。根据推断，之所以出现这种变化，就是因为在极罕见的情况下，染色体在减数分裂期间没有复制好。这种情况后来又一再发生。一个非常大的基因库是由许多个体共享的，自然选择非常有效地决定了在基因库里存在或消失的等位基因。由于有性繁殖，发生在一个个体的卵子或者精子里的很小的突变一旦具有优势，便会很容易地在基因库里传播。

上面这些只是对现代综合的最简单概述。这本书主要不是讲种群水平上的变化，甚至也不是讲单个生物体的变化，而是探索细胞深处的进化机制。[9]现在我们可以不再叙述这幅大图景了，也不用介绍有关进化辩论的激烈场面，而是应该把注意力集中到染色体本身。它们是怎样复制的？基因是如何控制细胞运作和机体运作的？生命的基础化学是什么？基因突变究竟是怎样提供进化所需的多样性的？不过在我试图讲述如何找到这些问题的答案之前，也许我应该提一下最新一轮的进化辩论，这一辩论重现了关于突变与渐变的古老争论，而且，这一辩论有时给了那些专栏作家一个声称达尔文学说再一次受到攻击的借口。

最新进展

涉及突发性大突变的现代进化模式被称为"点断平衡说",其代表人物是哈佛大学的古尔德(Stephen Jay Gould)。古尔德是一个非常杰出的作家,也是一个很能干的生物学家,他的两重身份使这些思想具有较大的影响。概括地说,古尔德等人坚持认为,物种在非常长的阶段里,数百万年,甚至是数亿年,基本上保持着稳定状态。在那段时间里,达尔文所说的那些涉及小突变的选择就起了作用,使个体物种精确地修改它的生活方式,以便很好地适应它的生态位。环境中的小变化的确通过自然选择而被进化追踪到了,据说,总体来讲是达尔文机制扮演了使物种保持稳定的角色。不过偶尔也会有不同的事情发生,围绕着这个主题,一个新的变异突然出现了,并横扫整个种群。经过数百万年的进化停滞状态,一个物种非常迅速地变成了另外一个模样。

为什么叫点断平衡说?原因十分清楚。就进化和地质史来说,"突然"变化意味着什么,远非那么明显。正像古尔德自己承认的那样,在岩石的化石记录中似乎是一个瞬间的变化,也许要经过千百万代的演化才能完成。这个以新形式提出的古老思想向人们重新提出了一个问题,这就是现存物种的稳定性与新物种的出现是不是都需要用两种进化的版本来加以解释,还是说只需要凭借已经相当完美的老的达尔文进化论就足以作出解释了。传统主义者的代言人,如加利福尼亚大学戴维斯分校的阿亚拉(Francisco Ayala)对这个问题作出了回答。他指出小的达尔文变化经过积累如何能够很快在生物体表型中产生一个有意义的变化。阿亚拉在达尔文100周年纪念大会上的文章中提到了果蝇实验,遗传学家之所以喜欢用果蝇做研究,是因为它繁殖很快,而且它的染色体十分有趣。他把一个数量较大的由一对果蝇繁殖下来的果蝇种群分成两个部分,一部分放在一个较暖和的房间里,另一部分放在一个比较冷的房间里,让它们各自繁殖。经过12年以后,放在温度为16℃房里的果蝇的平均个头比放在27℃房间里的果蝇大出10%。每一年繁殖10代,每一代种群按0.08%的速率进行分化,按这个速度,需要多长时间才能使这样的变化产生出不能再杂交,并被归为另外一个种的种群呢?

现在回到人类进化的问题上来。阿亚拉指出,从50万年前的直立人(Homo erectus)到75 000年前的尼安德特人(Neanderthal man),颅容量发生了巨大的变化,在这个短时间里,颅容量从900 cc进化到1400 cc*,看起来变化是很剧烈的;如果我们让进化按果蝇每代0.08%的速率进行的话,假设每代相隔的时间为25年,那么所有这些变化在短短的13 500年里,或者说经过540代,就可以发生,即使用进化论的观点作比较仔细的观察,这些看起来像突发性的变化,实际上也只不过和某些种群平时不断在发生的变化一样。

这个辩论仍在继续。你从争论的双方能够发现古尔德和阿亚拉在达尔文逝世100周年纪念大会的论文中都已提到的一个最新解释。依我个人的看法,就其价值来说,阿亚拉的解释更能反映实际情况。看起来,只要条件没有什么变化,物种的进化确实保持在一个静止状态,但重要的一点在于它们确实具有"快速"进化的能力,只要出现有利于变化的环境,进化可以快得按每一代0.08%的速率进行。进化的点断印记不是突然的突变,而是环境的变化,这种变化产生了新的条件,也从基因库里选择了符合这种条件的新的变种。然而,不管辩论怎么进行,所要强调的重要的一点是,自然选择的进化思想并**未**受到攻击;辩论的焦点在于,是偶尔出现的大的突变在为自然选择的进行提供某些原料方

---

* 容量单位cc,即立方厘米。——译者

面起着重要作用,还是说是"平常"的细小的突变就足以产生被视为真正生命佐料的变种呢?

不过那种变种并不仅仅来自突变。性在混合基因库中以及为自然选择利刃提供新的基因组合方面是一个重要的成分。当我们开始把注意力集中到双螺旋本身的问题上时,我们首先发现的是,减数分裂期间所发生的比我们最初看到的要多得多。

第三章

性与重组

从孟德尔的工作讲到它与达尔文思想结合成为人们认识进化的基石——现代综合——这一步时，我们这个故事讲得确实有点超前了。现代综合开始出现只是在20世纪30年代，真正牢固地确立起来也只是在以后的10年中。但是从20世纪初起，当孟德尔的工作以及后来他在遗传学领域的弟子们的工作逐渐融入生物学主流时，其进展的一个主要方面是对染色体的研究，尤其是当性细胞——配子——在减数分裂期间形成时，发生在染色体上的变化。对有性繁殖究竟是怎么回事的理解，的确是了解孟德尔学说和达尔文学说的根本前提。由于对性没有那样的了解，许多著名的生物学家对达尔文和孟德尔的思想仍然抱着怀疑的态度——他们怀疑的不是进化是否发生的问题，而是关于进化究竟是怎样发生的一些观点。理解进化机制的关键，也就是达尔文和孟德尔两人都为人们认识客观进化过程提供了一个好指导的证据，刚好在于人们发现染色体不是像基因那样的永久结构。染色体能够断开，而断开的部分又能够重新连结成为新的组合，成为新的基因组合。这就是减数分裂期间发生的事情，这保证了基因可以不断地变换位置，从一代到下一代，产生新的组合以接受自然选择利刃的检验。

在关于进化和遗传机制思想发展的这个阶段，关键人物是哥伦比亚大学的摩尔根(Thomas Hunt Morgan)。摩尔根于1866年出生在一个显赫的家庭。他的曾外祖父基(Francis Scott Key)是美国国歌的作者,他的父亲曾担任过美国驻意大利西西里岛墨西拿的领事,他的叔叔在南北战争时是联军的一个中校。1904年摩尔根成为哥伦比亚大学动物学教授,开始了他对科学作出重大贡献的研究,他的这项研究于1933年获得了诺贝尔奖。摩尔根是对达尔文理论不以为然的众多生物学家之一,原由是达尔文没能对遗传性状是如何从一代传递给下一代这个问题作出解释。他反对当时正在逐渐占上风的孟德尔理论,因为他认为这种理论所依据的是当时完全是假想的、能够在性细胞内从亲本传给下一代的"因子"。虽然他承认染色体可能与遗传有关,但一直到1910年,他还在坚持认为单个染色体不可能携带具体的遗传性状。

果蝇因子

到那时为止,摩尔根用小小的果蝇做繁殖实验已有两年之久。这种昆虫对许多遗传学研究来说是一种十分理想的实验生物,在整个20世纪它被世界各地的实验室广泛使用。它的学名 *Drosophila* 原意实际上是"露水爱好者",但吸引它们盯上腐败水果的不是露水,而是酵母。它们被选择用于研究的头一条理由就是它们易于保存和繁殖。每一只果蝇只有3毫米长,它们在两周内就能繁殖出新的一代,每只雌果蝇一次可产数以百计的卵。一个果蝇群落几乎可以在任何旧玻璃器皿中都很好地存活,而在摩尔根的实验室里,他们使用的是半品脱*的瓶子。所有这些都是摩尔根选择它们为研究对象的极好理由;十分凑巧的是,果蝇只有4对染色体,这种情况正好十分有利于研究人员对他们所关心的性状进行研究。

---

* 品脱,容量单位,约为0.568升。——译者

　　和所有有性繁殖的物种一样,这些染色体中有一对,对于这个物种以及整个进化来说都特别重要。在19世纪90年代,生物学家已经注意到,虽然同种生物每个细胞中的染色体在显微镜下看几乎是一样的,但有一对染色体在雄性和雌性之间有着明显的不同。在这对染色体中,有一条无论在雄性还是雌性细胞中都一样,因为它的形状像"X",因而被称为X染色体。而这对染色体的另一条则不一样了,它要么是X,要么是缺了一条腿的X,被称为"Y"。在多数物种中,其细胞携带XX组合的个体是雌性,而携带XY组合的个体则是雄性。(在有些物种中,包括鸟类,模式是相反的,而在有些物种中,则没有Y染色体,要么是XX,要么就只有一个X。但这些例外并不影响我们这个故事。)

　　我前面已经提到过,人类正常的体细胞里有23对染色体,其中22对在男性和女性中都一样,是相配的染色体,或称常染色体。第23对染色体,女性是XX,男性是XY。从上一章里提到的减数分裂的概念来讲,任何卵子都含有一条从母亲那里继承的X染色体,而精子里含有的不是一条X染色体就是一条Y染色体,因为它可能继承其亲本原来一对染色体中的任何一条。因此当一个含X染色体的卵子与一个含X染色体的精子相遇并融合时,其结果是产生了这个物种的一个新的雌性—— 一个女孩。当一个X卵子与一个Y精子结合在一起时,生下的就是一个男孩。这一认识为萨顿关于减数分裂后染色体被复制并传给了下一代的假想提供了重要的证据,而且表明染色体在遗传中确实起着一种作用——起码它们决定了性别,而这是任何生物表型中一种相当重要的特征。

　　摩尔根繁殖果蝇的本意是想寻找大突变,所谓大突变,就是指突然出现一个与亲本差异很大的新的个体。这种突变在植物中有时能见到,但在动物中极为罕见。他发现的现象非常细微,但决非不重要。在自然界,多数果蝇的眼睛是红色的(遗传学家对大的变化非常敏感,他们一般把自然出现的形式称为野生型,尽管野生果蝇的形象并不十分突出)。1909年,摩尔根实验室的一个用半品脱瓶子装的果蝇种群中出现了一个变种——一只有一双白眼睛的雄果蝇冒出来了。摩尔根采用与孟德尔培育豌豆相同的方法,用这只白眼睛的果蝇与一只正常的红眼睛雌性果蝇进行杂交。结果产出的后代眼睛都是红色的,这说明导致白眼睛的"因子"一定呈隐性。因此,实验者们就要看下一代会是什么情况了,就像孟德尔准备观察亲本的"孙子辈"豌豆一样,结果他们发现了非常奇怪的现象。在这第二代里,有2459只红眼睛的雌性,1011只红眼睛的雄性,782只白眼睛的雄性,但**没有**白眼睛的雌性果蝇。对它们做进一步的研究,结果都一样,于是摩尔根便得出了一个必然的结论。不管是什么东西使某些果蝇有白眼睛,起作用的"因子"肯定是携带在X染色体上的。这个因子呈隐性,而且在第二代雌性果蝇的另一条染色体上的正常的红眼睛因子总是呈显性。进一步的实验还表明,白眼雄性果蝇在卵中的死亡率高于红眼果蝇,这就说明在这些实验中为什么存活下来并进入统计的白眼果蝇会那么少,同时暗示着在同一个与性别相联系的组群中得到遗传的绝不仅仅是白眼性状。

在以后的一系列研究中,摩尔根发现果蝇的好几种其他特点与果蝇的性别有联系,而且肯定是由X染色体携带。他采用了1909年丹麦植物学家约翰森(Wilbelm Johannsen)发明的名字"基因"来命名孟德尔所称的因子,并且得出结论认为萨顿是正确的,一条染色体就像一根线串着许多珠子那样携带着一组基因。他通过自己实验所取得的证据填补了他明显感到的达尔文理论和孟德尔理论的不足,同时也终于认识到这两个理论确实都是正确的。这是一个很有说服力的科学方法的典范,可是它在有关进化思想发展的故事中常常被忽视;在我看来,一个通过自己的实验说服自己接受正确理论的怀疑者,比一个囫囵吞枣接受前人思想、人云亦云的崇拜者更可贵。怀疑是科学的基石,正是摩尔根的工作确立了遗传学的基础,并在1910年前后开始把达尔文学说与孟德尔学说融合在一起,这是任何一项其他工作所不能比拟的。不过,这仅仅是故事的开头。

断开的染色体

摩尔根与他的学生斯特蒂文特(A. H. Sturtevant)、布里奇斯(C. B. Bridges)和马勒(H. J. Muller)在哥伦比亚大学合作进行的工作是在20世纪20年代发展起来的。简单的孟德尔遗传定律只适用于基因被独立传递的情况,而基因通过一条条染色体相互连接在一起这一发现,大大澄清了孟德尔通过研究豌豆而得出的简单定律所不能解决的遗传问题中的混乱。随着在哥伦比亚大学实验室培养的果蝇种群中更多微小突变的发现,同时又发现了好几种伴生的突变,如雄性与白眼。这种共同遗传的一组基因被称为连锁群,而且摩尔根的研究组发现,果蝇的遗传模式只需要4组连锁群就可以解释,这个数目正好与染色体的对数一致。后来的研究表明,其他物种中的模式也是同样——连锁群从来不会多过携带它们的染色体的对数。但当足够的信息集中起来使它有可能来研究连锁群本身的行为时,数据中出现了新的异常。

有一个例子应该可以阐释这样的新发现。野生型果蝇身体是灰色的,长着长翅膀,而有一种突变型的果蝇身体是黑色的,翅膀很短,这两种性状都呈隐性。当这两种果蝇杂交时,产生的第一代都是灰身体、长翅膀。像通常情况一样,有趣的情况只出现在第二代。

在这一实验中,最初选来的这些果蝇的孙子辈似乎只有两种可能的形式。如果黑身体和短翅膀的两个基因分在两条染色体上,它们应该直接按照孟德尔方式遗传,以同样的可预见的比率出现在第二代,正像孟德尔那个涉及两个遗传因子的对等实验中所出现的黄皱豌豆一样。不过,两个基因也许组成了一个连锁群,被同一条染色体携带。在那种情况下,第二代的模式应该非常简单,如果一个基因被传递,3/4的灰果蝇应该是长翅膀。在那种情况下,1/4的果蝇在两个等位基因处的两个基因都呈隐性,它们都是黑身体、短翅膀。这个结果应该与最初孟德尔用黄豌豆和绿豌豆做实验得出的结果相近。

事实上,大量此种实验证明,其结果与两个基因同属一个连锁群时人们所预期的模式非常接近,但它们并不完全符合孟德尔遗传学的这种简单预测。一些果蝇是灰身体、短翅膀;还有一些是黑身体和长翅膀。通过许多这样的研究,摩尔根被迫得出这样的结论:连锁群并不是牢不可破的统一体,有时出于某种原因,一条染色体上的一个或几个基因与和它配对的染色体所携带的对应基因即等位基因变换位置。此种联系实际上被打破了,在这种情况下,黑身体与短翅膀的两个基因被分到了不同的染色体上,又被独立地传递给果蝇的后代。这种断裂和分离仅仅在减数分裂期间才有可能发生。成团的染色体断开了,在对应部位之间发生交换,重新组成了等位基因的新排列。每一条染色体总是携带决定一组特别性状的一套基因,但等位基因被重新排列并被重新组合。

重组

摩尔根时代以后,这种类型的育种实验已进行了无数次,不断改进的显微技术能够直接观察到减数分裂期间当染色体断开和重组时发生的情况。事情发生在减数分裂的最初阶段,在这个时候,细胞中一对对同源染色体(每一对中的一条来自生物体的父方,另一条来自母方)相遇并互相缠结,在这个过程中,原先的每一条染色体分为两条染色单体,又由一个着丝粒把它们连接在一起,那是亲本遗传物质的复制品。

因此有4根成对的线,在未被拉开之前,缠结与互搭着,仍然被它们的着丝粒与细胞的相对顶端连接在一起。在这个缠结的过程中,在染色单体与其他染色体上与之相对应的线交叉之处,它们能被断开,断开的末端与对应数目的断开的末端相连结。这并不只在一处发生,而是能出现在染色单体上的好几个地方。结果是,当线分开之时,每一根线是每一条最初染色体片段的混合。

遗传物质确实从一条染色体传到了另一条染色体上,这个过程有时被称为"交换"。但这个过程总是相互对等的,每一片交换物质正好被其他染色体的同等片段所替代。更准确地说,这个过程应该称为重组。可以打一个比方来说明它。我们把一条染色体上的两条线也就是两条配对的染色单体看成是绿色的线,把另一对染色体上的两条线看成是红色的线。经过减数分裂的缠结与分离阶段之后,这4根线中的每一根都有一部分是红色的,另一部分是绿色的。在红线上所有被插入绿线的地方,"失去"的那段红线都插入了相对应的绿线移开后留下的那段空隙。结果是,虽然从原则上说可以辨别出你身体中几乎每一个细胞的哪些染色体是从你的母亲那里遗传来的,哪些染色体是从你的父亲那里遗传来的,但在性细胞里,会有新的染色体,这些染色体中的每一条既含有你父亲的遗传物质,也含有你母亲的遗传物质。正是这些新的染色体,由你传给了你自己的孩子,同时它们也解释了为什么在有性繁殖物种的个体之间存在的差异多得惊人。

交换看上去是随机发生的——从原则上说,染色体可以在其纵向的任何一点上断开并重新连接,在减数分裂时,染色单体正是在这些点上进行交换而结在一起。斯特蒂文特认识到,如果情况恰是那样,那么在一条染色体上相距较远的基因,在重组过程中比较容易被分开,因为染色体更容易在它们之间断开。从1913年开始,摩尔根的这个学生进行了一系列了不起的实验,在这些实验中,他把这一简单的认识变成了

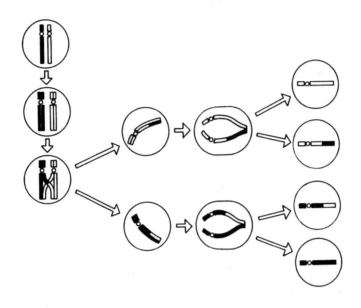

图3.1　在本书前文中所描述的减数分裂期间,染色体断开又连接形成
遗传物质的新组合。这个过程叫做交换。

描绘果蝇染色体的工具。相距较远的基因更容易被分开,表明这种分
离在一代代果蝇之间会更加频繁地发生;相距较近的基因只是在偶然
的情况下才会被分开,在这种情况下,染色体断开的地方正好在这些基
因之间。经过一系列繁殖实验和细致的统计分析,在观察特定的基因
连锁群断开的频繁程度时,斯特蒂文特和他的后继者用基因的这种行
为测定出在某一条特定染色体上的基因究竟相距多远,以及串在染色
体线上的遗传"珠子"的次序。在70年以后的今天,果蝇4条染色体上
的500多个基因以及它们之间的确切关系已被确定下来,许多其他物
种的染色体也大体上被绘制出来了。1915年,摩尔根、斯特蒂文特、布
里奇斯和马勒出版了一本题为《孟德尔遗传机制》的书,发表了他们的
结果,这本书影响了整整一代遗传学家,至今仍在重印。这本书的出版
明白无误地标志着达尔文和孟德尔两人思想的统一已经开始实现,这
仅仅是个开端;另一代生物学家还必须找到最终的证据来证实这些思

想。但回过头来看,摩尔根及其同行收集的证据已经清楚地表明,达尔文提供进化论原材料所需的变异过程,并**不是**由于在每个新一代上发生的重大突变,而是由于遗传块的不断重新排列,这个过程使每一个个体都发生等位基因的重新组合(除由一个受精卵一分为二而产生的同卵双胞外),并为偶然、罕见的突变提供了与其他突变一起接受检验的机会。

多样化是生命的佐料

性与重组的伟大之处就在于,它们共同为一个种群的所有成员分享某一特定基因的不同版本提供了一种手段。尽管对一个人类基因来说最多只能有两个等位基因,在我的许多染色体中,每对染色体中间的一条携带着同一个等位基因的复本,但是我的子女可以继承由任何育龄妇女携带的任何人类基因的任何等位基因。再进一步说,我的孙辈们将会全部继承由我孩子继承的那些新的染色体,那是由我与妻子的染色体经过交换和重组产生的;每一条染色体都是由我与妻子的染色体经过交换和重组产生的;每一个孙子的另一组染色体,是由我子女的配偶——孙子双亲的遗传物质所具有的巨大的潜在可能性而形成的。如果用文字来表达的话,就是说,任何一个人的染色体中可能形成的基因组合数显然是极为可观的。假如用数字来表达,就会产生一个不可思议的、远远无法用天文数字来形容的数字。

阿亚拉在发表于《科学美国人》杂志关于进化论的一期特辑上的文章中为我们作了计算,[1] 在人体中平均只有6.7%的基因是杂合的。这意味着,在你的体细胞中由染色体携带的等位基因有93%在一对染色体的两条上是相同的。这样说,可能产生的变异听上去似乎并不惊人,但等一等! 描述一个人并决定其表型的基因大约有10万个* ——人是一

---

* 最新研究表明,人的基因只有3万个左右。——译者

个比果蝇复杂得多的动物。这些基因中"只有"6700个是由配对染色体上不同的等位基因组成的,因此,你或我的染色体可能重新组合成不同的新的染色体,并传递给下一代的方式"只有"2的6700次方(即2^{6700})种。这样一个数字意味着什么呢?如果转换成人们比较熟悉的以10为底的算式,我们便得到了一个同样难以理解的数字——我将我的遗传物质传给我的孩子或你将你的遗传物质传给你的孩子,可能有10^{2017}种不同的组合方式。就让我们称它为10^{2000}吧。马萨诸塞大学的哈里森(Edward Harrison)在他的《宇宙学》一书[2]中,对宇宙中所有星系里的所有恒星和行星中大约可能有多少核子(组成原子核的物质,包括质子和中子)作了一个简单的计算。这个数目在20世纪20年代被大天文学家爱丁顿(Arthur Eddington)第一次计算出来了。今天,依据各种合理的假说计算出来的数目与这个数目差不多。平均来说,这个数目差不多是10^{80}。

不断增长的10的幂很快就无法自控,10^{80}和10^{2000}之间的差别比80和2000之间的差别要大得多,就连10^{82}比10^{80}也要大100倍。要得到10^{2000},你就要以10^{1920}乘以10^{80},或另一种写法就是把10^{80}写为10^{2000}的百分比来算,你不得不在小数点后面写上1918个0再加一个1。宇宙中所有质子和中子的全部数目与一个人所能产生的遗传物质的不同可能组合数相比,前者只是个极其微不足道的数目。也许,这能让你感受到人类基因型的潜在多样化以及可能产生并受到自然选择检验的表型的多样化——当然,这种自然选择作用在物种的个体上。今天,文明使我们在很大程度上与自然选择隔绝了,但是,这个数字对于我们的祖先是适用的,对于其他的大哺乳动物大体上也是适用的。

尽管每个人只有6.7%的基因(更确切地说,应该是基因座)是杂合的,但是在某些人群中某一特定基因的等位基因可能会远远多于2个。整个基因库都可以用来创造新的染色体、新的基因型和新的表型。一些组合证明是不错的,产生的生物个体很兴旺,而对进化来说十分重要的是,它们繁衍了许多后代。一些表型比较差,产生的后代很少。实际上,自然选择在挑选最好的等位基因组合,也就是适应性最强的连锁群。但是,对于多样性来说,这只是潜在的能力,某一特定基因中那些对于在某一特定环境中——在某一特定的时间和地点——生存而言并非最好的等位基因复本,在一些个体中依然存在。当条件发生变化,那些等位基因突然变得有价值的时候,携带这些等位基因的个体就会繁衍兴旺,比携带另一种影响那种性状的等位基因或连锁群的个体产生出更多的后代。许多年以后,回过头去看一下化石记录,古生物学家在物种中可以看到一种地质的剧烈变化,于是开始谈论点断平衡的话题。然而,之所以发生这样的剧烈变化,无非是由于环境发生了变化,并从物种巨大的基因库里优先选择了一个不同的组合而已。达尔文观察的鸣鸟在一段按地质标准来说是很短的时间内,能够非常好地适应它们所栖息的加拉帕戈斯群岛不同岛屿上的特定生态位,这也不再是什么稀奇之事。所有这一切都会在没有任何突变产生的情况下发生。如果当突变确实发生的时候,它们也许并没有什么直接影响,但仍然会导致某一特定基因出现另一变种,也就是产生并不赋予携带它的个体以特别的、具有直接优势的等位基因,这一等位基因只是存在于基因库里,到条件适合时它才显现出来。[3]

　　所有这一切给了我们一个很有意思的启示:无论是突变还是重组都不会过于频繁地发生,或者说,潜在有益的新等位基因和连锁群,在有机会在基因库里扩散,以及在染色体不同的重新组合中与其他基因发生的不同组合受到检验之前就会被破坏。许多研究表明,在地球上的所有生物中,从人到玉米、果蝇到细菌,突变的速率大体上是不变的,对于种群中的每50万个个体,每一对基因在每一代时间里自发地发生一次变化。费希尔用数学方法表明,突变的这种慢速率与孟德尔遗传以及染色体的随机组合相结合所形成的新的连锁群,正是解释自然选择进化论所需要的。不过这样说当然有点本末倒置了;实际情况是,突变与重组过程本身就是经过千百万代的演化才适应了最有效的模式。"使用"了任何一种效率不如现今所用的方式而进行重组的个体都在生存斗争中出局了,它们没有留下后代;惟有最适者得以生存,遗传机制决不被排除在选择过程之外。但是,尽管突变的作用并非达尔文所认为的那样大,但它毕竟是一种关键性的作用。交换与重组的研究有助于解释一些突变是怎样发生的,并使其他突变的来龙去脉也变得清楚了。

突变的机制

突变——复制遗传物质过程中发生的错误——是变异的最终源头,正是这些变异,为自然选择进化提供了基础。如果没有复制中所出现的错误的话,地球上所有的生物都应该和地球上最早出现的生物绝对一模一样。要做到一代像一代,复制过程必须十分精确。的确,错误肯定不常发生,但它们的发生必须频繁到足以为进化提供原料,突变发生的速率本身也是在数十亿年的时间里由进化所选择的。在摩尔根和他的同行对DNA(即双螺旋本身)进行研究以后的好几十年中,人们并没把这些复制错误的本质搞清楚。但是我们仍然能够从一般的角度,用20世纪20年代站在学科前沿的遗传学家能够懂的语言来理解突变发生时出现了什么情况。

染色体携带用于构建和操纵它们所在生物体之表型的信息。我们无须知道生物体的各个部分究竟是如何传递和使用这些信息的,就能明白染色体中所有这些遗传物质起到了一张生存蓝图的作用,它们描述了生物体的每个部分应该做些什么,以及对不同的环境——来自环境中的不同的刺激——应该如何作出反应。基因看上去就像一根线上的串珠,这本身就给了我们一条重要的线索,告诉我们这个被编码的生命信息是以线性形式出现的,像一行行字母和词,组成了你现在所读的这本书里的信息。这种类比是否准确,我们以后再看;现在让我们借这一现象来看看当一个信息被复制时,它是怎样发生变化的。

最简单的一种"突变"就是漏掉一个字母,或者是在原来的文字中多了一个字母。比如说,一个打字员要打出"The cat sat on the mat"这个句子。我们学过打字的人都会记得,在我们还没有熟练掌握打字技能之前,很容易出现诸如 "The at sat on the mat",或"The ccat sat on the mat",或"The at sat on the mmat"这样的错误。这些错误都是点突变,变化发生在信息的一个点上,漏掉或者多了一个字母。点突变的第三种形式是置换,会把一个字母换成另一个,"The cat sat on the mat"或许会变成"The cat gat on the mat"。

遗传信息中任何随机的变化几乎确定无疑地使信息或部分信息变得无意义。这样的一个突变显然是有害的,将产生一个不能像它的竞争者那样有效工作的表型,在达尔文学说阐述的生存斗争中就会遭到失败。但有时这种变化产生的新句子即使与原来信息的意思不一样,但还是有意义的。如果把"The cat sat on the mat"变为"The cat sat on the hat",这条信息仍然向我们传递了某件事情。非常偶然的是,遗传密码中的这种变化可能产生一种在微小之处比它的对手更有利的表型,而这种小的优势正是进化运作所需要的。

然而这些简单的点突变,从只有一个简单遗传蓝图的原始单细胞生物到建立起新的品种,显然将需要经过漫长的岁月。自单细胞生物出现以后,地球上的进化过程的确非常之慢,经过了几十亿年的时间。性和重组一旦被"发明"出来以后,整个过程大大加快了——至少那些进行有性繁殖的物种是这样;而那些原始单细胞生物的几乎不变的后代在我们的行星上仍然大量存在,并保持不变。

重组提供了出现新突变的可能性。我在前面说过,在交换期间,染色体的每个部分与配对染色体的对应部分进行交换,但事实也不总是这样。如果你想一下这一复制过程的本质,了解到有时一段染色体在被插入到相应的地方之前两端的位置已经调换的话,就不应该感到意外了。我们刚才讲到的那句话"The cat sat on the mat"如果变成"The tac sat on the mat"的话,它就没有任何意义。而且,多数这样的突变是有害的。但如果我们尝试对这句话进行一点变动,并对这个句子"The dog sat on the mat"作出和前面的句子相同的改变,现在这个打字错误——倒位——便产生这样的信息:"The god sat on the mat",这个信息便有了意义了。倒位,像点突变一样,在非常偶然的情况下,对于表型的运作可能是好消息。

即使在普通的有丝分裂复制过程中,产生突变的范围都远远超出单个"字母"的缺失或置换。复制染色体的机制偶尔也会犯与一个疲倦的打字员或排字工人同样的错误,即把同样的"单词"甚至整个句子重复打两遍,或者把一个句子整个都遗漏。在像我们人类这样的多细胞物种中,在单个体细胞中这样的一种变化没有任何意义。但如果它发生在重组后减数分裂的复制阶段,那么,改变了的染色体就有可能传递给下一代。它将从一个精子或卵子开始,融入这个新个体的每一个细胞,如果这一个体生存下来并进行繁殖的话,还将传递给后代。一个基因或基因某个部分的多余复本也许没有任何用处,但在将来的细胞分裂中就像细胞中附带的包裹一样,也照样会一代一代传下去。虽然到20世纪70年代和80年代人们才开始充分认识到这一点对于进化所具有的潜在作用,但这种"闲置"的遗传物质片段本身也能够突变,经过几次或许多次无用的变异,直到它们有机会碰巧形成了一个对它们栖身的细胞来说是新而有益的模式。一个完全崭新的基因可能就是以这种方式产生的。不过这段故事要到后面合适的历史背景下才会讲到。

因此,复制过程能够把新的物质引入染色体,它能够把原来就在那里的密码搞乱,当然如果在减数分裂期间,断开的末端越过缺口结合在一起,自己丢掉了一片染色体的话这个复制过程也就丢掉了一块。那个碎片可能会丢失,在减数分裂进行的时候没有被复制,也许这正是新的染色体产生的原因。有时,在减数分裂期间,遗传物质的某些部分在不配对的染色体之间进行交换,结果是新的染色体可能会再次出现。但要把所有的可能性都写下来没有任何意义。人们一般的做法是,如果你能想象出一种方式,一则线性信息通过这种方式在复制过程中可能会"搀杂"的话,那么在减数分裂和有丝分裂期间它就会发生,只不过它是很偶然的。以人为例可能会有助于强调这些简单的复制错误有多么重要。人类,正如我提到过的,包括性染色体在内,共有23对染色体。而我们的近亲大猩猩和黑猩猩则有24对染色体,这3个物种的染色体如此相似,以至于每一组的对等染色体对都一样。人类的一对染色体是由与黑猩猩和大猩猩的两对染色体非常相似的染色体融合而成的。但现代技术能够揭示出比这更加微妙的细节。人类与黑猩猩更主要的区别在于人类染色体组存在6个倒位;我们与大猩猩的区别在于8个倒位。实际上,完全有可能用显微镜看到我们与最近的亲戚在染色体上的区别,这些区别是由极少的几个突变引起的,它们导致了大约500万年前(根据最好的证据)由一个共同祖先传下来的3个物种在地球上的存在。下次你去动物园观看黑猩猩的茶会,可以好好琢磨这些问题。

加倍的染色体

不过还有另一种形式的突变,虽然它对人类进化没有直接影响,但对于人类的生存却是至关重要的。如果一个细胞在染色体被复制后没有进行分裂,那么结果就是这个细胞含有两组染色体。随后,这个细胞又可能经历一次正常的分裂,复制了这两组染色体,然后又产生了更多的携带多份遗传物质的细胞。由一组正常的成对染色体构成的细胞叫做二倍体细胞；两组染色体则导致四倍体细胞或四倍体生物体。在有性繁殖中，正如正常的二倍体细胞将其染色体一分为二而产生单倍体配子那样，一个四倍体细胞的生物体将其染色体分为两份便产生了二倍体配子。一个二倍体配子能够与生物体性配偶的一个单倍体配子结合，产生的杂种（一点也不普遍）就是携带三组染色体的三倍体生物体。但从实际来看，它们是可以忽略的，因为染色体在减数分裂期间无法配对。因此，这种杂种是不育的，它们产生不了自己的后代。这意味着，举个例子来说，如果一个突变产生了一个四倍体的人，即使他或她生了孩子（这种情况不会发生，但理论上是可能的），这个孩子也不可能留下后代，因为他是不育的——三倍体细胞在减数分裂和重组的正常过程中，不能产生具有功能的配子。

可是在植物中情况就大不一样了。植物常常都是单性繁殖。一个生物个体既产生雄性配子又产生雌性配子，它们能够互相受精产生新的植物，这样便结合了性与重组的许多益处而无须再去找伴侣。异常的细胞分裂可能会发生在植物发育的一个重要阶段，也许就在新芽形成的时候。这个芽可能会继续发育生长，结果，一个单一的四倍体细胞的后代不断重复分裂，形成了整个一条带有四倍体花朵和四倍体花粉的四倍体分枝。那些花朵自体受精产生的种子将生长成整株的四倍体植物。实际上这便创造了一个新的物种，因为这些四倍体植物只能在它们自己的圈子里进行繁殖。这一过程能够反复地发生，而不同物种间的杂交也能够改变染色体的数目，产生具有许多不同的、成倍于原先染色体组的变种。这种现象称为多倍体。但仍然可以很明显地看出它们属于同一科植物，它们染色体的数目是某个基本染色体组的多次重复。即使是一个有着一组三倍体染色体，看上去不可能再繁殖的杂种，如果经过染色体加倍的过程，它本身仍然能产生出一个新的可育品系，在这种情况下它会产生一个其配子携带3组染色体,成株携带6组染色体的变种。

这个故事确实错综复杂。这种情况在自然界非常普遍,用秋水仙的提取物来处理植物,也能在实验室里引发这一现象。多倍体植物一般都要比同类的"正常"植物长得大,这正像你会觉得每个细胞都比"正常者"大的植物也一定会更大一样,它们的叶片更厚,花开得更大,果肉更丰实,种子更硕大。这就是为什么它们对人类起着至关重要作用的原因。多倍体植物提供了更好的食物。人类培育的早期小麦是二倍体品种,有14条染色体(7对)。我们现在用来制作面包的小麦是有42条染色体的六倍体品种,这就是现代小麦长得那么大,结出的种子如此饱满硕大的主要原因之一。

无论是对于细菌细胞里相对少量的染色体来说,还是对于我们人类多对大的染色体来说,多倍体在提高遗传物质的量这一方面肯定起着相当重要的作用。突变作为一个整体,在许多方面有助于自然选择的进行,不管是给进化提供原材料,还是保证新的物种从老物种中分出。对表型不起什么作用的比较小的突变,或许会产生一个不能再与最初的原种进行繁殖的变种,正如多数的多倍体变种一样,从此以后,进化便不是在一个物种而是在两个物种中进行选择。整个事态平衡得如此完美,听起来似乎好得令人难以置信。是不是发生了什么错误呢? 遗憾的是,确实有错误发生。某些基因表现得不是那么恰到好处,它们在搞欺骗。但它们欺骗的方式也揭示了许多关于进化机制的问题。

欺骗基因

遗传欺骗是利用重组给某些特定的基因以优势,确保与它们对立的等位基因无法传递给具有功能的配子,因而不能成为后代表型的一部分。这一现象是20世纪50年代中期在威斯康星大学平泉(Yuichiro

Hiraizumi）研究果蝇的实验中首次为人们所发现。就像对重组的早期认识作出了重大贡献的摩尔根实验室研究工作一样，平泉的研究涉及影响果蝇眼睛颜色的基因。"野生型"果蝇的眼睛里有两种色素，一种是鲜红色，另一种是棕色，这两种色素混在一起，使果蝇的眼睛呈现一种特定的暗红色。有一种突变产生了眼睛里只有红色色素的果蝇；另一种突变使红色色素消失，留下了棕色色素；当两个突变同时发生在同一个体上时，果蝇的眼睛便成了两种色素都不存在的白色。如果在适当的配对染色体上存在正常的相对应的等位基因的话，那么这两种性状都呈隐性，产生不了任何影响。这两种性状由同一条染色体携带。

平泉做的实验是使野生型果蝇与实验室培养的染色体模式已知的纯种果蝇进行交配。第一步产生了红眼雄性果蝇，它们具有一条"野生型"染色体和一条来自实验室品系的染色体（那些对果蝇眼睛颜色没有影响的染色体则忽略不计）。现在，正巧在雄性果蝇的减数分裂期间通常并不发生交换，这为遗传学家研究突变带来了另一个有利条件——使他们又减少了一份担忧。因此，当这些杂种雄性果蝇与实验室培养的一种携带两条突变染色体的白眼雌性果蝇进行交配的时候，平泉预计，这样产生的后代只能从它们父亲那里继承具有两种"正常"眼睛色素基因的野生型染色体，或者携带红眼基因包的实验室染色体。父系遗传物质不会加以混合。在那种情况下，第二次交配产生的后代，有暗红色眼睛的一般果蝇与白眼果蝇应该各占一半。

经过大约200次交配，平泉发现情况果然和他预想的一样——**几乎**每次都如此。不过也有6次，他发现了全然未料到的情况——超过95%的后代有红眼睛。一件怪事发生了，而更怪的是，**同一种**怪事在从原始种群中6个不同的雄性果蝇继承下来的6个独立的（但都是对等的）染色体上发生了6次。后来的研究表明，每一种野生种群的一小部分果蝇中间存在同样的现象。平泉和他的同事认为这一现象说明，携带红眼基因包的染色体在减数分裂的配对阶段做了点什么,使与之配对的染色体发生了改变,使得携带正常染色体的精子不能正常工作。携带这种突变染色体的雄性,的确比正常雄性产生的后代要少,这表明它们的精子有一半受到了破坏,通过电子显微镜所做的研究表明,由那些雄性产生的精子有一半尾巴是弯曲的。

至于这些突变染色体是怎样要的这个花招,人们还无从知道。但这并没有贬低这一发现的意义,虽然这一发现同动物和物种个体水平上进化的规律相矛盾。繁殖后代少对于携带这种基因包的雄性显然是一种劣势;但对连锁群本身来说这是件好事。正是在这种情况下,连锁群容易被辨认,因为它既携带了欺骗基因也携带了红眼基因。不过同样的事情也在携带欺骗基因但不携带在表型中清晰显现的另一突变的染色体中悄悄发生。在减数分裂期间,基因欺骗的形式远不止这一种。再有一个例子讲的是与我们更加接近的物种——另一种哺乳动物家鼠。家鼠中一个相当普遍的遗传"失败"是繁殖出尾巴异常和一系列其他缺陷的个体。这种突变破坏性相当大,根据对达尔文选择的传统理解,自然选择作用在由孟德尔基因分离和重组所产生的变种身上,因而这种突变应该比实际存在的罕见得多。它们之所以得以保留下来,是因为和果蝇的例子一样,携带产生这些突变的连锁群的家鼠不会产生"正常"精子,即使它们在合适的纯合染色体上携带了正常的连锁群。

关于这类突变的研究为进一步详细探索重组提供了一种方法。这些研究也提出了在实验室人为造成这种突变的可能性——通过育种或者遗传工程——用它来控制虫害。但对于我们所讲的内容来说,最重要的一点在于这些研究指出了进化与自然选择的机制。

选择作用于个别的**表型**,而不是个别的基因。但繁殖在很大程度上同个别的基因和染色体是分不开的。

用拟人的方式来表达,我们可以说,某一特定的基因并不在乎它所栖息的表型的本质,它在乎的只是它自身的繁殖。因此,这也就是表型的动力;只有得以繁殖的个体才是进化的成功者。正如牛津大学道金斯(Richard Dawkins)指出的那样,我们都是"基因机器",除了复制基因并把它们传递给后代之外别无其他目的。基因的自私,不同连锁群在同一基因的等位基因中以及染色体本身之间争取生存的斗争,都是很实在的,对了解进化来说,它一点也不亚于同一物种的个体之间以及不同物种之间的斗争。而20世纪80年代对细胞内,尤其是减数分裂期间运作过程复杂性的了解,使最伟大的生物学家之一——麦克林托克(Barbara McClintock)半个世纪以前的发现焕发了新的光彩。

麦克林托克的玉米

麦克林托克出生于1902年,也就是孟德尔的遗传定律被重新发现的两年以后。身在20世纪初期和中叶的科学界里,她有两个方面的不利条件——第一,她是个天才;第二,她是个女人。只是到了20世纪80年代,她的工作才得到了完全的承认,获得了一连串姗姗来迟的奖项,包括1983年的诺贝尔奖,还有一部由凯勒(Evelyn Fox Keller)撰写的、在诺贝尔奖宣布之前问世的优秀传记。所有这些主要源于麦克林托克20世纪40年代及其后的第二期研究工作,那项工作表明,有些基因在控制另一些基因,根据不同情况而启动或关闭它们;有些基因能够变换它们在染色体上的位置,从一个地方"跳跃"到另一个地方。所有这一切在我们了解了前面所描述的突变怎样发生、基因怎样欺骗这些问题以后,丝毫不会觉得是异端邪说。但由于两个方面的原因,这在40年前被视为怪异。首先,孟德尔遗传学的伟大遗产是基因是永恒不变的。生物学家只是最近才慢慢接受了界定明确的遗传"粒子"的思想,在当时生物学家还没有接受这种思想的准备,即:这些不变的实体能够在染色体中跳来跳去以及互相操纵。记住,这仍然比平泉开始对果蝇中的欺骗基因进行研究早了十几年。但麦克林托克的工作为什么在当时没有被承认和接受,还有一个更重要的原因。20世纪40年代,多数对测定基因结构感兴趣的生物学家都转向了物理学与化学,注意力集中在细胞内更小的成分上,最终集中在基因与生命分子本身上。这批新培养的生物学家多数是物理学出身,对植物学一无所知;即使是那些科班出身的生物学家也把研究整株植物视为过时的东西。从20世纪40年代到80年代,麦克林托克是极少的几个通过研究整个生物体来继续探索基本遗传信息的研究人员之一。不仅研究像果蝇这样快速繁殖的生物体,还研究玉米这样一年仅繁殖一代的植物。看上去她好像回到了孟德尔年代;实际上,她与孟德尔的相似之处是在另一个方面,她的工作超前了40年,而她拥有的技术及洞察力是她的同行显然无法理解的。

玉米早就被麦克林托克选作进行实验的生物体。这种植物就像孟德尔的豌豆,从很多方面看都合乎理想。它的一个明显优点就是,从玉米棒上的种粒排列中可以十分清楚地看到它变异的情况。这里不需要借助显微镜进行煞费苦心的研究,也不需要去捕捉只有3毫米长的果蝇并去观察它们的眼睛;你所要做的只是剥开玉米棒上的外皮,看一看呈现在眼前的不同颜色的玉米粒是如何排列的。正如麦克林托克所说的那样,你对整个生物体有了一种"感觉"——它揭示的有关基因**一起**活动的情况比人们在实验室研究单个分子所能了解的东西要多得多,尽管他们研究的这些分子是生命分子。

麦克林托克就读于康奈尔大学,1927年获得植物学博士学位时还不到25岁。她决定继续开展人们对果蝇所做的工作,这项工作曾导致了这样的结论,即连锁群携带于特定染色体上,只不过她用的是玉米而不是果蝇。这项工作的意义比今天人们能立即感受到的要深远得多,因为事实上摩尔根和他的同事所做的工作并没有**证明**染色体携带连锁群这一事实。严格地说,那些都不是最主要的证据。在麦克林托克开始研究玉米之前,许多人已经做过育种实验,特别是用果蝇,还有许多人也已研究过染色体。但是"他们并没有结合到一起——甚至连他们工作的地方都是互相隔绝的"。[4]麦克林托克建议将两种方法结合起来,研究她即将在育种实验中使用的**同一种**植物的染色体。过了很久以后,她向凯勒谈起了她的建议引起的反应:"遗传学界的人不能理解。不仅如此,他们认为我这样做简直是有点儿发疯。"[5]在麦克林托克获得博士学位后的第一项研究工作中,她就已经开始背离主流思想了,显示了一种非常规的然而对解决当时的问题十分有效的方法。

她独自一人开始了工作。由于玉米的繁殖周期较长,所以工作进度缓慢,但是,同样的原因,使她有足够的时间解释从一代到下一代发生的变化,而不至于像果蝇专家那样,有时几乎被每两周就产生一代的果蝇压得喘不过气来。1929年,一个年轻的研究生克赖顿(Harriet Creighton)加入到她的工作中来,她们两人一起(主要还是在麦克林托克的指导下)完成了实验。这项研究证实并证明了连锁群的现实,而且比以前用显微镜鉴定与表型特定变化相关的染色体精确变化的研究更进了一步。其中有一个例子,她们用的是杂色玉米粒品系,携带着能够生成深色或浅色玉米粒的染色体。当细胞被着色并在显微镜下观察时,她们发现有色和无色的表型之间的区别与第9号染色体有关,在有色植株的染色体上有一个结头,而在无色植株中则没有这样的情况。

这些结果发表于1931年,这在一定程度上说是由于摩尔根访问康奈尔大学,并了解到克赖顿和麦克林托克工作后给她们的启发。尽管摩尔根没有告诉康奈尔大学这个研究队伍,但他知道,在欧洲,斯特恩(Curt Stern)正接近完成类似的关于与果蝇表型中形态变化相关的特定基因重组的研究。"我觉得,"摩尔根后来说道,"现在差不多是玉米有机会击败果蝇的时候了。"[6]如果说摩尔根在以前10年中的工作标志着孟德尔遗传学确立的开端,那么,麦克林托克与克赖顿的工作以及斯特恩工作对此的确认则标志着这一开端的终结。摩尔根被授予诺贝尔奖正好在克赖顿和麦克林托克最终**证实**连锁群和重组现实的工作发表两年以后;考虑到诺贝尔委员会谨慎的保守态度,他们总是不愿意过早颁奖,以免获奖人的工作日后被证明是错误的,这很可能不是一种巧合。

也正是这样一种谨慎的保守态度确定无疑地阻碍了麦克林托克在那个时候获得诺贝尔奖。在那个年代,妇女根本不可能以那样的方式被授予荣誉,至少不可能独自获奖。在20世纪早期,把一项诺贝尔奖颁给玛丽·居里(Marie Curie)或许是可以接受的,但她也只能和她的丈夫皮埃尔·居里(Pierre Curie)一起获奖(尽管就皮埃尔来说,他并没有对他们夫妇所谓的共同工作作出实质性的贡献)。假使麦克林托克是独自一人做的工作,也许她会与摩尔根分享诺贝尔奖;从1984年回过头去看,她之所以没有能够得到至少属于她的那一份荣誉,似乎是因为她的同事克赖顿也是一个女性,把诺贝尔奖的一半再分发给两个女性,对于坐在斯德哥尔摩那烟雾缭绕的房间里、由清一色男性组成的诺贝尔委员会来说,简直是不可思议的。这一决定甚至也许并非有意,很可能这些评委们根本就没有认真想过要按学术成就来考虑一个女孩子的工作。具有讽刺意味的是,当麦克林托克到了年迈之际(诺贝尔奖不发给已故的人),最终因为自己的工作而获得了诺贝尔奖,而在20世纪30年代,正是这项工作使诺贝尔委员会的成员们感到这比把奖颁发给一个女科学家更加不可容忍和不可思议。

那个故事的细节我们将在适当的时候再作介绍。尽管麦克林托克义无返顾地坚持着自己的工作,这项工作后来终于融入了生物学进展的主流,但在20世纪30年代,生物学毫无疑问面临着重大的挑战。正是由于摩尔根、麦克林托克和其余者的努力,基因的实质被弄清了,它们在染色体上的位置也找到了。但究竟什么**是**基因?它们是**如何控制**

细胞和生物体的？这些问题不可能通过生物繁殖的实验找到答案，甚至也不可能通过显微镜下的观察来加以解答。答案只能从分子水平的工作中得到，也就是说要求助于化学而不是生物学。使生物学家感到庆幸的是，正是在这个时候，也就是20世纪30年代初，化学家们有史以来第一次有条件来解决基因由什么样的分子构成这一问题。化学已经可以来帮助生物学了，因为对物理学的一种新认识——量子物理学——正在对化学进行着改造。

第二篇

DNA

我们注意到，我们假定的那种特别的配对立即提示了一种可能的复制遗传物质的机制。

——弗朗西斯·克里克和詹姆斯·沃森，
《自然》杂志，1953年

第 四 章

量子物理学

"生物是由无生命的分子组成的。当这些分子被分离出来并逐个加以考察时，它们符合所有描述无生命物质行为的物理和化学定律。"

这一段话引自莱宁格（Albert Lehninger）那本出色的基础教材《生物化学原理》第一章的首页，对这段话我无须再加修饰。生物由无生命的分子组成，如果我们想要了解生命的化学，就必须了解无生命分子的化学以及我们了解化学的基础——物理定律。像"原子"、"分子"这样的词已经成了我们日常语言的一部分，而不是专门为物理学家和化学家讨论其专业而保留的词语，但是在我们接下去讨论更加复杂的问题之前，我们应该重温这些词究竟有什么含义。一切物质都是由原子构成的，这些原子是构成物质的极小的、最初人们曾认为其不可再分的基本粒子，它们是构建我们所看到和感觉到的所有物体的基本结构单位。元素是仅仅由一种原子组成的物质——例如钻石，是由成亿成亿的完全同样的原子即碳原子组成的。然而，不是所有的元素都像钻石这样稀少和珍贵；铁也是一种元素。但是我们每天在生活中遇到的大部分东西都不是元素，而是由两种或两种以上的元素组合形成的化合物。化合物是由更大的被称为分子的构件构成的物质；它们是在构成化合物的不同元素的原子发生化合反应时产生的。二氧化碳气体是由碳和氧化合生成的。在这里,每个碳原子与两个氧原子化合,产生了无数基本相同的二氧化碳分子,用分子式表示就是CO_2。当然,氧在我们所呼吸的空气中就存在,但不是作为单独的原子,因为氧原子配对形成了由两个原子组成的分子O_2。

原子和分子

今天人们对物质原子结构的了解,可以追溯到19世纪末法国化学家拉瓦锡(Antoine Lavoisier)研究物体燃烧规律的那个时候。只是到19世纪下半叶人们才确信,一种气体是由大量四处跳跃、互相碰撞并对容器壁产生向外压力的小硬"球"(原子和分子)构成的。1897年人类发现了电子,并知道它们是极其微小并带有负电荷的粒子,在合适的条件下,它们可以从原子中释放出来;在20世纪,人们普遍认为在原子的中心是一个密度很高的核,在它的周围是电子云,人们仿照生物细胞中心部分的名字把这个核命名为原子核。人们发现,原子核并非不可分,它可以发生裂变和聚变,原子弹和核反应堆就是由这样的反应提供能源的。而对化学来说,所需要的只是了解电子的习性,因为电子云只是人们可以看到的原子的外表,当原子结合在一起形成分子的时候,正是电子云最外层的电子直接和其他原子发生相互作用。

在电子被发现以前,人们对元素是怎样化合的以及它们为什么总是按一定的比率化合为化合物(如一个碳原子和两个氧原子)这类问题只能凭经验加以回答。这种凭经验得出的规律是通过对许多实验进行多次观察后总结出来的,比如说,直接测量一定量的碳在氧气中燃烧能够生成多少二氧化碳。原子似乎按一定的规律形成化学键,但是没有人知道为什么会有这样的规律。例如,这些规律告诉我们,一个碳原子可以和一个含有两个原子的氧分子化合产生一个二氧化碳分子,用简

单的化学反应式表示就是

$$C + O_2 \longrightarrow CO_2$$

另一方面,当氢和氧化合的时候,一个氧原子总是需要有两个氢原子才能"满足"其要求:

$$2H_2 + O_2 \longrightarrow 2H_2O$$

或者用通俗的话来说,每两个含有两个原子的氢分子和每一个含有两个原子的氧分子化合可以生成两个水分子。

从这类证据中,化学家们得出了这样一种看法:每种原子在同其他原子化合时能够生成仅有一定数量的键。每个氢原子可以形成也只能形成一个键;每个氧原子能够形成两个键,因此能够抓住两个氢原子;每个碳原子能够形成4个键,因而可以抓住两个氧原子。根据这种看法可以肯定,4个氢原子可以和1个碳原子化合形成1个甲烷分子:

$$2H_2 + C \longrightarrow CH_4$$

对于许多涉及不同元素和化合物的化学反应来说,这种规律确实非常有效,尽管我们后面还要谈到碳元素是一个非常特殊的例子。但是生物分子或者说生命的分子比二氧化碳、水、甲烷这样的简单分子要复杂得多,以至于在19世纪仍然有人相信,只有找到某种超越现有的简单化学法则的东西,才有可能解释这些分子的行为。毕竟在当时还没有人真正了解化学法则是什么,所以没有办法来检验这些法则是不是能够解释非常大的复杂分子的行为。

生命的分子

生物体确实十分复杂而且组织程度很高,不过现在人们很清楚地知道,要解释它们的复杂性和组织性,并不需要新的科学法则。正如像我们这样的生物是由许多不同器官构成的,每种器官在保证整个生物体正常发挥功能时都发挥着独特的作用一样,因此在更深的层次上,所有生物的组织都是由许多种复杂分子组成的。这些化合物中的每一种都像身体中的组织一样,在整体的正常功能中似乎都发挥着一种独特的作用,有些分子可能包含数万个甚至数十万个原子。

生命的本质归根结底取决于这些结合在一起的复杂分子的行为,它表现为生物体从周围环境中汲取能量,并运用这些能量增强它们自身的复杂结构和复制自身(即繁殖)的能力。对地球表面所有的生命来说,这些能量的最终来源是植物通过光合作用吸收的太阳光。细胞发挥着化学发动机的功能,储存能量并以化学形式将它转化为必要时可以释放出来的能量分子(energetic molecules);动物通过取食植物来获取丰富的能量。(最近,从大洋深处发现了远离任何太阳能的生物体;它们从水底火山的热点摄取能量,过着与它们上面的生态网相隔绝的生活。但它们同我们一样,也是靠外部的能源维系着生存。)

生物体的化合物大部分是碳化合物,关于复杂的碳化合物(任何比二氧化碳要稍稍复杂的化合物)的学问之所以被称为有机化学,原因正在于此。非常典型的是,对生命来说十分重要的分子也包括氢、氧、磷、氮等原子。涉及生物体结构和功能的关键化合物家族是蛋白质;这个名字的含义就是"最重要的"(在有机分子中),一个普通的大肠杆菌(*Escherichia coli*,这种细菌生活在人的肠道等地方)含有大约5000种不同的有机分子,具有3000种不同类型的蛋白质。在人体中,有5万多种不同的蛋白质,它们对整个人体的健康运作都起着作用。蛋白质的种类如此之多,以至于在人体内很难找到一种与大肠杆菌中完全一样的蛋白质;每个物种都有自己的一套蛋白质。但在下一个结构层次上,所有的生物体更加相像了。

分子中物质的量是用分子量(molecular weight)来表示的,它以最轻的元素——氢——的一个原子的质量为计量单位。按这个标准,一个碳原子重12个单位。蛋白质的分子量可以从几千个单位到几百万个单位。但所有这些蛋白质都是由叫做氨基酸的更小单位组成,氨基酸连接成链,这些链自身又加以折叠。氨基酸的分子量一般都是100个单位多一点,从中我们可以看到一些较大的蛋白质中会有多少组氨基酸。但真正重要的一点是,地球上所有生物体内的所有蛋白质都是由**同样**的一些基本氨基酸(只有20种)按照不同排列和组合构成的。氨基酸本身没有内在的生物学特性,它们不是活的分子,但是如果把它们连在一起组成为蛋白质,便成了构成生命的材料。诚然,用于制造蛋白质的氨基酸不止这20种;但我们星球上的所有生物几乎都是用同样的方式使用同样的这20种生命构件,这一事实是最强有力的暗示之一:我们都起源于某一个原始分子,这个分子学会了生命的把戏,也就是从环境中吸取能量再利用它进行繁殖。也许其他分子也在大体差不多的时候学会了同样的把戏。但似乎只有一种分子在争取生存的斗争中获得了胜利,在今日的地球上留下了后代。

20是日常生活中人们所熟悉的一个数字,从这个数字可以马上看出它在组成蛋白质种类上的巨大潜力。蛋白质是由20种不同的氨基酸按不同顺序排在长短不一的链上而构成的。图书是由(英文字母表中的)26个字母加上一些标点符号按不同顺序排在长短不一的链上而构成的,这些链可以很方便地在图书纸页上进行"折叠"。正如英文字母可以组合成许许多多种图书一样,生命使用的这20种氨基酸也同样可以组合成许许多多种不同的蛋白质。蛋白质是由细胞制造的,染色体携带的遗传物质的最终作用是指示细胞怎样制造及何时制造不同种类的蛋白质。显然,染色体中储存的信息必须同用20个字母的氨基酸"字母表""编码"的信息一样详细和复杂。在蛋白质中,非常巨大的分子——我们称之为大分子——形成了信息(message),而较小的分子——氨基酸——则组成了密码的字母。一个非常相像的编码系统以著名的双螺旋形式携带着染色体中的遗传信息。本书其他部分的主要内容就是讲述如何破译这种遗传密码的故事。而它的直接前提则是诺贝尔奖获得者莱纳斯·鲍林(Linus Pauling)于20世纪20年代末、30年代初提出的对化学键的了解,这种了解又是依据20世纪头25年原子物理学的发展——对量子物理学框架内作为原子组成部分的电子的性质及其行为的了解。

物理学的改造

在19世纪90年代初,物理学家对世界似乎已经了解得一清二楚了。那个世界分为两个部分:物质和辐射。物质可以被认为是由原子组成的,这些原子是小得不能再分的坚实物体,它们像弹子球一样互相碰撞和弹跳着,但它们也能以一种人们尚不了解的方式结合在一起组成分子。电磁辐射,其中人们最熟悉的是光,由于有了麦克斯韦(Scot James Clerk Maxwell)研究出的方程式,人们可以更透彻地将它解释为一种振动,即像池塘里的水波一样的"导光以太"中的波纹。但到了19世纪末,物理学家的世界所呈现的有序被一系列的新发现所打破。物理学、化学和生物学再也不是原来的模样了。

1895年11月,德国物理学家伦琴(Wilhelm Röntgen)发现了一种人们从不知道的辐射,现在被称为X射线,它能够穿透大部分物质,可以使严密地包在纸里的感光板曝光而留下影像,还有许多其他奇怪的特性。在这一发现后的仅仅几个月中,即使人们对这种新的穿透性辐射的本质还不了解,X射线已经开始被运用到了医学诊断当中,在不用施行外科手术打开人体的情况下就可以为医生提供骨折和内脏的图像。伦琴的发现打破了19世纪物理学的模式,顺乎其然地宣示了近代物理学的开始。1901年,正是因为他的这项工作,他获得了物理学领域的首项诺贝尔奖。但这项发现在很大程度上出自运气,而且严格地说,19世纪末人们对客观世界的认识正在发生新的变化,它是伴随正在展现的世界新图景而自然而然产生的。[1]早在1858年,物理学家就发现了另一种形式的辐射,被称为阴极射线。当给玻璃试管里的两个金属片接通电流时,一个带有正电荷(阳极),另一个带有负电荷(阴极),便能产生这种辐射。当把试管内的空气抽出,只剩下很少一点气体时,阴极就会发射阴极射线。这种射线打在玻璃试管壁上能使试管壁发出荧光,而且能使试管内剩下的那点气体发出耀眼的光,光的颜色随气体组成不同而各不相同。这就是现在人们所熟悉的广告所用的霓虹灯和日光灯的基础。伦琴发现X射线源于他对阴极射线的研究——他发现当阴极射线撞击某些材料时会产生X射线。1879年,威廉·克鲁克斯爵士(Sir William Crookes)就已经初步断定阴极射线本身就是带电粒子,它们带有负电荷。1897年,另一位叫J·J·汤姆孙(J. J. Thomson)的英国人证实了这一点,而且测出了我们现在称之为电子的那种粒子的电荷(e)与质量(m)的比率。

这种比率(e/m)如此之小,而且对所有的"阴极射线"都一样,这一事实使汤姆孙得出结论认为,这些射线实际上是一串相同的粒子,这些粒子是每一种原子的组成部分,每一种原子的电子都相同。他证明了原子可以再分,它再也不能被认为像一个坚不可摧的弹子球。汤姆孙还率先去解释了1888年发现的另一种现象——光电效应。当光照射到一块金属片上时,只要这种光的波长短于某个临界值,金属表面就会放出带有负电荷的粒子,而这个临界值取决于所用的是什么金属。(可见光的光谱即彩虹从波长最长的红光到波长最短的紫光。我们眼睛看不见的电磁光谱的范围则向两端延伸,包括波长较长的红外线和波长较短的紫外线及其以外的范围。)汤姆孙认定,这样产生的带负电荷的粒子就是电子,就如我们将要看到的那样,这把物理学向前推进了一步。

在发现X射线和汤姆孙确定阴极射线就是电子之间,1896年法国物理学家贝克勒耳(Henri Becquerel)发现元素铀能够自发地发射另一种辐射。这一性能被称为放射性。到1900年,法国的皮埃尔和玛丽·居里夫妇已经分离出其他的放射性元素,而英国物理学家卢瑟福(Ernest Rutherford)也确定了这些元素产生的3种不同的辐射,按照它们穿透能力的顺序,分别将它们命名为α辐射、β辐射和γ辐射,其中γ辐射最强。于是在20世纪初,物理学处在一次改造的阵痛之中。原子不是不可分割的;新型的辐射已经被发现但还有待解释;有一种新的粒子——电子,需要人们去研究,它好像是从原子中取出的一个小东西。对于为分子生物学铺路的化学这一学科的关键性发展来说,关于电子及其在原子中地位的故事是极其重要的。但是那个故事只能在1926年出现的对于物质和辐射的新认识的背景下才能理解。

粒子和波

α辐射并没有直接进入这个故事。在20世纪初,这种辐射被确定为快速运动的粒子,每一个都恰恰等于去掉两个电子的氦原子——即带有正电荷的氦离子。β辐射也很快被确定为快速运动的粒子——电子,即阴极射线。但γ辐射和X辐射一样,在一段时期里仍然是一个谜。经过开始的一段困惑,到1905年前后,人们广泛承认,γ辐射是一种更强的X辐射形式,其能量更大,穿透力更强。由此可以知道,只要解释了X射线,你就能够解释γ射线的本质。但是X射线是什么呢? 一直到1912年,多数物理学家认为X射线是波长短但强度很高的突发性电磁辐射(脉冲),它的传播方式与光相似,但不完全相同。据说,这种辐射只是表面上呈连续性,因为脉冲很快地一个接一个出现,就像电铃清晰断开的铃声在铃锤运动速度加快时会混合成一片连续的嗡嗡声一样。提出这种假设的主要原因似乎是X射线(以及γ射线)能够影响感光板。过去，人们所知的能够这样影响感光乳剂的东西只有光，所以，如果X射线能够影响感光乳剂，那么它肯定是一种高强度的光。但是，有些物理学家，尤其在英国，不同意这种看法。在汤姆孙成功地确定阴极射线是带电粒子之后，英国物理学家试图用类似的方法解释其他新发现的辐射。威廉·亨利·布拉格（William Henry Bragg）尤甚，全力以赴地试图用不带电荷的粒子流来解释X射线的行为。

在20世纪第一个10年中，当有关X射线究竟是波还是粒子的辩论还在继续的时候，[2]至少对多数科学家来说，电子是粒子，可见光是一种波现象，这似乎是明白无误的。尽管早在1900年德国物理学家普朗克（Max Planck）就提出用电磁能单位的概念来解释发热体产生的辐射谱的本质，但人们普遍认为，这意味着原子只能按独立的单位接受或发射光，而不是光只以独立单元的形式存在。也许在20世纪初，惟一真正慎重思考过光的行为或许就像一连串粒子流这一想法的人就是爱因斯坦（Albert Einstein），他当时刚刚开始学术生涯，默默无闻。1905年，爱因斯坦对光电效应提出了一种解释，其依据是光以粒子那样一个个独立的小包（现在我们称之为光子）传播的假设。只要有足够的能量，一个光子就能够把一个电子从一个金属原子上打出去，按照这一构想，较高的能量正好与原来概念中较短的波长相对应。爱因斯坦对这一证据的阐述解释了波理论无法解释的人们观察到的光电效应的所有细节。

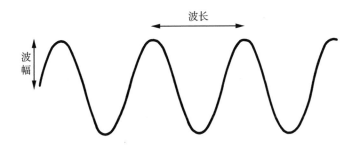

图 4.1 波

有一个人认真看待了爱因斯坦的建议,他就是美国实验物理学家密立根(Robert Millikan)。但是,他不接受爱因斯坦对证据的解释,他对待这个谜的方法是着手认真否证爱因斯坦关于光可能以粒子的形式运动这一想法——它也许能被"量子化"。从1906年开始,密立根及其合作者一直到1914年才确证了爱因斯坦是正确的,光电效应按爱因斯坦1905年提出的办法才能最好地得到解释,为了某些目的,把光当作一种粒子流是最佳的叙述。光子似乎是实在的,尽管也许不像电子那样实在,爱因斯坦因这一真知灼见于1922年获得了诺贝尔奖(确切地说,是1921年度的诺贝尔奖,拖延了一年才颁发)。但是,正当物理学家们不情愿地接受光同时具有波和粒子特性这一结论时,关于X辐射本质的辩论却似乎更倾向于以波动学说占上风的结局而告终。

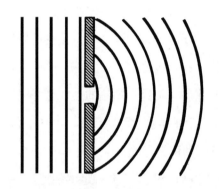

图4.2　平行波或平面波通过一个小孔后以半圆图样扩散。

最初的突破发生在德国,是劳厄(Max Laue)取得的。波的一个最显著特征是它们能够相互影响和干涉而产生界限分明的波峰和波谷图样。池塘水面的波纹即是如此,精心安排使同一光源(如一盏灯)的光透过一张硬纸板上的两个小孔产生两束光的情形也是如此。从两个小孔透过的光互相重复和干涉,在小孔背对灯的一面所放置的第二张硬纸板上产生了一个很独特的带有明亮条纹和暗影的图样,即衍射图样。这种或类似的效应只能从波的运动角度加以解释,而这样的实验在19世纪被作为光的波动性解释的基础。

到1912年,有一点已经很清楚了,即,如果用像光波一样的波来解释X射线的话,那么它们的波长一定很短,能量一定很高。因此,用一束X射线产生衍射图样,惟一可能的是利用和两个以上相距很近的"小孔"同样的方法。劳厄意识到晶体中的原子空间正可以做这样的把戏,根据他的建议,慕尼黑理论物理所的弗里德里希(Walther Friederich)和克尼平(Paul Knipping)进行了这个实验。他们把一束很窄的X射线投射至一块硫化锌晶体,把一张感光胶片放在晶体的另一边。胶片显影之后,可以看到如果X射线真是波并能像光一样互相干涉的话所应该产生的图像。但当时对干涉现象究竟是怎样发生的这个问题,人们并不是很清楚。晶体是由一些呈矩阵排列的原子构成的,它们分布均匀,按同样的层面向所有的方向延伸,它比一张硬纸板上两个小孔产生的情况更为复杂。照片看起来像非常复杂的衍射图像,但当时还不能对它们作出完整的解释。

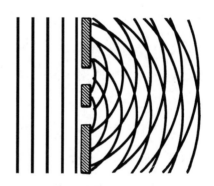

图4.3 从两个这样的小孔里传出的圆形波互相干涉。在有的地方它们互相叠加,在另一些地方,它们又互相抵消。

这一天不久就来了。关于这一发现的消息很快就传到英国的布拉格和他正在剑桥大学念书的儿子威廉·劳伦斯·布拉格(William Laurence Bragg)那里。虽然老布拉格(威廉)首先试图从X射线是中性粒子的角度来解释这一现象,但他的儿子(通常被称为劳伦斯)很快意识到德国人确实找到了与光学衍射相对应的X射线等同物。正是劳伦斯·布拉格研究出以下规律:这一规律能够预测当一定波长的X射线束以一定角度射到原子按一定间隔排列的晶体矩阵时,亮点究竟在哪里出现。他提出了一个叫做布拉格定律的方程,用这个方程可以反过来通过测量照片上的亮点和人们已知的晶体中的原子间隔来计算原来X射线的确切波长。这个时期小布拉格的工作大部分都是和他的父亲合作进行及合作发表的,他的父亲充当他的导师,但实际上,他的父亲在这项突破性工作中只起了一个次要的伙伴作用。因为这项共同研究,他们分享了1915年的诺贝尔物理学奖,而劳伦斯得到这个消息时正在法国从军,年仅25岁。

而到1915年,密立根已经证明爱因斯坦关于光可能既像粒子又像波的看法是正确的,也正是在这个时候,X射线究竟是粒子还是波这个谜,随着X射线被证明像光一样也是波而得到了解决。当然,惟一的麻烦是,如果X射线真如爱因斯坦所说的像光一样的话,那么X射线的特性有时也会像粒子。威廉·布拉格1912年确实谈到过这方面的可能性,认为一束X射线甚至一束光可以被视为由同时存在的两个部分组成,一个部分像波,另一个部分像粒子。但当时他的这个建议并没有产生多大影响。然而,实验表明,X射线和光一样,可以产生光电效应,按爱因斯坦以光子作解释的方式把电子打掉。1920年代初,美国人康普顿(Arthur Holly Compton)进行了一系列决定性的实验,表明X射线"肯定"是粒子。

这些实验涉及用反弹的原子对辐射进行散射时,对X射线的能量或波长变化情况的测量。不用细说,能量和散射光束的方向都和X射线及原子相互作用的方式有关,而这些可测量的特性对于像光波一样散射的波和反弹原子的小硬球来说是不同的。在这个过程中测得的能量变化在传统上都被解释为一种波长的变化,实际上只能用粒子碰撞即反弹原子或电子的小球加以解释。1922年,康普顿和在苏黎世工作的荷兰人德拜(Peter Debye)都独立地得出了同样的结论。

这样,到1923年,物理学家的世界观与30年前相比有了很大的不同。粒子和波之间的区别已不那么清晰。尽管人们已经令人满意地确认X射线和γ射线确实是能量更强的光,但人们也确认这3种形式的辐射有时像波,有时像粒子。这完全取决于你采用什么样的实验去测试它们的属性,对于光、X射线或γ射线"到底"是波现象还是粒子世界的另一个方面此种问题,没有简单的答案。这样便为下一发炮弹准备了条件,现在回过头来看,这些令人振奋的见解都是无可置疑的真理,但在当时却像晴空一声霹雳。如果波有时像粒子,那么为什么粒子不会有时也像波呢?

电子波

路易·德布罗意(Louis de Broglie)出生于1892年,是法国贵族德布罗意公爵的次子。他的哥哥莫里斯(Maurice)比路易大17岁,成为一名极受尊敬的物理学家,在第一次世界大战以前的年代里,一直在从事对神秘的X射线和γ射线的研究。莫里斯1906年就继承了家族的头衔(后来这个头衔又从莫里斯那里传给了路易),他在他巴黎寓所的私人实验室从事研究工作。尽管他在法兰西学院受的教育,但作为一个绅士业余研究者,即使在他那个时代,他也一点不符合一流科研人员的传统形象,而且由于他所从事的研究领域并非法国的强项,主要的贡献往往来自英国和德国,因此他的地位就更加不同寻常。但他在1908年成功地完成了博士论文,当然,他优厚的家庭背景使他能够自由地从事他想做的任何研究工作,而不用投法国科研机构之所好。他很快为自己赢得了名气,开创了卢瑟福这样的研究人员做晶体X射线衍射实验所用的技术。

很自然,小路易的哥哥对他的影响很深。当他们的父亲去世时路易刚刚14岁,尽管家里原本希望他成为一个外交官(他第一个学位是历史学!),但他越来越迷恋物理学,在这个领域中,他的哥哥为他创造了直接了解当时物理学巨大进展的机会。例如,莫里斯是1911年召开的第一届索尔韦大会的学术秘书,这是一次关于新物理学的重要会议,这使得路易有机会研究他正在准备发表的材料。许多年后,路易回忆道,这件事使他下决心探究普朗克引入理论物理学的神秘量子的性质。但是这一雄心壮志被战争所延误,战争期间,路易当了一个以埃菲尔铁塔为岗位的无线电报务员。

后来,他紧随莫里斯对X射线进行了各种研究。1921年4月,莫里斯向第三届索尔韦大会报告了实验,这些实验第一次明确指出了与X射线有关的光电效应;此后不久,剑桥大学卢瑟福的一个学生埃利斯(Charles Ellis)证实了他的实验结果,并把这些结果扩展到γ射线。德布罗意和埃利斯证实了爱因斯坦关于光电效应对光以外的其他形式辐射也有效的观点之后,爱因斯坦马上被授予了诺贝尔奖。

莫里斯的实验清楚地显示,在光电过程中,X射线释放出全部的能量量子——没有原先的那种波和粒子同时运动的组合。X射线并不是波和粒子的组合,而是具有某种在日常世界中分别与粒子和波相关的混合特性。莫里斯经常和他的弟弟广泛进行讨论,他的工作使路易按照新的思路进行思考。他首先阅读了爱因斯坦关于光的性质的全部论文。当然,爱因斯坦最著名的方程是把能量(E)同质量(m)和光速(c)联系在一起的那个方程:

$$E = mc^2$$

光电效应所需要的光的粒子——光子——在日常生活的意义上不具有任何质量,但是它们确实携带能量,这意味着它们也携带动量,这一特性与日常世界中具有质量的运动物体相关联。动量用来衡量使一个运动物体停止下来的难易程度或令一个物体获得初始速度(v)的难易程度,通常写为:

$$p = mv$$

普朗克方程表示一个辐射量子(在新的词汇中叫做光子)所含的能量,它引入了一个新的常量,我们称它为普朗克常量,写作h。它一般不是用来表示波长,而是表示辐射的频率,正好是1除以波长,用希腊字母ν表示。它的方程为:

$$E = h\nu$$

爱因斯坦指出，每个光子一定带有一个动量，它用能量除以速度即 E/c 给定。用普朗克的方程式来表示，就是：

$$p = h\nu/c$$

频率和波长的关系可以用一个简单的方程来表示。对一个频率为 ν、以速度 c 运动的波来说，其波长用希腊字母 λ 表示，也就是 c/ν。这样，这个方程式也可以写成：

$$p = h/\lambda$$

爱因斯坦1916年推算出来的这个方程说明了动量与波长或频率的关系，前者的特性与粒子相关，后者与波相关。20年代初，随着莫里斯·德布罗意等人工作的进展，这两者之间的联系受到越来越多的重视，但也只限于光、X射线和 γ 射线等电磁辐射。正是路易·德布罗意不仅认识到这个方程式必定双向有效，而且对这个方程式对于电子、原子这样的基本粒子意味着什么提出了一个自洽的解释。在他1923年发表的、后来成为他1924年提交的博士论文基础的一系列论文中，德布罗意认为，与带有动量 p 有关的频率或波长，一定和与能量为 $h\nu$ 的光子有关的动量一样实在(real)。德布罗意论文的审稿人之一郎之万(Paul Langevin)把论文的一份副本寄给了爱因斯坦；正是爱因斯坦宣传了这一论文的思想，以自己的首肯把这些思想介绍给学术界更多的人，并保证说，尽管这些思想看来十分荒谬，但几乎会立即受到认真对待。

德布罗意方程可以用波长 λ 来表示：

$$\lambda = h/mv$$

或

$$p\lambda = h$$

换句话说，每一个具有质量 m 和速度 v 的粒子或物体，与一种波长 λ 相关。粒子的质量越大（严格地说，它的动量 mv 越大），其波长就越短。普朗克常量本身是非常非常小的。经过对热辐射的研究，人们证实它的值只有6.63×10⁻²⁷尔格秒*,也就是说,在小数点后面有26个零再加上数字663。惟一能够由德布罗意方程得到一个可测波长的方法是找一个较小的质量;质量越小,粒子的波长就越大。为什么在日常世界中人们从来没有注意到会有粒子和波二象性的现象,原因正在于此。但是一个电子的质量只有9×10⁻²⁸克多一点,即小数点后面有27个零再加上一个9。根据德布罗意方程,电子应该有一个可测的波长。

1927年,美国和英国同时证实了路易·德布罗意"物质波"的真实性。贝尔实验室的戴维孙(Clinton Davisson)和杰默(Lester Germer)以及在大西洋彼岸的乔治·汤姆孙(George Thomson)和里德(Alexander Reid)各自独立地发现了与现在标准的X射线衍射图样相对应的电子等同物。戴维孙和汤姆孙共享了1937年的诺贝尔物理学奖;而德布罗意在1929年就已经获得了这个奖。他们一起证实了我们所认为的两种独立的现象:粒子和波,实际上只是同一枚硬币的两个面。在日常世界中,物质具有的波的性质无法测得,是由于它们的质量相对于普朗克常量h实在是太大了。但粒子的质量越小,它所具有的波的性质就越显得重要,至于电磁辐射的无质量粒子——光子,这两种性质则呈现出同等的重要性。[3]

要知道光子、X射线或者电子"究竟"是粒子还是波,这是没有意义的。"光子"、"X射线"以及"电子"这些名称只不过是我们贴在某些自然现象上的标签。当我们对这些现象进行某种测量(即进行实验)时,为方便起见,我们可以用日常世界中粒子的表现对得出的结果进行解释。当我们进行其他试验时,我们得到的结果又可以从叙述波(如池塘中的水波)的物理定律的角度很方便地加以解释。我们从自然中得到的答案不仅仅取决于我们提出的问题,而且取决于我们提出**什么样**的问题。从粒子的角度提出问题,我们会得到粒子的答案;从波的角度提

---

* 尔格为功的单位,1尔格=10⁻⁷焦。——译者

出问题,我们就会得到波的答案。但是自然现象本身,"绝"非要么是波要么是粒子。它是一种我们在日常生活中根本没有体验的某种东西,有时我们称它为"波子"(wavicle)。

所有这些对于生物学的重要性在于,了解电子的波动性是了解原子结构和原子结合在一起组成分子之方式的根本前提。化学取决于量子物理学;生物学又取决于化学。现在我们马上要言归正传,回到20世纪30年代化学和生物学发展的话题上来。但首先要谈到一个更奇怪的现象。波粒二象性观念似乎已经是够奇怪的了;但比起被称为不确定度的这个量子学现象来,它便显得很平常了。

不确定度

在量子物理学中,不确定度是一个确定的事物,它可以精确地加以测量,并和其他物理现象一样受方程和定律的支配。关于这一概念是如何变成物理学的一个组成部分的,其历史要比20世纪20年代兴起的量子物理学的其他故事错综复杂得多,但是在所谓不确定原理背后的物理思想,却可以从现代对波粒二象性的理解角度相当简单地加以陈述。[4]

这个思想是德国物理学家海森伯(Werner Heisenberg)于1927年提出的。在日常世界中,波是向外扩散的。池塘里的水波延伸很长的距离,但人们很难确切地知道波纹线(即波列)是从哪里开始,又到哪里结束的。而粒子则是非常明确的东西,它在明确的时刻占据明确的位置。如果我们把电子同时视为波和粒子的话,就必须把这两个互相矛盾的概念统一起来,这一点是如何做到的呢?比较合适的想法应该是一个小的波包,即一个只延伸一个短距离的比较短的波列,这个距离和粒子的大小大体上相对应。在现实世界中,建立这样一个所谓的波包并不难。描述这一现象的数学道理是众所周知的。但建立一个在空间中定位的波包的惟一方法是让不同波长的波相互干扰。波包越小，紧紧约束它所需的不同波长的波的种类就越多。波长大小的范围取决于波包的大小，同量子效应没有关系——它与日常世界中池塘水波等波现象的发生完全一样。但波长大小范围在量子物理学中确实是有其含义的，因为我们现在知道，波长变化与一定量的动量变化必定相对应。同时，即使波包可以很小，它总是要占据一定的空间。

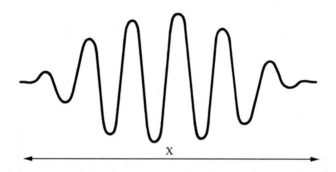

图4.4　一个粒子可以从图上这个波包的角度加以说明。波包的扩展距离为X；它代表粒子位置的不确定度。

　　于是海森伯推断出两件事：对于电子这样的小粒子来说，不可能精确地测出它的位置，也不可能精确地测出它的动量。在理论上，这两种特性我们都可以按我们的需要相当精确地测到，只是没法做到绝对精确。但我们不能同时以高精度测出两者。非常精确地测出位置对应于挤压波包，波包越小，波长扩展就越大，动量扩展因此也就越大。非常精确地测量动量对应于为电子挑选出非常精确的波长或速度，这就是说，波列将延伸一个长距离。海森伯不确定关系认为，如果你用一个量子粒子动量的不确定度的量，乘以一个量子粒子位置的不确定度的量，那么，其乘积绝不会小于普朗克常量除以2π。**这不只**是一个实际操作的极限，说明我们的测量技术还不完善。这是一个自然的基本法则，按照这个法则，根本就不存在同时具有精确位置和精确动量的粒子。我们不能同时精确知道一个粒子到底在什么地方**以及**它到底向何处去。这一法则与事物的波粒二象性有紧密的联系，但它马上告诉我们某些既更加微妙又更加深刻的东西。

请注意我在说"通过精确测量动量，我们在为电子**挑选**一个波长"这句话的方式。它不再仅仅是说明我们从自然界得到的回答取决于我们所问的问题这样一个例子。不确定关系告诉我们自然界**是**什么取决于我们所问的问题。当我们选择要非常精确地测量一个电子或电子束的动量时，我们就在制造着电子位置方面的不确定度；而当我们要非常精确地测定电子的位置时，我们的实验本身就产生了电子的波长或动量的不确定度。这正是量子力学海洋中最深、最神秘的边缘，实验者（或观察者）融汇在他所观察的事物之中的一个简单写照。事实上，更恰当的说法应该是，无论是电子的位置还是它的动量**都没有**任何意义，除非对这两者之一进行测量。这种不确定度延伸到其他成对的属性，如：一个基本事件所需的时间和该事件所涉及的能量的量。这些是我在《薛定谔猫探秘》一书中所讨论的谜；现在，该是我们从深渊边缘撤离（也许可以松一口气），回到真正可感的行为上来的时候了，只要单个原子的波粒二象性和不确定度允许。

原子

原子和分子——哪怕是复杂分子——从人类的标准来看，都小得几乎不可想象。但在量子的尺度上，即使是单个的原子都非常大。一种把握这一点的办法是，计算与一种典型的原子或分子相对应的波长。后面我们将要最感兴趣的分子是DNA，而你身体的染色体中DNA分子的波长是1米的10^{-14}——小数点后面跟13个零再加上一个1。在室温下，你呼吸的空气中一个典型氧原子的德布罗意波长大约为4×

10^{-11}米。从几乎所有的实用角度出发,整个原子和分子的波动特性可以完全忽略。但原子的一部分是电子,而电子的波动特性是不能忽略的。实际上,电子是必须要认真考虑其波粒二象性的最大粒子,正是这一点确定了原子的习性,并决定了它们怎样连在一起组成分子。

我们现在对原子的了解完全是20世纪的概念。只是在1911年卢瑟福才阐明原子的大部分一定是很虚幻的云,其大部分质量集中在非常非常小但很致密的中心核上,由于它表面上很像细胞核,所以人们称之为原子核。在以后的十多年里,主要是由于丹麦大物理学家玻尔(Niels Bohr)的工作,才第一次从理论上相当令人满意地用量子物理学解释了卢瑟福的原子图景,形成了原子核周围的云中是充斥原子大部分空间但质量极小的电子这一理论模型。在人们意识到电子的波动性和薛定谔(Erwin Schrödinger)发明描述电子行为的波动方程以后,经过20世纪20年代后半期的一系列进展,才对它如何运作有了一个真正令人满意的模型。我在《薛定谔猫探秘》一书中详细谈了这段没有展开的故事;在有限的篇幅之中很难公正地描述原子的量子理论的历史之是非曲直,所以我不打算在这里重复那段故事,只是简单地概述20世纪20年代末出现的、至今也不失为最佳模型的原子图景。[5]

我们现在知道,原子核由质子和中子这两种互相紧密挤压在一起的粒子构成。(质子和中子由另一种叫做夸克的粒子组成,但在我们这本书里没有必要详细说它。)质子有一个正电荷,所以在一个电路中它被负极所吸引,其电荷量与带负电荷的电子完全相同。一个质子的质量是1.672×10^{-27}千克,这样一个小得可笑的质量只能以它作为1个单位来测量原子的质量;更清楚地说,质子的质量等于一个电子质量的1836倍。原子核中的另一种粒子是中子,其质量为一个电子的1839倍,它不带任何电荷。质子和中子合在一起被称为核子;碳元素最普通的形式是原子核中有12个核子,原子量单位(即道尔顿*)被正式确定为碳原子核质量的1/12。但为了方便,我们可以把质子和中子的质量都当成一个道尔顿。

从电的角度说,原子是中性的。原子核中的每一个质子所含的电荷都由于它周围存在的电子而被中和。所以最简单的原子是由一个质子和一个电子组成的。这便是一个氢原子的结构。这种情况下的电子云也就是一个电子,它使人们可以从它身上看到其他原子的面貌以及原子间是怎样相互作用的,所以电子云中电子的数量也就决定了原子的化学特性。换句话说,电子的数量决定了这个原子是哪种化学元素。质子的数量也是如此,因而更通常的说法是,原子核中质子的数量决定了一个原子属于哪种元素。不过,这两种说法是相同的,而我们特别感兴趣的是电子。原子核上多一个中子,原子就会更重,但它的化学特性却没有什么变化。因而下一个最复杂的原子体系,即原子核上有一个质子和一个中子,外面有一个电子,仍然是氢——由于很显然的原因,它被称为"重氢"或氘。只有当原子核上再多一个质子,外面再多一个电子,它才成为另一种元素,也就是氦。氦最常见的形式实际上是原子核上有两个质子和两个中子,外面有两个电子。

依此类推,我们凭想象在原子核上增加质子和中子并在周围增加电子,便可以描绘出一幅与不同元素相对应的原子图景。除了最轻的原子之外,通常中子数至少都和质子数一样,许多元素具有不同数量的中子并以稳定的形式存在,我们把它们称为同位素。例如,一个氧原子有8个中子和8个质子,加上8个电子,它的质量大约是16道尔顿;有一种铀原子含有92个质子和146个中子,周围有92个电子,其质量为238道尔顿,也就是说,是一个质子或氢原子质量的238倍。这是最大的稳

---

* 道尔顿,质量单位,等于一个氢原子的质量,常用来表示分子量,1道尔顿 = 1.66054×10^{-27}千克。——译者

定原子之一。

原子核的物理大小取决于原子核中聚集有多少核子。一个质子的半径比百万分之一毫米的千分之一略多一点儿，为 $1.2×10^{-15}$ 米。为方便起见，我们可以把原子核视为由这样小的微小球形粒子挤压在一起构成的。即使是 238 个这样的小球也占不了多大空间。原子核周围的电子云是一种更模糊的物体，它没有明晰的边缘，但一般地说，多数原子的大小都相差不多（大原子比小原子也只大几倍），一个典型原子的半径大约为 10^{-10} 米。换句话说，从半径来看，原子的大小比原子核大 10^5 或 10 万倍。由于体积相当于半径的三次方，所以换个角度说就是，原子的体积是原子核体积的 10^{15} 倍。难怪电子云主宰着可观察到的原子特性及其化学行为。但电子云的结构是什么？既然相异的电荷与相异的磁极一样是互相吸引的，为什么所有的电子不会落到原子核上并像胶一样粘在质子上呢？

电子和原子

由于玻尔、路易·德布罗意、薛定谔及其他一些人工作的共同成果，终于弄清了电子云中的奥秘。他们的工作建立在早在 19 世纪 60 年代发现的化学证据以及俄国化学家门捷列夫（Dmitri Mendeleyev）工作的基础上。门捷列夫首次研究出元素周期表，在这个表上，具有相似化学性质的不同元素按纵向排列在一起。19 世纪 70 年代，门捷列夫等人又进一步完善和发展了这一概念；这些先驱把不同的元素按原子质量进行分类，但由于我们知道化学特性取决于原子核周围电子云中电子的数量和排列，回过头来看应该很明显，元素之间相似性的分类，事实上把具有相似电子云的元素挑了出来。原子的质量取决于原子核中质子的数量以及中子的数量，对多数元素来说，存在不同的同位素并没有太多地改变这幅图景。

当然,19世纪的化学家对原子、电子、中子和质子的结构一无所知。但是,如果把他们的工作拿到今天来看,我们可以把这些元素周期表看成是按原子核中逐渐增加并确定其化学性质的质子数量或称原子序数画出来的。这种周期表最突出的特点之一是那些原子序数相差8个单位的轻元素之间的相似性。氢元素是一个特例,它的原子核之中只有一个质子而没有中子,所以我们可以从氦讲起。氦的原子序数是2,它的化学性质同原子序数为10的气体氖和原子序数为18的氩非常相像。确实有整整一组元素的化学性质和氦相似;因为这些元素特别不容易同任何物质发生化学反应,所以它们都被称为惰性气体。同样,原子序数为6的碳元素代表了后面从硅(原子序数为14)开始的一组元素,而氧(原子序数为8)则是另一组元素之中最轻的一个,紧接它的是元素硫(原子序数为16)。

玻尔意识到,周期表所揭示的化学性质可以从电子的角度加以解释,如果电子处在离原子核不同距离的叫做壳的特定位置的话。氢元素惟一的电子占据了与中央质子所能达到的最近位置,从量子力学的角度说,在同一层壳上可以再放一个电子,只要原子核中质子的数量加到两个,便可以变成一个氦原子。但在这层壳上,**只有**容纳两个电子的空间。对原子核中有3个质子的元素锂来说,第13个电子只能放在离原子核更远的壳上。那层壳上有8个电子的位置,这样,当原子序数增加时,上面可以很轻松地增加新的电子,一直到这层壳完全放满或者闭合,成为原子序数为10的氖。闭合的壳正好是特别稳定的位形。氦最内层的壳就是一个闭合的壳,所以它非常稳定,不发生化学反应;氖的**第二层**壳是闭合的,也是一个类似稳定的结构,也不发生化学反应。但如果我们在原子核上再加一个质子并在它周围再加一个电子,又会出现什么情况呢?

钠原子的原子序数为11。它内层的闭合壳上有两个电子,第二层闭合壳上有 8 个电子,在第三层上只有一个电子。就这个元素的外向性来说,它同有 3 个质子、闭合的内层壳有两个电子、第三层有一个电子的锂非常相似。确实,它在许多方面很像只有一个电子的氢。但氢是一个特例,很难列入任何一种化学类别。在锂和钠的情况下,占据最外层壳的那一个电子使原子非常不稳定,对其他原子有很大的亲和力,很容易同其他原子结合变成化合物并生成分子。实际上,每个原子把多余的电子"失给"了它的伙伴,露出了内层稳定、完全的壳。

对于大原子来说,情况更加复杂。在周期表上的有些地方,这个过程似乎发生了间断;我们现在知道这是因为某些壳包含的电子能够超过 8 个,在某些**外层**壳获得近似完全的 8 个电子以后,一些额外的电子进入了**内层**的壳,产生了一系列化学性质非常相近的元素,因为尽管它们的原子序数不同,原子核中的质子数和周围云中的电子数不同,但它们的外层壳却都是一样的。这些细节在这里并不重要,尽管它们对于化学当然是至关重要的,解释周期表中这些令人困惑的特点是量子理论的伟大胜利。

与 20 世纪第二个 10 年中每个关注电子的人一样,玻尔认为它们是粒子。他提出的原子图景是电子围绕原子核转动,就像行星围绕太阳转动一样,只不过在水星的轨道上有两颗"行星",在金星的轨道上有 8 颗"行星",等等。这个图景是错误的,因为电子不是粒子,它们也并非围绕着原子核转动。但通过这幅天真的图景,玻尔终于研究出一种用量子理论解释原子结构的方法。每个轨道(orbit)——为更确切起见,我们现在称之为轨道(orbital)——同原子中锁定的一定量的电能相对应,这个电能与彼此有一定距离的负电子和正质子间的力相对应。所有的体系都趋于它们所能达到的最低能态,这就是电子不落到原子核上并在这个过程中释放能量之谜的原因所在。但是量子理论解释说,它们无处可去。朝向原子核的能量路径并不是电子可以下滑的平滑斜坡,而应该被视为一系列电子可以静止在其上的梯级。一个电子所能发射的最小能量相当于一个光子的光。因为光是成包运动的,所以电子只能逐步地向原子核靠近,一次发射一包光。而且,由于我们在这里不能详细论述的过于复杂的量子力学原因,它们不可能走最后一步而到达原子的中心即原子核上。

可以把原子的壳结构——轨道——看成像一部梯子的梯级。两个电子处在最底下的梯级上并把它填满;再上面一个梯级上有8个电子并把它填满;另外8个电子于是又上了一级,依此类推。但是没有一个电子可以处在如两个梯级之间那样的状态中。在量子世界中,没有"两个梯级之间的空隙"此种地方。在已经被电子占满的梯级上也不可能再安置上新的电子。这些梯级被称为能级,它们之间的空间相应于并解释了被某一特定元素原子发射或吸收的特性光谱。但那是另一个故事。玻尔理论剩下的问题是经久不衰的关于电子是一种按特定轨道快速转动的微小粒子的思想。德布罗意关于电子波的思想,以及薛定谔相应的波动方程,把原子理论从这一误导形象中解救了出来,为人们正确了解原子是如何结合在一起组成分子的这个问题开辟了道路。这是化学的基础。

第五章

量子化学

　　一个粒子定位在空间之中；要使它能够"环绕"着核，惟一的方法是使它飞快地绕核转动。但波却是一种扩散的东西。被原子核抓获的电子波能够从更真实的意义上"环绕"着原子核，就像声波完全充满着风琴管一样。这样的声波叫做驻波；原子核周围的电子波也可以被视为驻波，并用数学术语描述为捕获在原子核电势场内的波。每一个电子只能被当作一个按大约整个原子大小的距离散射出去的物体。这个对应于**单个**电子的云在有些地方比较致密，而在另一些地方比较稀疏。如果你想从粒子的角度来解释它，那就"意味"着，这个电子"粒子"在有些地方(即云最密的地方)容易被发现，而在另外一些地方则不容易被发现。这里我们又看到了不确定度的概念。如果你坚持把电子当作一个粒子，如此关心它的位置，你只能说它存在于某个特定轨道的某个地方，它最有可能在那片"云"最密的地方被发现。但现在最好还是把电子的粒子形象全部抛开，把原子核周围散射的云视为代表一个"真正"的电子。

　　薛定谔方程对驻波作了描述。这个方程详细说明了电子云的形状和大小，它们因能级和轨道的不同而有所不同。但我们不能把不同层的电子视为像一层层洋葱鳞茎一样是整整齐齐一层层包着的，我们必须把它们都看成是互相渗透的，就像一个水塘里的许多波纹一样。每一层各自的电子都伸展下去"触"及原子核，所有的电子都受到原子核的直接影响，但它们受影响的强度不同。有许多方法可以描绘发生的情况。曾经被认为离原子核更远的电子确实在更远的地方"停留更多的时间"——它们的轨道云集中在离原子核更远的地方。但是，最重要的事情是，它们受原子核的吸引不那么强。处在能量阶梯较高位置上的较高能级的电子比那些处在能量阶梯下层的电子更容易脱离原子。而这一点正如我们将要看到的，对于化学来说至关重要。

图5.1 一个氢原子周围的电子云的最低能态是球状的。

最简单的云是球状的，而且集中在原子核上。氦原子的两个电子占据了这些最简单的轨道，即最低的能态。然而在能量阶梯的再上一层，情况就略微复杂了。波动方程确实预示了另一个球形对称态的存在，另有两个比最内圈电子能量稍大的电子能够置身在其中。但在它旁边，在几乎是同样的能级上，还有3个驻波图样，形状很像短而粗的哑铃或沙漏，相互呈一定的角度。这两个电子能够进入任何一个轨道，使充满了第二层的电子数成为8个(2+6)。在更高的能级上，情况变得更为复杂。但量子力学波动方程准确地预示了有多少电子可以填入每一层，这解释了元素周期表的结构。量子数学也告诉我们，尽管有些电子呈球形地围绕着原子核，很多电子轨道都有一个特定的形状和相对于其他轨道的特定方向。在很多情况下，电子轨道按某种明确的、可以预见的方向从原子中伸出来。

这里有一个怪现象需要作些解释，它又一次让我们看到电子的波粒二象性。恰在你以为把电子看成波不会有什么问题的时候，便出现了一个难题。为什么在一个轨道上能够放得下两个电子？要解释这个问题就会涉及电子的一种性质，这种性质不幸地被称为"自旋"（spin），

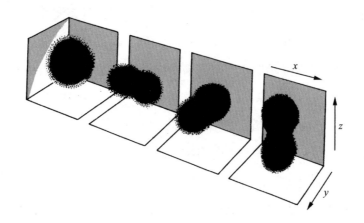

图5.2　在更高的能级上,情况变得更为复杂,电子可以放进一个球形的
　　　　壳,或原子核周围3个哑铃形壳的任何一个之中。两个电子可以放在这
　　　　4个壳的任何一个之中,于是这个能级中就有8个电子;这解释了为什么
　　　　元素周期表上的化学元素每隔8个数字其化学性质就会有所重复。

尽管它与通常所理解的一个物品(如小孩的陀螺和宇宙中的地球)的旋
转没有什么相似之处。电子能以"上"或者"下"这两种自旋状态中的一
种被放进轨道。量子力学——量子数学——向我们预示,在同一个时
间里,不可能有两种完全一样的电子可以占据完全相同的能态。但是
具有上旋(spin up)的电子和具有下旋(spin down)的电子不会处于完全
相同的状态。这样,两个以相反方向自旋的配对电子可以占据波动方
程所允许的每一个轨道。这确实是一个特别稳定的状态。正如原子
"喜欢"自己最外层的壳充满电子一样,所以它"喜欢"两个配对的电子
在那个壳内的每一个轨道上。当然,这完全可以用波来解释为在最低
能态下的相互配对。

　　对于了解化学的基础,即原子是怎样结合成为分子来说,这点原子
物理学和量子物理学知识就够了。原子的化学性质取决于所占据的最
高层能壳上的电子数目;这些电子最好被视为散出的、有特定形状并吸
附于原子核之上和伸向空间的三维物体,它们中的每一个都覆盖着一

个差不多等于原子本身大小的范围；完整的壳特别稳定，这样，原子便"喜欢"把自己的外壳安排得满满的；电子以上和下这两种方式出现，它"喜欢"互相配对。正是在这个基础上，鲍林实现了一个飞跃，开创了近代化学，为分子生物学开辟了道路。

化学键

伟大的美国化学家鲍林在关于量子理论的所有兴奋之中显出了他的科学天才。他出生于1901年，1922年在俄勒冈州立农学院（即现在的俄勒冈州立大学）化工专业获得第一个学位，然后转到加州理工学院，1925年在那里完成了物理化学专业的博士学业。正是这一年，德布罗意关于电子波的概念开始在学术界流行。他获得博士学位后，利用古根海姆奖学金在欧洲进行了两年的访问。他在慕尼黑工作了几个月，和索末菲（Arnold Sommerfeld）在同一个系；在哥本哈根，他在玻尔领导的研究所工作；在苏黎世，他和薛定谔在一起；还访问了伦敦威廉·布拉格的实验室。他在一个合适的时间、合适的年龄、合适的地方得到合适的训练，使他能够掌握全新的进展，并运用这些进展解释原子是怎样结合变成分子的。他也非常善于把各种线索组织在一起解答难题，并成为一个杰出的交流者。他所写的介绍化学这门学科的书，不管对象是求知欲很强的学生还是对此有兴趣的外行，至今仍无人可与之相比。

到20世纪20年代中期，分子通过原子间共享电子而结合在一起这一事实已经很清楚地被人们了解。如果每一个原子有一个电子把手（electronic grip）抓在同样的电子上，那么，原子之间就有一个把手把它们互相抓着。当时也已经很清楚，原子间这种共享——即结合——的性质，从原子的角度来看，与对完全的或关闭的电子层的期望值有关。回顾19世纪初化学家们还不知道有电子存在时的情况，就可以了解这种思想,当时,人们首次了解到有两种类型的化合物。一种类型,如元素钠和氯的化合物,即我们所称的食盐,可以溶于水生成两种带不同电荷的离子。钠的元素符号是 Na,氯的元素符号是 Cl;当把氯化钠(NaCl)溶在水里,把一个带正电的电极放在溶液的一端而把负极放在另一端时,带负电荷的氯离子(Cl⁻)便跑向正极,并出现氯气的气泡。(在负极上发生的情况稍稍复杂一点儿:溶液中水的氢一般要吸收可以得到的电子,然后变成气泡逸出,"偷"走了"本应"到钠离子那里的电子。)NaCl 分子中 Na 和 Cl 的结合显然与电有关,被称为电价键或离子键。19 世纪电价方面开拓性的工作是由英国科学家卡文迪什(Henry Cavendish)和瑞典科学家阿伦尼乌斯(Svante Arrhenius)做出的。然而,有许多化合物,尽管它们溶于水,但并不导电,不能被分离成正负离子。它们的分子是以另外一种叫做共价键的形式结合在一起的。

即使在任何人了解一点点关于化学键的知识之前,正如我前面提到过的,人们已经很清楚,每个元素的原子都有能力与其他原子生成一定数目的键,不管是共价键还是离子键,例如碳的化合价是4,说明它能生成4个键。氢的化合价是1。当碳和氢化合的时候,生成了甲烷 CH_4,可以用化学键来表示:

$$
\begin{array}{c}
\text{H} \\
| \\
\text{H} - \text{C} - \text{H} \\
| \\
\text{H}
\end{array}
$$

在下图中,二氧化碳 CO_2 的 2 价的氧原子和 4 价的碳原子之间一定有**双键**:

$$\text{O} = \text{C} = \text{O}$$

尽管用这个系统来解释一氧化碳 CO 或臭氧 O_3 这样的物质时有一些困难,但它在用键和价结合起来解释观察到的元素的化学习性时所取得的巨大总体成功,使这些小小的困难基本上可以忽略不计。到 19 世纪末,这一概念得到了进一步的完善。已经很清楚,键是在空间中有确定排列的真实实体。以碳为例,它的4个键从原子的中央向一个正四面体的4个角延伸出去。电子的发现为详细解释这一点提供了最初的前景。

虽然食盐分子中钠和氯之间的键可以写为

$$Na — Cl$$

考虑到键的离子特性,它最好是写为

$$Na^+ Cl^-$$

一个中性的原子已经成了一个正离子;另一个中性的原子变成了一个负离子。这两个原子便被静电力结合在一起(更准确地说,是多个这样的离子按一种规整排列或一个晶格结合在一起)[1]。我们知道原子的构成中包括电子,电子带有负电荷,而且正如实验所示,每个离子所带的电荷和电子的电荷相同,究竟发生了什么便很清楚了。一个电子离开了钠原子,附到了氯原子上。但为什么会这样?

钠的原子序数是11。它的原子核有11个质子,周围的云中有11个电子。这些电子中有两个填满了最内层的壳,另外8个填满了第二层壳,在第三层壳只剩下孤零零的一个电子。钠的化学性质在很多方面与只有一个电子的氢元素很相像。但是如果一个钠原子能够丢掉它最外层的电子,那么剩下的将是两个闭合的壳,也就是一个很像惰性气体氖原子的带正电的离子。现在来看一看氯。氯的原子序数是17,其原子核中有17个质子(加上同样多的中子),周围有17个电子。它们是怎么排列的呢?从内层壳往外数,一个闭合壳上有两个电子,另一个闭合壳上有8个电子,还有一层壳也快要填满了,上面有7个电子。最外层壳上面的7个电子中,有6个是上下配对的,填满了3个轨道。另一个没有伙伴,自己占据了一个轨道。只要氯原子能够从哪个地方偷来一个电子,它就可以填满外层的壳,很像原子序数为18的惰性气体氩。

情况正是这样。每个钠原子奉献出一个电子,每个氯原子感激无比地接受了一个电子。量子力学计算显示,在氯化钠晶格中,这个结果是一个较低的能态,而自然过程总是要使它朝向可能的最低能态。电子不会这样完全由这个原子跑到另一个原子上而由两个原子共享。

共价键更是一种共享关系,但结果是一样的——与所有相关电子有关的外层壳被有效地填满,具有最稳定的惰性气体位形。氢是一个最简单的例子。每个氢原子有一个电子;理想地说,它很愿意拥有两个电子,使它的壳成为像氦原子电子云结构中那种闭合的壳。如果让另一个氢原子和它共享其电子,同时又共享那个氢原子的电子,便可以达到和上述情况很相似的效果。这两个电子同属两个原子,这样的键可以明确地写为:

$$H : H$$

这里的两个圆点代表两个原子间被共享的两个电子。

同样,关于共享电子的想法开始为人们认识甲烷中碳和氢之间的键的性质提供启示:

$$H : C : H$$

这些想法来自美国加利福尼亚大学的刘易斯(Gilbert Lewis),早在1916年,他就探讨了用完成电子闭合壳的方法形成离子以及用原子共享电子的方式实现共价键的想法。但是,直到为原子中电子的行为和轨道的本质提供了充分数学描述的量子力学和电子波构想得到发展之前,这种努力一直没能取得真正的进展。而在1916年,就连电子自旋的概念都还没有普遍得到共识,人们也无从弄清为什么配对的电子和填满的壳在化学结合中那么重要。

图5.3　当两个氢原子结合形成氢分子时,它的
两个原子核被一个拉长的电子云所包围。

　　事实上,在纯属离子性化合物和纯属共价性化合物之间并没有任何明确的界限。有的化合物更多地属于离子性,有的则主要表现为共价性,而介于它们之间则是程度各不相同的灰度。所有的键都可以被看成两者的混合体。甚至氢也可被视为在构筑离子键。如果一个原子把它的电子拱手让给另一个原子,我们可以得到一个 H^+H^- 的分子;如果反过来进行交换,我们得到的就是 H^-H^+。两个电子的共价共享可以被看成是这两种状态之间的快速转换,由这两个原子先后表示占有它们**双方**的电子,同时它们被静电力拉到了一起。这种不同状态间振荡或共振的思想是20世纪20年代鲍林所做工作的核心,这项工作在量子理论的框架内为共价结合理论提供了坚实的数学保证。就分子生物学来说,共价键就是**那个**键。像氯化钠那样的纯离子键在形成重要生命分子的过程中不起任何作用,尽管在确定大型生物分子的确切形状时共振是重要的及弱静电力是非常重要的。鲍林通过解释共价键的本质,开始解释生命的化学。

共价键

　　由刘易斯发展起来的、在配对电子基础上的这些规则是根据经验推算出来的,它只是列出了事实,但并没有提供坚实的物理理论基础。在薛定谔发表量子力学波动方程后不到一年时间,德国物理学家海特勒(Walter Heitler)和伦敦(Fritz London)运用这一数学方法计算了各具一个电子的两个氢原子在结合为一个具有一对共享电子的分子时总能量的变化。能量变化取决于电子在两个原子核产生的电场中的重新排列。

这就像日常世界中一个物体——如球——在重力场作用下运动时的能量变化一样。一个球放在桌面上,它所具有的重力势能比同样这个球放在地面上时要大。把它推向桌子的边缘,它就会落下来。自然总是要寻求最低的能态。由于量子力学的方程——不只是薛定谔的方程,尽管多数物理学家觉得他的方程最便于进行这种计算——人们有可能算出在每种轨道状态下电子有多少能量,就像物理学家用来计算日常世界中桌上的球和地面上的球之间的能差一样。真正重要的是**能差**。当海特勒和伦敦计算两个氢原子和一个氢分子之间的能差时,他们得到了一个与化学家通过实验已经知道的、打断氢分子中原子之间的键所需的能量非常接近的数字。后来所做的、包括被鲍林所完善的计算,得出的结果更加吻合。正像一个老派的物理学家能够计算出把球从地面上提到桌上需要多少能量一样,量子物理学也能告诉我们把一个氢分子分裂成组成它的两个原子究竟需要多少能量。1927年,这是一个真正起步的进展。这时,物理学家不再只是说由于未知的原因电子总是配对,原子的电子壳总是填满的,他们现在能够计算出电子配对和壳填满时能量的变化。计算结果证实它们的排列并非随意的,原子中最稳定的排列总是能量最少的排列。用鲍林自己的话说,"共价键包含一对由两个原子共享的电子,并且占据着两个稳定的、各属一个原子的轨道"。[2]

碳的杂化键

原则上,同样的计算方法可以应用于任何一个分子;而实际上,对于复杂的分子来说,这样的计算非常困难,必须要用各种不同的近似计算技术。不过,我将避开这些困难,着重介绍鲍林用以打开对生物分子本质进行恰当的定量研究大门的关键概念。生物学中最重要的原子是碳,对于碳化学的研究非常重要,以至于它成为化学的一个独立分支——有机化学。表面上看,其原因很简单。碳为4价——它能同其他原子形成4个键。因为一个原子最稳定的结构是外层壳上填满了8个电子,通常情况下,这是一个原子所能具有的最高价。一个原子外层壳上如果不到4个电子,它就会形成分子,在分子中其电子(一直到其中3个)实际上被让给其伙伴,因而露出其下层填满了的壳;如果一个原子的外层壳上有5个、6个或者7个电子的话,这个原子就只能容纳3个、2个或者1个伙伴。碳有4个未配对的轨道电子可以同其他原子的电子拴在一块儿。当然,别的原子也会有类似的结构。碳的原子序数为6,其最内层壳上有2个电子,化学性质活跃的壳上有4个电子;硅的原子序数为14,其电子构型为2∶8∶4。它和碳一样,一次形成4个键。但因为这4个关键电子都处在较高的能态(在老的图景上"距离原子核较远"),这些键都比较弱。[3]

20世纪20年代末,轨道理论和量子力学在解释氢分子能量方面取得的新成功清楚地指明了重新理解共价键的方法。但理解碳化合物(即生命分子)的道路因为一个非常奇怪的谜而被阻塞了。正如我已经说过的那样,碳原子的第二层电子壳和其他原子一样,由一个和最内层轨道相似的球状轨道和另外三个互相垂直的轨道组成。化学家们通过研究不同化合物组成的晶体形状了解到,碳的4个键也有一个三维结构,这是一个相对于中央原子核的确定排列。很自然,一个晶体的形状和结构反映了组成晶体的分子的形状,虽然我不能细说,但这一类工作并不是难得无法想象。但是,当量子物理学叙述的4个电子波"应该"由一个无特定排列的电子和三个互相垂直的电子组成时,这些研究便明白无误地显示,真正的碳键是完全对称的,4个相同的键的排列指向一个正四面体的4个角。鲍林在1931年发表的一篇关于化学键本质的重要论文中对这一现象的原因作了解释。

这一解释完全依据了量子物理学关于电子及其行为的一个观点。鲍林摒弃了电子是围绕原子运动的微小坚硬粒子的各种想法,从电子是粒子和波的某种杂化物(hybrid)这一构思出发,直截了当地提出原子中4个对称的轨道中的每一个都是4个基本轨道状态的杂合物。这些轨道有两个不同的种类,人们在光谱学研究的基础上分别用s和p来表示它们,这些光谱学研究早在任何人还不知道存在电子这种伸展出去并占有一定空间、具有鲜明形状的东西之前就有人做了。幸运的是,正巧这两个字母使人们很容易记住这些轨道的形状。球形轨道(或s轨道)一定要混以三个垂直轨道(或p轨道)才能产生用sp^3表示的4个轨道。正如人们无法说电子"究竟"是波还是粒子一样,人们也无法说某一特定的键"究竟"是s还是p。同时,它们都是以$1:3$的比率存在。[4]尽

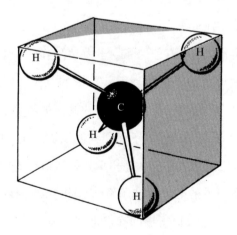

图5.4 球形轨道(或s轨道)上的电子应该和垂直轨道(或p轨道)上的电子行为不同。但像碳这样的一个原子形成4个相同的键,每个键都是一个带有一分s和三分p的杂化物。正因为在这些反应中电子表现为波而不是粒子,才会有这样的情况。

管这一想法是从显示了碳键对称性的晶体研究中根据经验得出的,但它已经被量子数学所证明。对称态确实是一种比由一个纯s和三个纯p轨道组成的状态总能量更低的状态。如果你想弄清楚为什么会这样的话,这是因为4个杂化轨道能够使这4个电子或电子云尽可能地互相分开。正像你所知道的那样,同性电荷相斥;这些电子又回到了带负电荷粒子的状况,它们"愿意"尽可能地彼此分开,而可行的轨道状态的杂化正好帮它们实现了这一点。

但鲍林并没有就此停步。一种关于量子力学状态杂化的相同概念,即一种形式与另一种形式之间的共振就像使得电子既是粒子又是波那样的共振,导致他解释了有机化学的其他根本特点。

共振

这与鲍林1928年提出的氢分子呈H^+H^-和H^-H^+之间的共振有关。共振原理认为,如果一个分子可以用两种(或两种以上)同样可接受(这里"可接受"指的是具有相同能量、那个分子可能具有的最低能态的不同版本)的方法描述的话,那么,这个分子就必须被视为同时存在于这两种(或所有的)状态之中。"真正"的分子是所有可能具有同样最低能量结构的杂化分子,就像"真正"的碳轨道是s和p状态的混合体一样。比较简单的臭氧分子就是一个例子,它能告诉我们发生了什么情况,而且由于它揭示了化学结合的其他特点,所以特别有意思。

氧具二价,在它被占据的最外层的壳上有6个电子。按照传统的共享电子图写下由氧元素组成的分子(暂且忽略内层填满电子的壳),如水(H_2O)和氧气(O_2),不是一件难事:

$$H—O—H \qquad O=O$$

这里用一道横线表示的每个键代表一对共享的电子。但是怎么解释氧元素又能形成由三个原子组成的臭氧分子O_3呢？首先应该认识到共价结合并不代表一切，就像在氢分子中一样，我们也应该考虑电子从一个原子到另一个原子的离子转移。一个氧原子把一个电子让给另一个氧原子，就可能发生这种情况。前一个氧原子剩下了一个正电荷和含有5个电子的外层壳，这和氮原子的结构非常相像。这样，它就能够生成三个共价键。另一个原子得到了一个电子和一个负电荷；于是它就具有一个和氟相像的电子结构以及在共价键上再接一个电子的空当，即一个已经有了7个电子的外层壳。如果我们遵循常规做法，用一条横线代表一个键上的一对电子，用点代表共价键以外的电子，那么我们就可以用两种方法来表示臭氧分子的结构：

光谱学技术用于测量分子放出和吸收的能量，它提供了直接测量每个键中储存了多少能量的手段。一个双键比一个单键要强；它提供了原子之间更紧密的联系，并使它们靠得更紧。这样，如果这种认识正确的话，就应该有证据证明在臭氧的光谱中有与两个不同键长度相对应的两个不同的键能。但实际情况并非如此。光谱学研究清楚地表明，臭氧分子是由两个等同的键连在一起的，每一个键的强度为1.5。其解释是，"真实"的结构是上图描绘的两种可能性的共振，这是一个就像碳原子中我们所认识的以sp^3杂化的杂合结构。但这种情形和那种杂化不同，它涉及一个产生不对称电子电荷的重排问题。一个原子实际上丢掉了一个电子，结果在它周围多了一个正电荷；另外两个原子实际上分别得到了半个电子，在分子两端负电荷有了相应的增加。这种类型的电荷减弱，在分子中特别是包含许多原子的大分子中相当普遍地存在。因为异性电荷相吸,同性电荷相斥,这就导致了一种趋势:大分子以某种方式粘在一起,同时非常大的分子的不同小片段又以静电结合的微弱形式结合在一起。正像我们在第六章将要看到的那样,这种情况对于生命分子十分重要。

可能性几乎是无穷无尽的。关于其结构取决于共振和杂化的一个十分常见的例子,是普通石灰、海洋动物的贝壳和石灰石中的碳酸盐离子CO_3^{2-}。尽管它由4个原子组成,碳酸盐离子的结构非常稳定,它在许多化学反应中表现为一个独立的实体。因为它从其他容易失去电子而形成离子键的原子中捕获了两个电子,所以它有两个负电荷。很明显,因为CO_3^{2-}结构在自然界非常普遍,所以从能量角度或者从闭合电子壳的角度来说它一定非常稳定。这里的碳原子有4个电子,每个氧原子有6个电子,还有两个额外的电子,你怎样把它们排列成最稳定的状态呢?

有三种可能性,就像三个氧原子形成臭氧时的两种变异一样。三个氧原子中的两个得到一个电子,剩下一个可以同碳原子结成共价键的"空洞"。另一个氧原子可以形成一个一般的双键。

这三种可能性是相等的,相互之间具有同样的能量。由于这些键不相同,所以这三种可能性的每一种都是不对称的,这种不对称性在光谱测量中便显示了出来。然而测量又一次显示,碳酸盐离子的对称性很好。这三个键中的每一个都相当于1.333个普通键,它们相互间以互成120°的角整整齐齐地排列在原子核周围。碳酸盐离子是一种共振杂化物。

不过,共振所涉及的不同状态具有同样的能量,这一点十分关键。

如果一个分子可以存在于两个或者更多的具有不同能量的构型，那么，就不会产生共振，它就确实会形成两个**不同**的化合物。一个简单的例子就是二氯乙烯，这种化合物的每个分子都包含两个碳原子，两个氢原子和两个氯原子。它的分子式可以写为$C_2H_2Cl_2$，但它有两种结构式。

$$\underset{Cl}{\overset{H}{\diagup}}C=C\underset{Cl}{\overset{H}{\diagdown}} \qquad \underset{Cl}{\overset{H}{\diagup}}C=C\underset{H}{\overset{Cl}{\diagdown}}$$

左边的那个结构式叫做顺式异构体（*cis* isomer）；右边的那个结构式是反式异构体（*trans* isomer）。它们密度、熔点和沸点等化学性质都不相同。这些不同是由氢原子和比氢原子大得多的氯原子之间的差异造成的。在顺式结构中，在分子同一侧的较大的氯原子互相形成干扰；在反式结构中，由于较大的氯原子被隔开，所以分子的结构显得非常整齐。要把一种变成另一种，需要把分子的一端扭转过来，但我们又不可能旋转双键。

在许多有机化合物中，分子的基本单位不是碳原子本身，而是由6个碳原子连成的一个环。由于这类分子中最简单的就是由6个碳原子和6个氢原子构成的苯分子，所以人们把这个环称为苯环。它的结构可以有两种写法，在这两种写法中，碳原子之间相间地由双键连接：

到现在为止，当人们知道关于苯环上键的强度的所有研究都表明，每个"实在"的键的强度都是1.5时，大家就不会感到惊奇了。实际上苯环是另一种共振杂化分子。这个非常稳定的结构是许许多多分子,包括非常多的生命分子的基础。这一类型的略微更复杂的变异是由环上一个或更多的氢原子被—CH_3(甲基)这样的基团替代所造成的。这样的基团我们用—R来表示,只要有可能(一般也就是说大分子的外面有空间),它们就会取代氢原子。把这个环画成一个六边形,省略掉我们都知道的碳原子和单个的氢原子,我们就得到了甲苯这样的化合物:

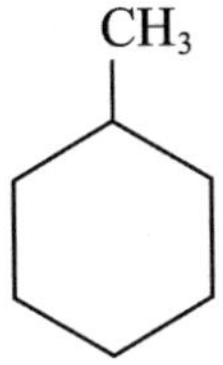

$$CH_3$$

如果再复杂一点,就是三硝基甲苯,也就是TNT:

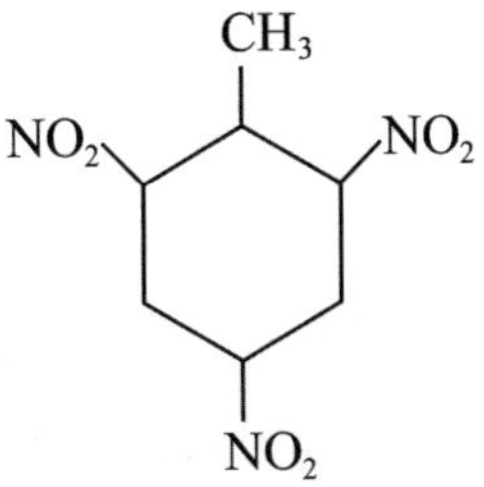

$$CH_3$$
$$NO_2 \qquad NO_2$$
$$NO_2$$

用一个结构简图可以这样表示和甲苯大体差不多的分子族的结构:

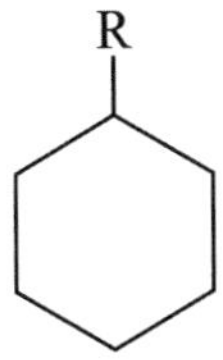

$$R$$

连接在图中这个基本苯环上的R可以是不同的基团。在所有这些分子中,共振杂化是解释这种结构的一个重要因素。而且,就像由单个苯环构成的化合物族一样,还有许多更加复杂的分子族以连接在一起的两个或更多的苯环为基础而构成。它们,以及建立在单个苯环结构基础上的化合物,被称为芳烃;最简单的这种双环化合物叫萘,即$C_{10}H_8$:

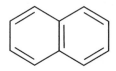

现在,由于环能够以多种方式连接在一起,我们便遇到了新的复杂情况。双键(也可以说是1.5个键)使每个环都是平的,但在已有的链上再接一个环可以有一种以上的接法。例如,蒽和菲的分子式都写成$C_{14}H_{10}$,但它们的结构不同:

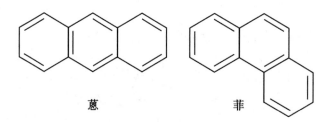

蒽   菲

所有这些分子的基本苯环结构都是共振杂化分子,量子数学证实,它在能量上比环上单双键交错连接所代表的那两种变异都更加稳定。但是,关于碳化学的故事还远远没有讲完。

聚合

碳原子非常乐于同其他碳原子组成共价键——这正是苯环结构的基础。从能量上说,苯环是一种特别稳定的分子形式,这是因为由碳的4个成键轨道自然形成的角度最适合这样的六边结构。但是,一连串的碳原子也可能形成一条原子长链(或称多原子分子)的骨架。最简单的是甲烷系列的变异:

$$H-\overset{\overset{\displaystyle H}{|}}{\underset{\underset{\displaystyle H}{|}}{C}}-H \qquad H-\overset{\overset{\displaystyle H}{|}}{\underset{\underset{\displaystyle H}{|}}{C}}-\overset{\overset{\displaystyle H}{|}}{\underset{\underset{\displaystyle H}{|}}{C}}-H \qquad H-\overset{\overset{\displaystyle H}{|}}{\underset{\underset{\displaystyle H}{|}}{C}}-\overset{\overset{\displaystyle H}{|}}{\underset{\underset{\displaystyle H}{|}}{C}}-\overset{\overset{\displaystyle H}{|}}{\underset{\underset{\displaystyle H}{|}}{C}}-H$$

把这些长分子画成一条长链往往最容易,但要记住,实际上,碳键所指的是四面体上的角。如果在纸平面上画两个这样的键,我们必须要想象另外两个从碳原子上伸出的键不是向上就是向下,其中一个是按某个角度从纸面伸向我们,另一个是远离我们伸向纸的另一侧。用二维图画表现一条碳链的最佳方式是把它画成锯齿状的长条:

比它稍微复杂的结构也许是一条两端各有一个多原子基团的碳氢化合物链,就像二氨基己烷(即一条6个原子的碳链上接入两个氨基):

另一个同它相似的结构是己二酸:

当你在适当的条件下把这两个分子连接在一起时,己二酸上的—COOH基团便会放出一个—OH,而二氨基己烷上的—NH₂则释放出—H。释放出来的基团化合生成了水(H₂O),而两个以碳为基础的分子的终端相连,变成了一个更长的分子:

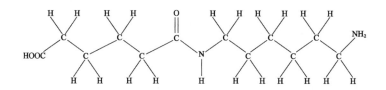

当然,这个过程并没有到此完结。其他己二酸分子和二氨基己烷分子也会连接在这条链适当的末端上,每次都要释放出一个水分子。复杂分子这种连接在一起并生成水这样的简单分子的过程叫做缩合;这样产生的可以包含成千上万个彼此相连的基本单位的长链分子叫做聚合物。我们刚才描述的这个聚合物特别有用,它就是尼龙。实际上任何一个从聚合物分子主干上伸出来的氢原子原则上都会被诸如—NH₂这样的基团,甚至一种更复杂的另一条以碳为基础的链或苯环型结构所替代。

这样的链不像棍子或铅笔那样坚挺。碳键在里面非常活跃,使它具有相当大的柔性。这些分子能够互相缠绕,一种这样的长分子甚至可以弯回来绕在自己身上形成一个复杂的结扣。这样的弯曲和缠绕可以使侧链上的不同分子互相接触,而且正如我们将要看到的,这为我前面提到过的弱静电力提供了发挥作用的机会。它产生一种规整结构,常常带有与一系列互相交叠、略有错位的苯环相像的片段。碳键之间的自然角度对苯环的形状特别有利,在碳的长链上,这样的自然角度使这个链很容易形成圈。但在这种情况下,碳原子的连接并没有使这个圈封闭,而是使聚合物的链在下面的圈上继续环绕,就像一条盘着的蛇一样。一个连得很长的聚合物会很自然地成为这样的构型,就像一根弹簧一样变成一种螺旋结构。

苯环和其他环形结构以及它们的衍生物也参与了聚合作用。举例来说,碳水化合物是一组建立在我们所熟悉的环形结构基础上的物质。多数碳原子就如在苯环中那样同另外两个碳原子连接在一起,但它们的另外两个键都分别用来与其他原子或基团结合,一边是—OH,另一边是—H(当然,这两个基团在一起应该形成水:"碳水化合物"这个词字面上的意思就是"碳的水合物")。较简单的碳水化合物称为糖—— 一个环的叫单糖,双环的叫二糖,而更复杂的一类由许多环连在一起,叫多糖。它的作用方式可以从一个例子中看到,那是从一个简单的单糖——葡萄糖开始的。在葡萄糖中,环上的一个碳原子被一个氧原子所替代,而附在另一个碳原子上的一个—OH被更复杂的—CH_2OH所替代。如果把环的平面想象为同这页纸是垂直的,而它的侧原子或侧基向环的上下方伸出的话,它的结构可以用这样的图形来表示:

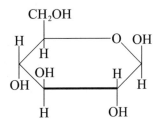

葡萄糖

应该比较容易地看到这些环是怎样连在一起的。一个环末端的—OH与另一个环末端—OH中的氢原子结合变成水释放出来。这样,剩下的一个带两个键的氧原子—O—便成为两个环之间的桥,它们连在一起组成了一个二糖——麦芽糖分子:

麦芽糖

不过，就像聚合物尼龙的情况一样，这个过程不需要就此停步。许多葡萄糖单位可以通过这种方式化合成长链的多糖聚合物。这样形成的多糖叫做淀粉；葡萄糖单位在一个类似的长链上以略有不同的方式排列，便形成了我们所熟悉的另一种生物物质纤维素的基础。

在这些例子中，每个基本的单糖单位中有6个碳原子。但有些单糖只含有5个碳原子，其中的4个和一个氧原子组成了一个五边的环，而第5个碳原子则是一个侧基—CH_2OH的一部分。这些化合物叫做戊糖，其中一个与葡萄糖非常相似，只是里面少了一个碳原子和与它相连的侧基，这就是核糖。另一个戊糖与核糖很相像，只是其中的一个—OH失去了氧原子，剩下一个简单的C—H键，它很自然地被称为脱氧核糖（意为"失去一个氧原子的核糖"）。它是脱氧核糖核酸（DNA）的基本单位。

从简单的化合物到较为复杂的分子，我们和20世纪30年代的物理化学家们一样，已经到达生命的边缘。比我刚刚讲到的由碳为基础的链和环连接在一起组成、带有许多不同基团的分子更复杂一点的分子，也就是氨基酸、蛋白质等生命分子。鲍林因为其20世纪20年代末和30年代初的工作使人们对所有这些复杂性有了基本的了解，他于1954年获得了诺贝尔化学奖，其证书上写着"以表彰他对化学键本质及其应用于解释复杂物质结构的研究"。

这样的奖励是再恰当不过的了。1963年，鲍林还获得了一项诺贝尔和平奖（1962年度的奖项），这项奖颁发给他，并没有任何正式的说法，虽然人们推测这是为了表彰他顽强地努力说服政治家禁止在大气层进行核武器试验，而那一年这项禁令确实开始生效。这两项荣誉都是当之无愧的，它们使鲍林不仅在科学家中，而且在所有人类中处于最高的地位。但是，尽管他关于化学键方面的工作形成了近代化学和分子生物学的整个基础，而且这项成就足以使多数科学家感到满足，可是这仅仅代表了他漫长生涯中第一项重要进展。令人惊奇的不是鲍林获得了一项甚至两项诺贝尔奖，而在于他后来所做的关于生物分子本质的研究居然在一次三流评选中都没有得到类似的承认。鲍林的技术和方法同他关于生物分子的研究一样为以后几代分子生物学家指明了道路，包括双螺旋的发现。他的第一个伟大成就把我们带到了生命的边缘；他对科学的下一个重大贡献直接涉及生命之分子（molecules of life）本身。

第六章

生命之分子

"到了1935年,我感觉到我对化学键的本质基本上有了完全的理解。"[1]鲍林说。掌握了简单分子是由独立原子构成的这一明确原理后,他的注意力很自然地转移到更为复杂的分子,即生命之分子。使他跨越这一边界的重要一步涉及对人体血液中输送氧的分子,也就是血红蛋白磁特性的研究。血红蛋白是一种能与另一种物质(在这里也就是铁)结合的蛋白质。这样一种分子叫做缀合蛋白质。在蛋白质球体中心的铁原子负责吸收和释放人体需要的氧原子。20世纪30年代中期,加州理工学院的研究生E·布赖特·威尔逊(E. Bright Wilson)正在鲍林的指导下攻读博士学位,他做了几种不同化合物磁特性的研究。化合物磁特性应该取决于分子中的电子在轨道上的排列,而他的实验非常成功,所得的结果与人们对化学键的新理解完全一致,因而鲍林又鼓励加州理工学院的其他研究人员对血红蛋白进行同样的研究。

这一努力带来的直接成果就是发现当氧与血红蛋白结合形成氧合血红蛋白时,所有氧原子的电子都形成配对;另外,研究还表明,铁在血红蛋白中有4个非配对电子,但在氧合血红蛋白中没有留下一个非配对电子。这些对我们大多数人而言都有点神秘,但对化学家们来说就很有趣了,这促使他们使用同样的技术对其他的生命分子进行了研究。不过,与现在我要讲的故事更相关的一点在于,血红蛋白的研究引起了许多其他生物类科学家的注意,其中包括洛克菲勒医学研究院的兰德斯泰纳(Karl Land-steiner)。他鼓励鲍林应用对化学键的新了解去认识其他生命分子的结构问题。因为鲍林在生物化学的侧重面问题上总是坚决地站在生物学一面,而且他是用血红蛋白作为研究对象,所以他不久便很自然地转向研究构成血红蛋白的多肽链如何折叠为球形,以及其他蛋白质如何形成其特有形状此类难题。这项工作真正开始于1937年。为了便于叙述,我们先简单回顾一下是哪些原子和分子对研究生命非常重要。

构件

即使在原子水平上,生命世界与整个世界也是不同的。在地球上天然出现的有92种化学元素;但其中只有27种是生命的重要成分,而且这些并非对于所有的生命都很重要。进一步说,这些生命中发现的

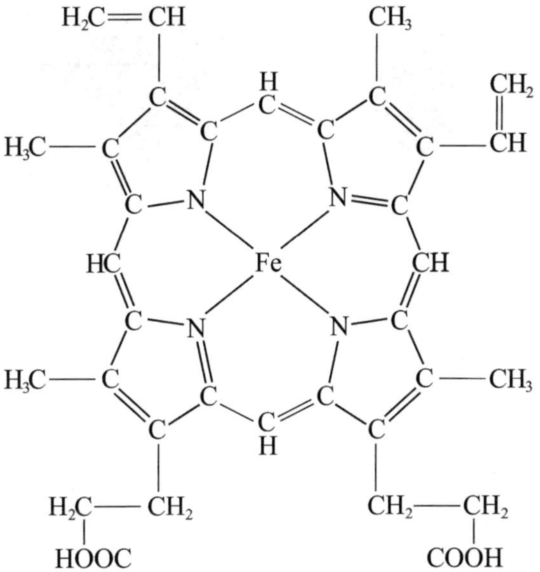

图6.1 血红素基团是血红蛋白和肌红蛋白都具有的成分,在它的中心有一个铁原子。一个氧分子可以附着于铁原子而被传输到人体血液中或储存在组织中。

原子在生命中所占的比例与在整个地球中所占的比例也不同。在许多生物中水占有3/4还多的重量,²如果不算水,那么你身体重量(干重)的一半以上是碳,1/4是氧,还有大约10%是氮。如果进行比较,地球表层物质含量中大约47%是氧,28%是硅,大约8%是铝,它们合在一起构成岩石。具有生物学重要性的原子之所以被进化所选择,正是由于它们的化学属性,具体地说就是它们形成化学键的方式,这种方式同样给予生物分子以生命的特性。大多数生物分子是碳的化合物;另一种在生命中表现突出的元素就是氮。

就干重来说,蛋白质是迄今最重要的生命之分子,它主宰了你身体的组成。蛋白质中包含16%的氮,这比氮在整个身体中的所占比例还大。许多蛋白质是极大而复杂的分子,但与所有生物分子一样,它们是由简单的单元和亚单元构成的。

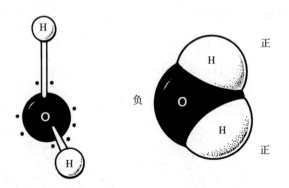

图6.2　两种表示水分子的方法。"棍和球"模型强调原子结合在一起构成分子;"空间填充"模型强调分子的完整结构和它的电子云。

从单个原子再往上走一步,生命的基本构件是由数个原子组成的单元,它们经常能够在更复杂的结构中被发现。这些单元包括像氨这样的分子,在这个分子上,如果失去一个氢原子,就可能会形成一个连接在碳链上的氨基:

而碳原子本身,包括形成苯环,经常以不同的组合出现,其中一些可表示为以下形式,这里没有结合的键可以与许多其他任何R基,如氨基、另一个碳链或羧基(记为—COOH)结合。COOH基团的结构既可以这样表示:

强调位于链末的单个氢原子的重要性,也可以像这样:

表明OH基团在一些化学反应中实际上是一个单元。

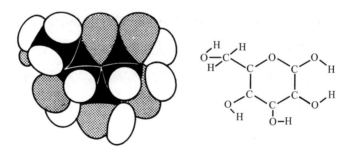

图6.3 生物分子既可用构成它们的原子来表示,也可用电子云的电荷分布来表示。本图中这个空间充满的模型能够更"真切"地表现葡萄糖的本质。

酸的最简单定义为,它是一种可以随时释放氢离子的物质,这个氢离子与另外一种物质(碱)的一个OH基团结合并产生水H_2O。羧基在许多化学反应中也同样表现为如此,这就是它为什么也被叫做羧酸基的原因。正是羧基赋予了氨基酸及其他有机酸以酸的性能。羧酸家族中较为简单的一员是乙酸,它是醋的主要成分。

$$
\begin{array}{c}
\ \ \ \ \ \ \ \ \ \mathrm{H} \\
\ \ \ \ \ \ \ \ \ | \ \ \ \ \ \ O-H \\
\mathrm{H-C-C} \\
\ \ \ \ \ \ \ \ \ | \ \ \ \ \ \ O \\
\ \ \ \ \ \ \ \ \ \mathrm{H}
\end{array}
$$

然而容易使人迷惑的是,羧基有时在条件合适的情况下,在化学反应中释放出OH基团,表现为碱性。正是这个反应,而不是它的酸性本质,参与了能使氨基酸连结成链的肽键的形成。

实际上,羧基的结构可以理解为两种可替换形式的共振。

$$
R-C \overset{\ddot{O}-H}{\underset{O}{}} \qquad R-C \overset{\overset{+}{\ddot{O}}-H}{\underset{\ddot{O}^-}{}}
$$

左边的形式80%用于表现键结构,右边只占20%。形成化学键的电子的量子属性,对决定一些含有这类基团的较为复杂分子的整体结构以及这些基团参与化学反应的具体方式起到至关重要的作用。但是当写一些含有羧基的较为复杂分子的结构式时,它经常被简写为COOH,这就无法表现这个特殊基团的具体结构。同样,化学家通常使用简写形式表达其他常用基团,如:—NH_2,—CH_3等等。

蛋白质是由氨基酸构成的,而氨基酸作为生命的构件,同样都拥有基本而简单的结构,都是由围绕碳原子的4个键组成的。一个键将碳原子与氢原子相连,另一个与氨基(NH_2)相连,第三个与羧基(COOH)相连,这样,这个结构便被称为氨基酸。在这种情况下,这里还有一个键空着,可以与其他含碳基团相连(或者,在最简单的氨基酸——甘氨酸中,与一个氢原子相连),在表示氨基酸的结构中,我们通常用R这个字母来代表这些基团:

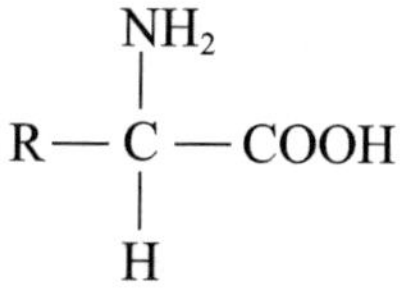

$$
\begin{array}{c}
NH_2 \\
| \\
R - C - COOH \\
| \\
H
\end{array}
$$

氨基酸与蛋白质

化学家们知道蛋白质是由氨基酸构成的,因为当蛋白质被放入强酸或强碱溶液中,那些连结氨基酸的化学键就会断裂,使蛋白质变为氨基酸的混合物。从一些常见氨基酸的名字上,我们就可以知道它们被发现的方法,如天冬酰胺是1806年从植物天门冬中分离出来的;甘氨酸是19世纪20年代从蛋白胶中获得的,由于味甘甜,故得名甘氨酸。许多氨基酸是天然存在的,也有一些是在实验室里获得的。但我在前面提到过,在所有蛋白质中只发现了20种氨基酸。其中最后一种,也就是苏氨酸,直到1938年才被发现。所以直到20世纪40年代才有可能发现蛋白质分子准确详细的结构。

图6.4所列的20种氨基酸就是生命的构件。它们出现在所有蛋白质中。另外,有两种氨基酸只在少数蛋白质中被发现。有一种常见氨基酸,即半胱氨酸,极易与另一个半胱氨酸结合,形成胱氨酸:

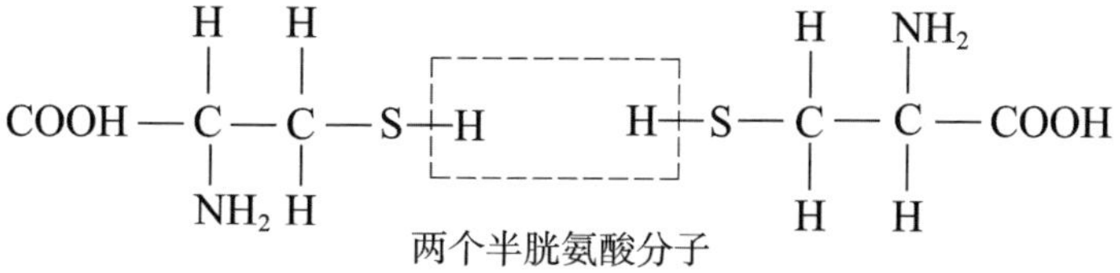

两个半胱氨酸分子

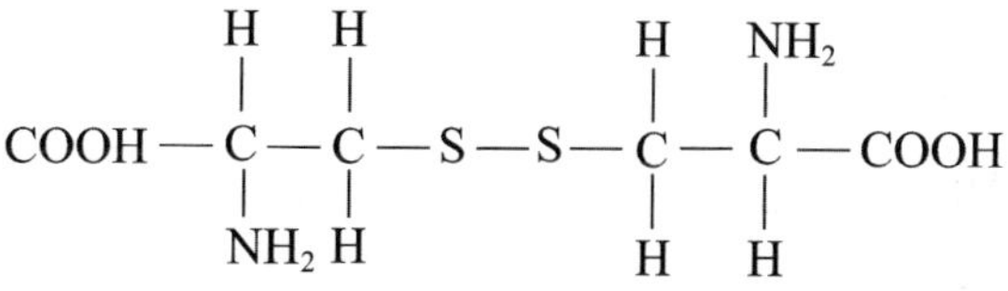

一个胱氨酸分子和一个释放出的氢分子

更简明地说，既然下面这个基团：

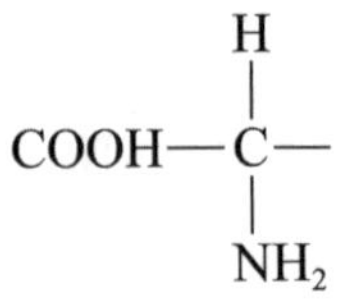

$$COOH - \overset{\displaystyle H}{\underset{\displaystyle NH_2}{C}} -$$

在所有的氨基酸中都一样，那么，我们便可以忽略它而把注意力集中到它的侧链上，从而区别每个氨基酸：

$$-CH_2-HS+HS-CH_2-$$

结合形成

$$-CH_2-S-S-CH_2- +H_2$$

两个**半分子**之间的连结是一个二硫桥，它对于理解蛋白质的结构非常重要。在某种程度上说，你也可以把胱氨酸视为另外一种生命的构件或只把它当作半胱氨酸的另一种形式。所以你会发现在不同的资料中提到20、21或者22种重要氨基酸，或者简单地称为"大约20种"。我在这里坚持如图6.4所示的20种氨基酸。

如果氨基酸是生命之分子的重要构件，那么就有一个显而易见的问题，这就是：第一个氨基酸是从哪里来的？20世纪20年代，英国生物学家霍尔丹和苏联研究人员奥巴林(A. I. Oparin)各自独立地得出了同样的想法。他们设想在地球年青的时期，强烈的大气活动中产生的雷电或者火山产生的热量可以提供足够的能量，使一些简单物质发生化学反应，从而可以在海洋中，或在地表较为凉爽的池塘中产生氨基酸。直到20世纪50年代，这一设想还只是一个推测。此时美国人米勒(Stanley Miller)开始了一系列实验，他把有甲烷、氨水、水蒸气和氢气的混合物密封在一个玻璃容器中，然后加以电击或紫外线照射，或者两种

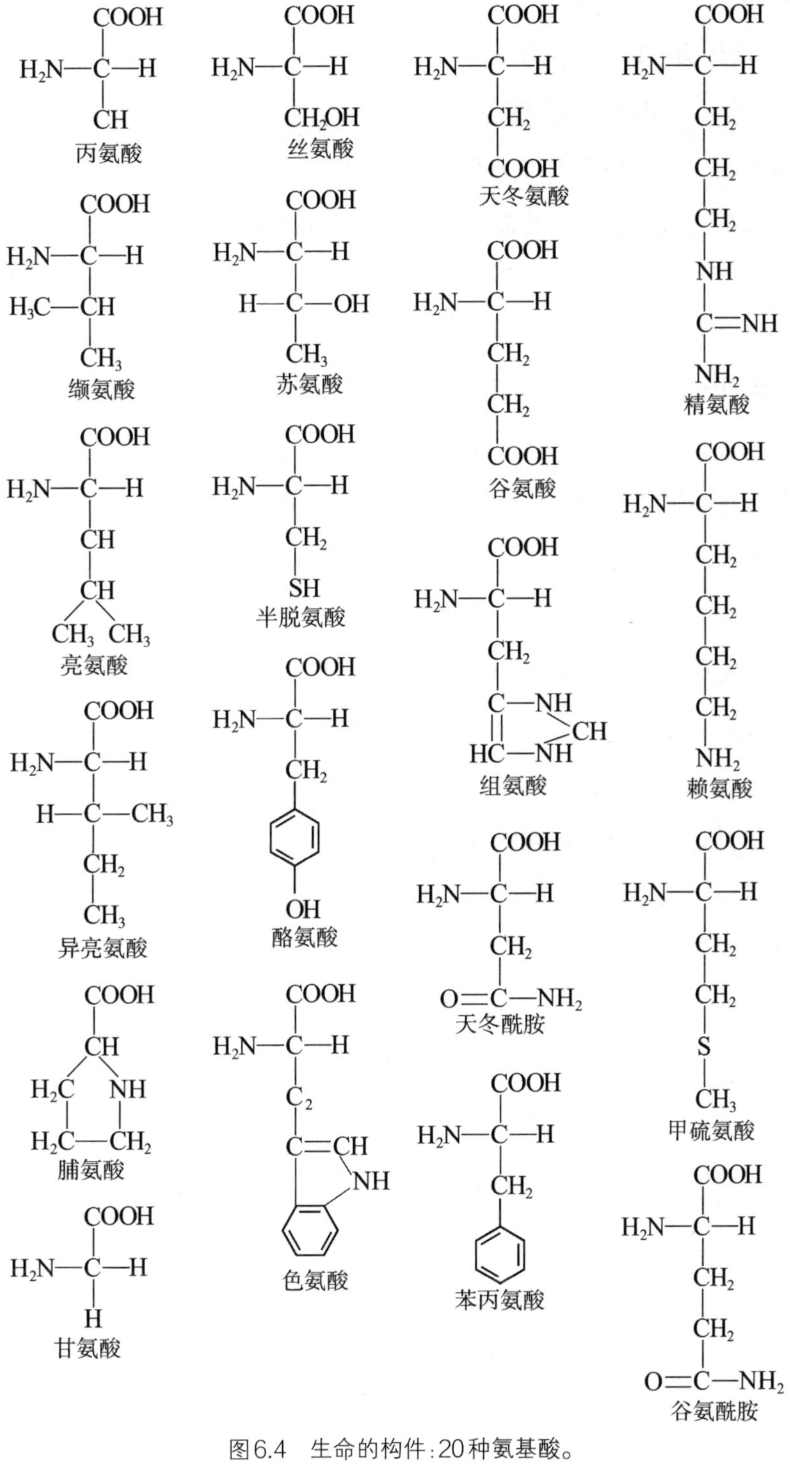

丙氨酸

丝氨酸

天冬氨酸

缬氨酸

苏氨酸

谷氨酸

精氨酸

亮氨酸

半胱氨酸

组氨酸

赖氨酸

异亮氨酸

酪氨酸

天冬酰胺

甲硫氨酸

脯氨酸

色氨酸

苯丙氨酸

谷氨酰胺

甘氨酸

图6.4　生命的构件：20种氨基酸。

作用同时进行。这些实验产生了一种黑色的黏性物和一种以二氧化碳、一氧化碳、氮气为主的"大气";黑色黏性物中含有几种氨基酸,包括在一些蛋白质中出现的氨基酸,另外还有其他有机化合物。自从20世纪50年代以来,其他人也进行了相似的实验,使用了不同的初始"大气",包括含有大量二氧化碳的混合物,因为现在人们认为地球早期的大气是以二氧化碳为主。最后他们也从实验中得到了氨基酸、糖类和其他生命的构件。其实,在初始大气中也许并不需要只使用最简单的化合物,因为在十几年后,天文学家通过光谱分析在太空的黑物质云中发现了存在许多复杂物质的迹象,如甲酸。也许年青时期的地球就已经含有这些原材料,也许是由于彗星的撞击迅速冷却后形成的。如果只就生命起源的问题而言,好像就是去寻找氨基酸和其他基本有机构件的来源。

即使在最后几种重要的氨基酸被发现之前,人们已经清楚地知道它们能够连接起来,通过形成多肽链而构成蛋白质。这只是关于氨基酸结合的最简单方法,在20世纪初,德国化学家费歇尔(Emil Fischer)便开始进行这一理论的基础研究,然而直到20世纪30年代,蛋白质是多肽链而不是其他更复杂的结构这一事实才被证明。多肽链像聚合物一样是缩合形成的,两个氨基酸结合时并释放出一个简单的分子。这正是二氨基己烷及己二酸结合的方式(当然,这也是我在上一章使用这个例子的原因)。一个氨基酸的氨基放弃一个氢原子;另外一个氨基酸中的羧基放弃一个OH基团。一个新键——肽键,在一个氨基酸末端的—CO与另一个氨基酸末端的—N之间形成,从而形成二肽即两个氨基酸的结合体:

结合形成：

$$
\begin{array}{ccccccc}
& NH_2 & O & & H & OH & \\
& | & \| & & | & | & \\
& & & & & C=O & \\
& & & & & | & \\
R-C & - & C-N-C & -H & + H_2O \\
& | & & & | & \\
& H & & & R &
\end{array}
$$

请注意，两个R基无须相同，而且新分子是弯曲的。当然，实际上所有的碳键之间都像鲍林用杂化轨道加以解释的那样呈一定的角度，我们在链之间画直线只是为了方便。

现在这二肽本身在一端有COOH基团，另一端有NH_2基团。每一个二肽可以与其他氨基酸一端合适的基团结合，使链变得更长，用同样的方法，还可以使新的末端继续连接从而形成多肽。正如第五章所述的聚合物，其结果是一条锯齿状的链。但在这种情况下，这个长分子的主轴由碳原子和氮原子交替组成（两个碳，一个氮，两个碳，一个氮……）。从整个链的任意一点开始，我们有一个碳原子，两边分别与一个单独的氢原子和某种特定氨基酸的功能基相连而成为一条侧链。它又会与一个带有氧原子的碳原子键合，那个碳原子又会与一个氮原子键合，然后，氮原子与下一个带着一个复杂侧基的碳原子结合。这个模式继续重复下去。整体结构就像这样：[3]

$$
\begin{array}{ccccccccc}
H & R & H & O & H & R & H & \\
| & | & | & \| & | & | & | & \\
---C & N & C & C & C & N---- \\
| & & & & & | & \\
C & & C & & N & & C \\
\| & | & | & | & \| & \\
O & H & R & H & O &
\end{array}
$$

这条链的一个重要特点就是肽键形成一个刚性结构，由于量子力学共振而紧密结合在一起。这为鲍林提供了一个蛋白质链是如何盘卷成形的线索。但我们可以忽略蛋白质链的锯齿外形，只研究它带有侧基的主轴,从而得出蛋白质链的重要特点。我们将主链中与氨基酸侧链相连的碳原子标以希腊字母α,以区别在相邻氨基酸之间形成肽键的碳原子:

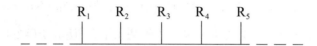

在纯粹的简明表示图里,就更为简单,我们完全不用考虑几何排列,我们把所有氨基酸的侧链都放在主轴的一边来表示分子的结构:

$$R_1 \quad R_2 \quad R_3 \quad R_4 \quad R_5$$

如此表示,就很容易地看出链上所载有的信息——所有"语言"都在侧链上,氨基酸的残基使它们相互区别开来。毫无疑问,这一长串"语言"传递着重要的生物信息。所以在20世纪30年代,生物学家很想知道氨基酸排列的顺序,不同的顺序可决定形成不同的蛋白质链,这并不简单,实际上这是个化学问题。他们还想知道链折叠成什么样的形状,它们的三维结构,以及为什么会成为各种独特的形状,是不是某一种蛋白质的所有分子都形成一样的三维结构。要得到这些问题的答案,必须结合更多化学键合的思想与对蛋白质分子结构晶体形态的X射线衍射研究。

弱连结可能是重要的

在自由原子之间,或是分子中的成员之间,或是自由原子和分子之间,强化学键并不是它们相互作用的惟一力。所有分子之间相互都有一个弱吸引力,叫做范德瓦耳斯力。19世纪70年代,荷兰物理学家范德瓦耳斯(Johannes van der Waals)改进了描述液体和气体行为的方程(即"物态方程"),他引入了分子并不是一个数学点的观点,它们之间并不是完全的弹力碰撞,而是还受到互相之间吸引力的作用。1881年,他得出一套新的所谓理想气体定律(该定律**确实**假设分子是一个参与弹性碰撞的数学点),其中包括两个常量,一个代表分子的大小,另一个代表它们之间的吸引力。这些数字并不基于任何原子结构的具体理论(当时电子还没有被发现),但这些常量的选定只是为了符合真实气体的行为方式。经过把方程与真实气体所测量的属性进行比较,然后相应调整方程,最终它发展成为一种适用于所有气体的形式,范德瓦耳斯因这项工作在1910年获得了诺贝尔奖。但对范德瓦耳斯力的正确理解却不得不等到量子物理学重新描述了原子和分子以后。

这种描述简单地说就是分子周围的电子云被另外一个原子带正电的核所吸引,反之亦然。在带负电的电子云之间以及带正电的核区之间还存在一定的斥力。但除非分子或原子相互间非常近,否则,斥力不会大于吸引力。

正是波兰出生的德国物理学家伦敦和海特勒一起首次研究了水分子的量子力学作用,并在20世纪30年代完全解释了范德瓦耳斯力的本质。先不考虑数学的细节,范德瓦耳斯力的成因可以理解为两个带有各自电子云的原子球互相靠近。虽然每个原子球的净电荷为0,电子云中电子分散在带正电的核周围。所以特别是处于外层的电子,相对来说受到相邻原子核较强的影响,而它们自己的原子核由于被包围在负电荷的海洋中,所以受到相邻原子核的影响较小。第一个原子透过自己一半电子云的影响一开始所能"看到"的只是另外一个电子云。只有当两个原子靠得足够近时,它们的电子云相互渗透,两个原子核已能互相看清,这时便开始互相排斥,阻止两个原子继续接近。如果原子或分子周围有较多电子,那么它们之间就会有较大的范德瓦耳斯力。但它只有在非常短的距离内才表现得较为强大。实际上,在原子互相接近至最近一点时,引力与斥力相互平衡,这一点可叫做原子或分子的半径——范德瓦耳斯半径。

对于非离子化合物,范德瓦耳斯吸引力是区别固体、液体和气体的基础。在固体中,这些力使某种化合物分子紧紧结合在一起,当固体被加热时,热能使分子之间产生振动,当它们得到足够的能量时,它们便可以互相挣脱,虽然范德瓦耳斯力在它们运动时还束缚着它们。如果继续提供热量,这种束缚力的影响会越来越小。直到达到某一点,快速

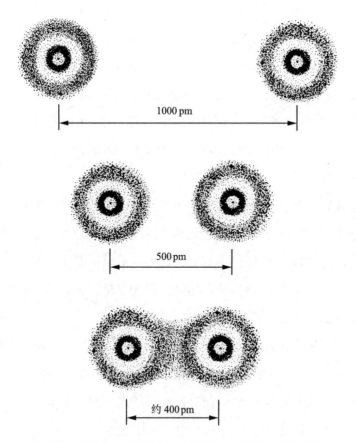

图6.5　当每个带正电的原子核透过自己的电子云"看见"对方带负电的电子云时,两个原子相互吸引。这是范德瓦耳斯力的基础。当两个电子云渗透时,两个原子核便可"看见"对方,这时吸引力就被两个带正电的原子核之间的斥力所平衡。(pm,即皮米,相当于万亿分之一即10^{-12}米)

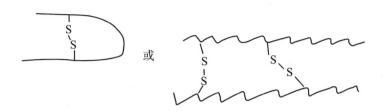

运动的分子不再受吸引力的影响。于是分子可以自由地飞行,像硬球般互相碰撞反弹,进入气相。因为分子越大(或重),范德瓦耳斯力就越强,这就意味着分子量较大的物质比分子量较小的物质有着较高的熔点和沸点。水是一个例外,你会发现为什么。

这些吸引力和排斥力对有侧链的长分子很重要,特别是当分子盘绕起来时。分子链的某些部分趋于互相黏合,另有些部分互相排斥。总体来说,整个分子处于一种最低能态。虽然范德瓦耳斯力很重要,但在化学家决定分子的结构过程中,它只是一个简单的微调。在蛋白质中,两个半胱氨酸基团之间极易形成的二硫桥是非常重要的。如果一个长的蛋白质分子—— 一个多肽链向后折叠为二,这种连结便很容易形成,形同一个发夹。当然这种连结也极易在两个多肽链之间形成,使两个不同的蛋白质分子合在一起。

最后,就作用于分子结构的主要影响来说,还有另外一种键,这种键的起源深深扎根于量子物理学。这就是氢键。

氢键

水是一种非常特殊的液体。它由两个氢原子和一个氧原子构成,分子量为18。它在室温下呈液态,然而许多有着相似或更大分子量的分子在常温下却呈气态。例如,二氧化碳分子量为44,硫化氢为34,甲烷为16,二氧化氮为46。根据范德瓦耳斯力在分子间作用的通常理解,水在地球表面正常的条件下不可能成为液体。而且,水不仅是液体,它还是我们身体中惟一的重要液体,人体重量的75%是以H_2O分子的形式出现。为什么会这样呢?

答案一定是水分子之间还存在另外一种吸引力,而且大于范德瓦耳斯力,但弱于使原子结合在一起形成分子的共价键。它被叫做氢键,因为范德瓦耳斯的研究只在20世纪30年代才被量子物理学的理论解释,所以水分子之间的亲和力之谜到那时才被解开,这也正是鲍林对化合价和电子云的几何排列轨道的研究结果。[4]

量子原理告诉我们,一个水分子有一个V形的几何形状,两个氢原子从一个较大的氧原子两侧伸出,正好成104.5°。关于分子周围的电子云,可以理解为一个大球面,在两侧有两个凸出部分(如图6.2)。根据范德瓦耳斯力,这个凹凸不平形状的整个表面就是分子的大小,因为此处斥力与吸引力平衡。不管你怎么想,最重要的是每个氢原子只有一个电子贡献出来组成分子。那个电子与氧原子中的一个电子配对,形成带负电的电子云,并都集中在氢核和氧原子其余部分之间的区域。虽然有部分电子延伸到氢核"背后",这个核,一个带正电的单个质子,并没有被完全包容进去。总的来说,两个带正电的氢核都有部分处于电子云外部。

在氧原子这一方面,情形就不同了。实际上氧获得了来自两个氢原子的电子,它的最外层已满,有8个外层电子,它们包围着两个内层电子和带8个正电荷的原子核。从这方面说,两个氢原子被巨大的氧原子包容着,整个分子应该带负电。事实上,当然对于整个分子,净电荷为零。同样为事实的是,水分子所带的电荷不均地分散开来,在氧原子这端集中了负电,而在整个三角另两端的氢原子集中了正电。所以当水分子互相接近碰撞时,一个水分子的氢原子趋向于与另一个水分子的氧原子相连,正负相吸(图6.6)。因为每个水分子两个键之间的角度与四面体型键的角度相近(如在甲烷分子中或者金刚石中碳原子之间的键),水分子之间可以形成这样一种排列,即,每一个氧原子可以与另外两个水分子通过氢键相连,同样每个氢原子也以同样的方式与一个氧原子相连。当温度降到水可以固化的时候,这一切就发生了,从而形成冰的晶体。

所以冰在许多方面,结构都与金刚石相似。正是这种结构产生了许多有趣的现象,包括雪花的美丽几何形状和固体冰的体积大于等重量水的体积这一事实,都是由于这种晶体结构具有较大空间。这就是为什么冰可以浮在水上,或者浮在你的酒中。甚至当冰被加热,氢键被破坏,冰融化成水,在水分子相互运动时仍感受到比范德瓦耳斯力还强的吸引力,这便使水在100℃以下仍能保持液态。

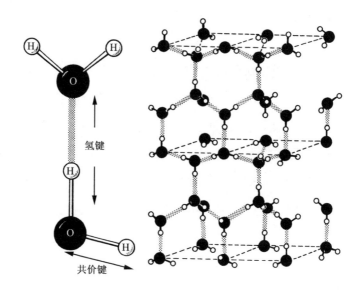

图6.6 水分子之间通过氢键而具有亲和力。一个带正电的氢核虽然"属于"氧原子,但它仍被另外一个水分子中带负电的氧原子吸引。在冰中,这种吸引力使分子形成一种晶体排列,这种排列类似金刚石,但不如金刚石坚硬。这种非常开放的结构给了冰低密度的特点,同时也解释了冰为什么能浮在水面上。

氢原子本身就很独特,它是惟一带有一个电子的原子,也是分子间这种键或桥中惟一以正电伙伴出现的原子。它只有与合适的原子结合时才会表现如此,像氧还有一些原子可以在这种结合中充当负电伙伴。碳原子从来不会形成氢键,这是因为轨道几何学和量子物理原则。但在合适条件下,氧原子和另外一个生命之分子的重要组成元素氮都可以形成氢键。[5]氢原子在两个氧原子之间形成一个桥,如在水中,或者在两个氮原子之间,或者在一个氧原子和一个氮原子之间。在合适的条件下,还可以在两条多肽链之间形成一个桥,如二硫桥,或者仍像二硫桥一样,可以在一条折叠的多肽链上的一个蛋白质分子的一部分与同一分子的另一部分之间形成连结。实际上,氢键在生物分子中很常见,它有助于确定这些复杂分子的准确的三维结构。

X射线与蛋白质

有三种方法可以研究出生命之分子复杂的真实三维结构。一种方法是使用X射线进行探测,研究X射线的衍射方式从而得出蛋白质的结构。另一种方法是传统的化学方法,运用化学手段把分子分解为组成单元并研究它们是如何结合在一起的。第三种方法是基于前两种方法,进行理论推算。知道了原子构成分子的一般原则,并了解了氨基酸这样的物质中不同键的性质和几何排列,应该说就可以推算出像蛋白质分子这样的大分子的大致结构。实际上,三种方法是互相依存的,从20世纪30年代开始,研究过程基本上都结合了这三种方法去解决问题。但在相当长的一段时间里,20年的宝贵时光,在基于化学分析的方法与基于分子X射线研究的方法之间被划分了明确的界限,而真正的首次重大研究突破来自鲍林的高度理论化的方法。如果同时介绍20世纪30年代和20世纪40年代中两种研究的进程也许会产生混淆,所以分别描述两种方法较为合理。至于先后顺序是任意的,我先谈X射线研究是因为它可以提醒我们,现代生物学的一些思想都深深扎根于量子物理学的沃土之中。

当发现X射线在合适的实验条件下可以具有像波一样的行为时，那么一切用来确认X射线有波动性的技术都可以用来研究物质的结构。一个原子的晶体排列对照射它的X射线产生衍射，产生的衍射光束互相干涉，使有的部分的波被加强，而有的部分的波被抵消。就像两束光通过小孔照射在屏幕上会互相干涉一样，X射线也会在屏幕产生明暗条纹图样。但这里使用的X射线的波长仅为通常可见光的波长的1/4000。这种图样的细节与晶体中原子的排布有关，原子之间的距离与X射线的波长很相近。当然，X射线是看不见的。但它可以影响摄影的底片，所以我们可以很简单地得到衍射图样的照片。但如何把这些明暗点和条纹的图样解读成被研究晶体的结构是非常困难的。

由于劳伦斯·布拉格一直从事X射线波性质的研究工作，所以他在1912年成为第一位使用这种技术确定一种晶体结构的科学家也就不足为奇了。他研究的物质就是普通的食盐NaCl，他发现的结构是钠离子与氯离子简单地交替排列成立方体晶格。布拉格发明了X射线晶体学。第一次世界大战期间，他服完军役后，又回到本行，开始研究更为复杂的物质，当然它们具有更为复杂的结构。同时，作为新一代化学家，鲍林在大洋彼岸也开始学习X射线晶体学（就是从布拉格和他父亲合著的书学起），并在1922年完成了确定他第一个晶体结构的研究（晶体为辉钼矿）。他们的研究工作互相独立但同时并举，布拉格与鲍林都从对更为复杂的矿晶体的研究中，得出了读解X射线衍射图样的法则。据说令布拉格很懊恼的是鲍林于1929年首先发表了研究结果，[6]所以从此它就被叫做"鲍林法则"。这也是一方面鲍林与他的同事们之间，另一方面鲍林实验室与布拉格之间友好竞争的开始，这种竞争持续了数十年，延续到共同探索双螺旋的过程中。

不仅是鲍林和布拉格，许多化学家都熟练地使用了这种技术，并把注意力转向更加复杂的分子结构,最后,不可避免地开始了生命之分子的研究。蛋白质可分为两大类:一类是纤维状蛋白质,其中的分子基本上呈长而细的结构,所以你很容易联想到一条链;还有一类为球状蛋白质,其中的链盘绕成球状。一种叫"鲁比克蛇"的玩具可以很好地说明两种蛋白质的区别。像多肽链一样,"蛇"是由连接在一起的刚性"键"构成,它可向任意方向转动。你可以把蛇摆成锯齿状,也可以摆成任何奇怪的弯曲状,也可折叠,甚至如果你知道如何弯曲,你也可以把它盘卷成一个球形。长而细的纤维蛋白质是第一种成功地通过结合X射线衍射照片和推理研究而被确立出结构的蛋白质。

α螺旋

第一幅纤维蛋白的X射线衍射照片是由布拉格原来的学生阿斯特伯里(William Astbury)得到的,19世纪30年代他正在利兹大学工作,专攻项目是研究纺织物的物理特性,特别是主要由角蛋白构成的羊毛。在毛发和指甲中也含有角蛋白。在那时,X射线衍射照片还不能提供足够的信息来确定角蛋白的结构。但它们确实能显示出某种规则图样,它只能表示在蛋白质分子中一些有规律和重复的结构,不像氯化钠晶体那样规则和有序,但它仍是有序和重复的明显依据。事实上,阿斯特伯里发现了两种不同的图样,一种类型是未伸展的纤维,他称之为α角蛋白图样,另一种纤维是伸展的,被称为β角蛋白图样。

阿斯特伯里和其他一些研究人员提出了各种各样蛋白质链的结构来解释X射线图样,但都不成功。鲍林描述他如何"在1937年对比着阿斯特伯里的X射线数据,用了整个夏天去研究多肽链的三维盘绕方式"。[7]但结果还是没成功。最后他决定,走出死胡同的方法就是回到第一性原理,仔细研究一下多肽链的构件,即氨基酸和它们之间键的结构。这样,他才可能进行重新拼接,组成符合X射线数据的纤维分子结构。

虽然另一位对这个问题感兴趣的研究人员科里(Robert Corey)也来到加州理工学院加入鲍林的工作,但研究仍进行了很长的时间。他们共同研究单个氨基酸、二肽、三肽的X射线衍射照片,用这些信息来探索肽键的本质。他们发现肽键中C—N键比它"应该"有的长度短,根据量子共振,它具有双键的部分性质,与苯环中的共振键相似。这样整个蛋白质链——鲁比克蛇——就不可能旋转这些键,从而使整个肽连结得很平直,如图:

然而与α碳原子相连的两个键却可以自由旋转。就像玩具蛇有两个可活动的连接点,然后是个固定点,然后又是两个可活动点,如此下去形成重复的排列。

由于另一次世界大战的影响,直到10年后这项艰辛的研究才取得成果。不过到了1948年,鲍林相信他的研究方向是正确的。他在一个长纸条上画出一个代表多肽链的图,然后把纸折叠成褶裥状以保证碳键彼此具有四面体形的正确角度。这时他就能看出整个链如何盘绕成一个螺旋,像一个木塞起子重复着分子的连结并且螺旋向前伸展。最重要的是,当所有角度都正确时,他发现了一种模式,在这种模式中,一个肽键中的N—H基团与整个链中向后数4个氨基酸之肽键中与碳原子相连的氧原子成一条直线。这样便提供了形成氢键的大好机会。在这个螺旋链中每个肽键都参与了这种氢键的形成,所以螺旋中每一圈都通过数个这种键与它的邻圈相连。这恰恰解释了螺旋结构如何能保持这种形状而不会使整个分子弯曲变形。

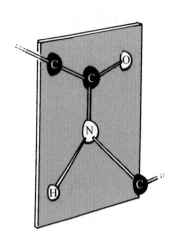

图6.7　肽键是一个刚性结构。C—N连结是一种介于
单键和双键之间的杂化混合键，它不能进行任何旋
转。这完全是量子物理学现象。

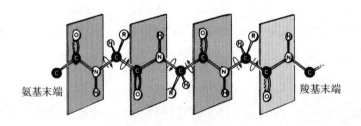

氨基末端　　　　　　　　　　　　　　　　　　羧基末端

图6.8　因为肽链之间的刚性连结，一个多肽链只能以特定方式折叠。正是由
于刚性连结与可旋转之间的结合，使之盘绕成鲁比克蛇的形状。

　　正当鲍林研究他的纸模型时，布拉格（此时，他已是剑桥大学卡文
迪什实验室的主任）和他的同事使用较好的X射线衍射照片也正在研
究这个问题。他们于1950年发表了他们得出的α角蛋白结构结果。但
它有一个致命错误，它允许结构中肽键自由旋转。这实际上是一个化
学上的可笑错误，因为在那时鲍林关于共振结构的研究已经很有名了，
他的经典著作《化学键的本质》早在1939年便已出版。在1949年和
1950年通过对X射线的进一步研究，鲍林实验室确认通过氢键结合在

一起的单股螺旋结构是毛发纤维的基本结构。在此基础上鲍林和他的同事发展出两种不同变形，其中一种不如最初纸模型盘绕得那么紧，并于1951年公开了他们的具体研究结果。在发表了几篇初步和准备性的科学论文后，1951年他们在《美国科学院院刊》5月号上发表了7篇不同的科学论文，内容包括了毛发、皮革、肌肉、丝绸、牛角和其他蛋白质的结构，并详细阐明了两种不同螺旋类型中原子的位置，此举震惊了整个生物化学界。他们发展的第二种变形很快被抛弃了。但这种最初的螺旋结构经受了多次实验的考验，很快被认为是代表α角蛋白的真正结构。[8]根据阿斯特伯里的命名原则，鲍林把他的模型叫做α螺旋。

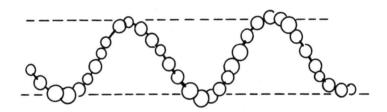

图6.9　当一个多肽链盘绕成一个螺旋结构——α螺旋时，氢键(虚线)起到了固定整个结构的作用。

这个模型本身确实是一个成功，多年来它是一个绝无仅有的成就，因为对其他一些蛋白质结构的研究要花很长一段时间才能达到如此的准确性。鲍林成功的原因，对于双螺旋故事而言和其成功的事实一样重要。鲍林研究问题的方法在随后的几年内促使科学界产生了许多更新和更重要的突破。他发现螺旋结构的事实使人们对螺旋结构进行了更深入的思考。至少这些人可以学会如何去确定更大的生物分子结构，即从最基本的构件开始，运用已知的化学规律找出排列它们的方式，特别要考虑可以稳定整个结构的氢键的形成方式。并不是去把整个结构分解，去看各构件怎样组合在一起，而是选择合适的构件，然后尽力去构造一个结构的复制品。如同鲍林所强调的，α螺旋结构的确定

"并不是通过对蛋白质的实验观察而来的,而是在对简单物质进行研究的基础上,通过理论考察得来的"。[9]

单螺旋和三螺旋

自从1951年起,大量研究结果都确证了纤维状蛋白质中经常出现的螺旋结构的特性。事实上,螺旋占有整个蛋白质链长度的情况并不常见。折叠和交叉连结能改变许多蛋白质的整体形状,有一些是以α螺旋为主进行伸展,有些沿直线伸展,其他部分甚至沿着一条多肽链通过不同交叉连结而保持。丰富的生物化学信息大大超出这个双螺旋故事的范围。但我们应该去看一看α螺旋本身之间的简单连结方式,这有助于解释我们的身体和其他动物的一些结构,以及为什么角蛋白可以构成表面上看起来完全不同的物质,如毛发和乌龟壳。

我们首先来看一看α螺旋的几何排列,这是因为共同组成角蛋白的蛋白质家族中所包含的氨基酸都适合这个结构,而且基本上不包含任何可破坏这个结构的氨基酸。另外,这些螺旋中含有许多胱氨酸残基,这些基团可以在多肽之间形成二硫桥。在坚硬的角蛋白中,如龟壳和牛角,每个螺旋之间互相离得很近,许多二硫桥使它们互相连结,如图6.10所示。这些桥都是真正的共价连结,请记住它比氢键更强大。所以结果是一片紧密结合在一起的角蛋白分子。如果在上下再加上许多片层,就很容易看出龟壳结构是怎样构成的,你自己指甲的结构也是如此。那么毛发又怎样呢?

在毛发纤维中,每个α螺旋之间键合的力仍然是二硫键。但这次是三个螺旋互相拧在一起,像一股绳子,组成了超级盘绕的三螺旋。三螺旋中使每个成员之间互相紧紧结合的是二硫键,而且三个螺旋保持同样的旋转方向,在这个意义上它们的氨基都在绳子的同一端。11条

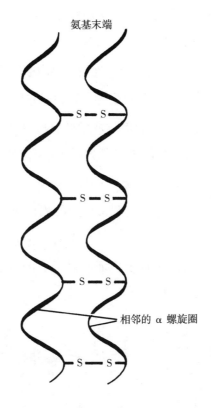

图6.10 α螺旋可以与相邻的α螺旋通过二硫桥结合在一起。

这样的三股绳结合在一起构成一根头发的微原纤维，几百个微原纤维结合在一起构成一根毛发。我们甚至不用研究细节就可以直接看出人

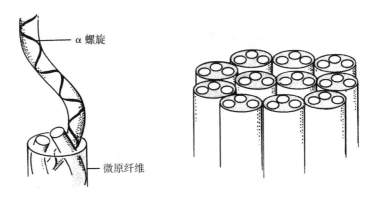

图6.11 α螺旋结合在一起的另一种方式是三股"绳"的形式。这种微原纤维是人类头发的基本组成单位。数量巨大的微原纤维组合在一起构成一根头发。

类头发的性质和蛋白质分子的亚微观属性有关。

从这幅图中也可以直接地了解到一些发型师的艺术。如果头发被某种可以破坏二硫桥的化合物处理后，三螺旋中每一股螺旋之间的键合就会被减弱。这样头发就会变得柔软，容易被操作，例如可以很容易地弯成一种新的形状。当新的弯曲做好以后，你所要做的就是用另外一种化学品洗头发，这种化学品可以吸收胱氨酸残基上的氢，从而在新的状态下使两个α螺旋之间形成新的二硫桥。正是由于新的二硫桥，头发上的弯曲便能永远保持新做的形状。鲍林和科里著名的化学推理可以解释发型的"永久性波浪"。这种现象是基于硫原子与氢原子之间化学键的本质，鲍林运用量子物理学解释了化学键。所以"永久性波浪"是一种量子物理学现象。

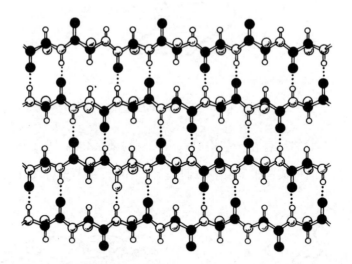

图6.12 多肽形成的另外一种结构。在β片层中氨基酸的锯齿链一排接一排，它们之间由氢键结合在一起。结果是形成柔软的带，丝的结构就是这样。

通过β角蛋白独特的X射线照片所得到的结构是什么呢？结果发现，它根本不是螺旋结构。多肽链不是盘绕成螺旋结构而是形成锯齿状。氢键不是在同一条链的不同原子间形成，而是在相邻链的对等原子间形成。结果形成的结构表面上看很像坚硬角蛋白的结构,链之间的连结是由氢键形成而不是二硫桥。所以整个物件就会很软和很灵活,实际上具有这种折叠片层结构的纤维被叫做丝。有了这些知识,生物化学家现在可以解释你身体的许多结构了,正是由纤维状蛋白质构成了身体的主体。例如,胶原是人体中最常见的蛋白质。可以说是它把你组合在一起,因为它是皮肤、腱、软骨和骨骼的重要组成部分。像毛发一样,胶原也是由三股螺旋链构成,虽与毛发的三股α螺旋结构不完全相同,但具有一定的家族相似性。三螺旋把你组合在一起;蛋白质提供整个身体的框架。但定义结构的蓝图在哪儿呢?执行计划的工程师在哪呢?首先考虑第二个问题,负责建造人体和保持它应有形状的建筑工程师可以在其他蛋白质家族中找到,它就是球状蛋白质,更具体地说就是酶。

酶

第一幅纤维状蛋白质和纤维素的X射线衍射照片是在1918年得到的。阿斯特伯里得到能预示结构中规则排列的照片是在20世纪20年代末,直到30年代初才广为发表。对球状蛋白质采取同样方法的分析开始于1934年。但分子生物学家花了近20年才得到能解释X射线衍射图样的简单球状蛋白质的结构。这里我只能作简单介绍,但是球状蛋白质对理解人体如何工作非常重要。实际上学习生物化学在很大程度上说就是学习酶,酶就是球状蛋白质。

酶是人体中能促进或抑制其他分子间化学反应的分子。用化学术语说,它就像催化剂一样,改变化学反应的速率,而本身并不被反应所改变。理解这一切如何发生的最好方法是想象一个球状分子,一个球状蛋白质,在球面上有两个凹处,正好可以容下两个特有的小分子。当两个不同的分子进入酶为它们提供的腔时,两个分子所处的位置使它们极易形成键合。这时两个分子变成了一个分子,酶释放这个分子,然后在细胞中继续进行它的生化工作,它又会从身边的化学反应中接收两个小分子(与上面两个分子完全相同),如此重复着必要的工作。与此相似,有一些酶使其他分子分开。

这只是一个非常简单的描述,但它足以满足我们现在的需要。把所有是球状蛋白质的酶设想成只具有单一思想的机器人,每一种酶拥有自己特定的任务。一种酶是使一对分子结合,使多肽链连结,或者可能是为你的肌肉提供能量的分子。另一种酶专门负责破坏一对有机分子中的某种键。在很多方面它们很像工厂生产线上的傻瓜机械工具。至于它们具体是怎样工作的,正如我在前面讲过的,这是一个需要许多教科书来讲述,实际上要用整个大学课程才能讲透的问题。就让我们承认它们的工作吧,它们的工作取决于它们的结构。与此有关而且有趣的问题是双螺旋是怎样产生的,是什么决定了每个球状蛋白质的独特结构。

蛋白质晶体学

第一幅蛋白质晶体的X射线衍射照片(与纤维不同)是由剑桥的贝尔纳(J. D. Bernal)和克劳福特(Dorothy Crowfoot)得到的。在此之前的尝试都失败了,因为在实验前晶体都已干枯;贝尔纳和克劳福特的实验表明,你只有使晶体保持湿润才能获得较好的蛋白质X射线衍射图样。在纪念鲍林诞辰65周年的一本书中,[10]克劳福特和赖利(Dennis Riley)所发表的一篇文章回忆了这些以前的工作。在20世纪30年代中期,在乌普萨拉工作的晶体学家菲尔波特(John Philpott)在一种富含蛋白质的溶液中培育出胃蛋白酶晶体,从被称为"母液"的浓缩液中培育晶体是当时的标准技术。菲尔波特在他滑雪度假时,把他的晶体放入了冰箱中。当他回来后,他惊奇地发现这些晶体有了很大变化。他自豪地向来访的米利肯(Glen Millikan)展示已长至2毫米长的晶体,米利肯说:"我知道在剑桥有一位非常愿意见到这些晶体的人。"菲尔波特给了他一些,这些晶体仍然在试管的母液中生长,米利肯把这些晶体放在大衣口袋中带到了剑桥贝尔纳的实验室。正是由于这种运输方式,贝尔纳才能发现只有**湿润**晶体才能分析出的X射线衍射图样。湿润晶体有着有序的结构,当晶体变干时,结构将被破坏,就像一屋子的卡片,杂乱无章。第一幅单独胃蛋白晶体的X射线衍射照片在1934年得到。

贝尔纳马上认识到,像这样的照片如果能够从分子结构的角度去解释,那么将来一定具有很大的潜力。但他所面临的问题远比纤维状蛋白质结构的问题要困难得多,从当时算起纤维状蛋白质的问题一直等到17年以后才得到解决。根据我们现在的认识,我们可以看出这是为什么。我们在纸上用化学缩写表示的多肽链被称为蛋白质的一级结构,是链中氨基酸的顺序。鲍林的α螺旋表示的是二级结构,是链盘绕的方式。但球状蛋白质的结构是基于螺旋本身的三维弯曲方式,沿用同样的命名法,叫做三级结构。只有在理解了二级螺旋结构的基础上,它才能被真正解决。但这并没有阻止晶体学家在20世纪30年代和40年代期间积累有关球状蛋白质的信息。

这里稍微跳过一些大科学家所做的大量工作,下一个重大的突破现在看来是来自1936年在剑桥大学工作的奥地利人佩鲁茨(Max Perutz)。经过对晶体学一些基本知识的学习,他在1937年获得了血红蛋白的晶体,这项研究工作最终使他获得了诺贝尔奖。为什么是血红蛋白呢?那么,为什么不是呢?"在那时重大而未解决的问题就是蛋白质的结构。至于选择何种蛋白质并不重要,你想要做的就是研究一种蛋白质的结构。"[11]1938年,贝尔纳搬到了伦敦,这时劳伦斯·布拉格来到了剑桥接替卢瑟福担任卡文迪什实验室主任。当时佩鲁茨也在剑桥,不久就唤起布拉格这位晶体学家对蛋白质的无比热情。布拉格不久便为佩鲁茨找到研究职位,这样佩鲁茨就可以把他的父母接到英格兰,并且得到了购买新X射线管的资金。到了1940年,对血红蛋白结构的研究已经全面开始。但整个过程是漫长的。

这里我们又向前跳了一步,下一个重要发展是在1946年,肯德鲁(John Kendrew)加入了研究队伍。肯德鲁出身于物理化学,但他的职业生涯与其他许多人一样被战争期间的服兵役所打断,在服兵役期间他遇到了贝尔纳,那时贝尔纳是东南亚盟军总司令蒙巴顿勋爵(Lord Mountbatten)的科学顾问。一心想要做分子生物学研究的肯德鲁在战后重返剑桥,寻求一个攻读博士学位的位置。佩鲁茨使他成为布拉格手下的一名研究生,并开始血红蛋白问题的研究。1947年,布拉格得到了医学研究理事会的支持,建立了佩鲁茨和肯德鲁二人组,专门用X射线方法研究血红蛋白。[12]但肯德鲁想找另外一种蛋白质自己研究,因为他越来越清楚地发现血红蛋白太大而且太复杂,不易攻克。肯德鲁选择了肌红蛋白,一种比血红蛋白小,但在许多方面都与血红蛋白很相似的蛋白质。

肌红蛋白和血红蛋白

肌红蛋白和血红蛋白二者都含有铁原子,这个铁原子被包容在一个叫做血红素单位的化学包里(见图6.1)。血红蛋白有4个这样的血红素,它们都参与吸收和释放氧的活动,这便使血红蛋白很好地完成了从肺向血液中运载氧的任务。肌红蛋白的每个分子中只有一个血红素,只含有一个铁原子。它只有血红蛋白重量的1/4。血红蛋白在血液中运输氧,肌红蛋白则是肌肉中的蛋白质,承担着容纳血红蛋白运送到肌肉的氧、在肌肉需要氧的时候向肌肉提供氧的任务。正是有了血红蛋白中的血红素,血液才呈红色,同样,肌红蛋白使肌肉也呈红色。

　　长话短说,在研究血红蛋白未取得成功后,开始了对肌红蛋白的研究,后来肌红蛋白的研究结果也帮助解开了血红蛋白的结构之谜。这时的重大突破来自佩鲁茨和肯德鲁开发的一项技术,这项技术是基于布拉格最初对盐晶体的研究。新技术的思想就是把晶体中的一些原子或离子替换成一些较重的原子,这些较重的原子对 X 射线影响有所不同。在盐的例子中,布拉格比较了氯化钠和氯化钾不同的 X 射线衍射图样照片,从中他可以看出钠离子和钾离子在不同晶体中的位置,而它们之间的相似之处,是与两种晶体中都含有氯离子有关。20 世纪 50 年代初,在对血红蛋白和肌红蛋白进行艰苦研究期间,研究组学到了在链中加入汞原子的方法,利用汞原子对分子末端硫原子或半胱氨酸侧链的强烈亲和力。这种方法来自哈佛大学的里格斯(Austen Riggs),当时他正在做血红蛋白化学性质的研究。但是佩鲁茨和肯德鲁发现,当在肌红蛋白和血红蛋白链中加了有 80 个电子的汞原子,就有了解决 X 射线衍射照片的新工具。重原子根据晶体的结构,本身可以改变衍射图样。首先,先确定重原子在影像中的位置,然后再对加入和没加入重原子的图样进行比较,最后他们就可以得出类似于晶体中的电子分布轮廓图。

　　研究的第一步始于 1953 年,在 1954 年,根据霍奇金(Dorothy Hodgkin,也就是 Dorothy Crowfoot)的一次偶然发言,医学研究理事会(MRC)的研究组发现了向分子中加入其他重原子的方法,使他们可以从另外一种角度去研究衍射图样,最终排出了完全的三维结构。肯德鲁此时集中精力于自己的项目,研究采自鲸的肌红蛋白,他得到了所需的非常完美的晶体。到了 1955 年,研究队伍在 5 个不同地点进行在肌红蛋白中加入重原子的研究,到了 1957 年,他们确定了其结构,在 1958 年由肯德鲁和他的 5 位合作者共同发表了研究结果。这便是第一种被完全确定了结构的蛋白质。接下来在 1959 年研究的是血红蛋白的结构,1962 年肯德鲁和佩鲁茨获得了诺贝尔奖。在这个过程中最令人吃惊的是,他们发现与鲸肌红蛋白有许多具体相似之处的竟是马血中的血红蛋白。

一个共同的基础

佩鲁茨在他的《蛋白质与核酸》一书中总结了他的发现,同样肯德鲁也在他的科普著作《生命之线》中作了说明。这两本书对如何确定这些重要蛋白质的结构作了很好的总结。肌红蛋白晶体的完整X射线图样照片共有近5万个点,你可以想象它的分子结构是多么复杂,而且确定其结构是多么困难。然而肌红蛋白是一个比较小的蛋白质。它"只"包含2500左右个原子,构成一条由153个氨基酸残基组成的多肽链。链本身由7条直线伸展构成,每一条都是α螺旋并且互相之间都有弯曲。螺旋中含有110个氨基酸残基,另外43个氨基酸残基占有一些角落和不规则区,占整个链的不到1/3。所有这些折叠构成了一个像口袋的小洞,血红素便置身于此,就像在你的手掌中放了一个弹球。

血红蛋白的大小是肌红蛋白的4倍。它由4条成对的多肽链构成(两条相同的α链和两条相同的β链),但它们都与肌红蛋白的单链非常相似。血红蛋白的α链和β链都有α螺旋构成的直线伸展,占整个链长度的70%还多。两种链也都有类似肌红蛋白链中的弯曲;而且所有这些链中氨基酸的分布都非常相似。由于静电力的作用,血红蛋白的4条链都互相锁在一起,形成一个近似于球体的形状,而能包容血红素的4个口袋都在球面上(想象你两只手的手指互相交叉)。概言之,蛋白质链上每个原子的影响面即范德瓦耳斯半径实际上是一个球面,彼此交错,电子云之间便没有了空间。所以蛋白质链可想象成一串珠子。像血红蛋白分子这样折叠在一起的蛋白质链的整体结构是球状的,所有电子云紧密相连。整个结构中的惟一缝隙就是包容血红素的口袋,使整个分子具有生物功能。你若想象一幅图画的话,你可以把它们想象成蛙卵或一串葡萄。但葡萄不是从中间向外生长,而是像一条长链般盘绕在一起。结构的确定本身是一大成功,虽然这不是双螺旋的一部分,但不同物种中做相同工作以及同一物种中做相似工作的蛋白质具有许多相似处这一发现,与我要讲的主要故事就极为相关了。

不仅仅是马的血红蛋白与马的肌红蛋白相似,或者马的肌红蛋白与鲸的肌红蛋白相似,而且**马**的血红蛋白与**鲸**的肌红蛋白也相似。20世纪60年代后的进一步研究,发现了许多其他生命之分子的具体结构。进化看上去似乎很保守。一旦某种分子经过进化后负责某项工作,在今后的自然选择中它会被不断地改进,但不会被某种完全不同的分子所替代。

情况是这样的。很久以前,地球上一种历史很久远的生物中,出现一种可以结合血红素的分子,从而可以运输和储存氧。这种氧运输者的原型肯定是单条多肽链,经过一代又一代的进化和自然选择,它变得更为复杂和有效,发展成盘卷形状的肌红蛋白分子,正好可以包容血红素。尽管许多不同物种在地球上同时进行进化,但我们都继承着这种原始的运载氧的多肽链。随着一些物种在进化过程中产生分支,产生的新物种沿不同方向发展,这种原肌红蛋白就会出现细小的差异。但是家族关系和共同祖先起源都可以在我们的构成物——蛋白质中清楚地看到。

对血红蛋白的研究进一步发展了这种想法。能比肌红蛋白运输更多氧的分子并不是独立产生的,它只能是原肌红蛋白结合的结果。这种结合也许有两步,先出现一种双肌红蛋白分子,然后这种双肌红蛋白分子又与另外一个结合,形成血红蛋白的原型。这与血红蛋白分子中包含4条分属两类的链的现象完全吻全。虽然这种载氧分子在不同物种中,如马与鲸,在一些细节上有所不同,但仍可以说它们是同一家族的成员,都是远古时代同一种原始的氧运输者的演变后代。而且马与鲸的血红蛋白的差异程度可以准确地告诉我们,马和鲸从同一个祖先继承了血红蛋白和肌红蛋白后,分别沿着不同方向进化了究竟有多少万年。(这已超出本章内容,具体内容会在第十章中介绍。)最后我终于认识到所有这些都是基于确定蛋白质结构的一个方面,即化学分析所得到的链中氨基酸残基排列的准确顺序。

解读信息

直到1942年,甚至连一个简单蛋白质分子的氨基酸成分也没有确定,所以就根本没有办法找出沿着链上的氨基酸(准确地说应该是氨基酸残基)的排列顺序。当然这也是20世纪30年代研究者都喜欢X射线晶体学技术的原因。直到英国人马丁(Archer Martin)和辛格(Richard Synge)发展了一种叫做层析的改进技术,情况才有所改变。层析是化学家使用的一种标准工具。

层析是基于不同分子的物理性质,特别是它们在溶液中与另外一种分子吸附而从溶液中分离的难易度。层析有不同种类的技术,马丁和辛格所发展的技术与双螺旋有很大的直接关联,我这里要重点介绍。这种方法起源于非常简单的一种纸层析,一种小学生都知道的现象。把一张吸水纸一端放入墨汁中,然后拿出,观察墨汁是如何浸入纸中的。墨汁是不同颜料溶于水中的混合物;由于毛细作用使水向纸上端爬行,同时也携带上颜料分子。但颜料分子的形状和大小都不同,有一些较好地溶于溶液,而另一些则易于吸附于吸水纸,就会落在后面。结果是墨汁在纸上爬升,但不同颜料的速率不同,所以出现一条接一条的不同色带。

运用类似的技术可以把氨基酸或其他复杂生物分子的混合物从溶液中分离出来。先将一滴该溶液滴于一条滤纸的一端,然后把这一端浸入一种溶剂,溶剂会爬升过那一点,然后带着不同氨基酸继续向上爬升,那么附着力最小的氨基酸就会移动得最快,在纸干之前走得最远。[13]
当纸干后,原来混在一起的氨基酸就会分散成一条接一条不同的氨基酸
带,但带之间的交错需更具体的分析才能更有效。马丁和辛格所要做的
就是找一个能使带分得更开的方法,形成可辨的点,每一个点只对应一
种成分,在蛋白质分析中就是对应一种氨基酸。该想法的原理极其简
单,但在实践中需要细心和技巧。当你做完一遍这种层析分离后,把纸
转一个合适的角度,然后把此时纸的末端再浸入另外一种溶剂中,这种
溶剂可能与第一次使用的溶剂不同。溶剂再一次沿纸爬升,在第一次分
离的基础上再一次把氨基酸团按合适的角度分散开来,这样可以把大的
氨基酸团进一步分离。然后你所要做的就是运用标准的化学技术(说比
做容易多了,但确实是可行的)来确认每一块斑点,然后你便可以得出是
什么化学成分,即,点在纸上的原始溶液点中包含何种氨基酸。

　　另外一种稍有变动的方法是使纸条的两端带电,一端为正电,另一

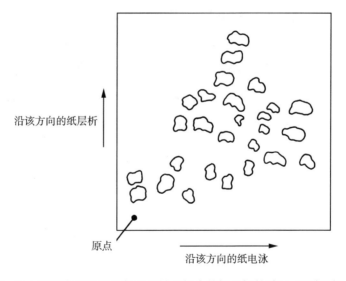

图6.13　当血红蛋白这样的生物分子被分解为其组分氨基酸时,通过层析和电泳
相结合,就可以把这些组分分离开来,如文中所释。每块斑点由一种氨基酸分子构
成,通过识别每一种成分,生物化学家就可以理解这种生物分子的结构,知道它是
由哪些氨基酸组成的。

端为负电。溶液中带正电的部分将会向负极移动,带负电的部分将会向正极移动,不带电的部分保持不动。将传统层析方法与这种叫做电泳的技术结合,并选择合适的电极角度再进行一次分离,你会得到一个二维的分离结果,纸上每一种氨基酸将形成一个独立的斑点。大体上便可以解读出具体某一种蛋白质分子所载有的氨基酸信息。马丁和辛格因为"发现了层析分离法"于1952年获得了诺贝尔化学奖。到那时为止,这种技术已经被成功地应用于确定一种特别的蛋白质——胰岛素的结构。

胰岛素

当马丁和辛格开发出这种技术的时候,桑格(Frederick Sanger)还是剑桥一位年轻的研究人员,从事赖氨酸属性的研究,并于1943年获得博士学位。与那时的许多化学家一样,他当时也决定开始研究蛋白质结构的问题。他选择的研究对象是胰岛素,这是机体中一种控制糖利用的激素。他选择胰岛素有几个原因:一,它可以得到;二,它比较小;三,化学家对其化学成分已有了很具体的了解,如每个分子中碳、氢、氧等原子的数量;最后当然是胰岛素对控制糖尿病非常重要。

桑格使用了牛胰岛素。这种胰岛素每个分子含有777个原子,有254个碳原子、377个氢原子、65个氮原子、75个氧原子和6个硫原子。他一开始所要解决的问题是如何把整个分子分解开来,运用有关分子组成部分的知识,桑格及其同事便可以找到氨基酸组合在一起的方式。

一项重要的研究发展就是他们发明了一种标记任何蛋白质分子中每个独立多肽链末端的方法。有一种叫做二硝基氟苯的物质有两个重要属性。首先,它对氨基酸末端的氨基有强大的吸附力,另外,它能使它所附着的氨基酸呈亮黄色。多肽链中氨基酸残基之间通过肽键互相结合,每个蛋白链只有一个闲置的氨基,并位于链的末端。所以当二硝基氟苯与多肽链结合时,它只附着在末端。当多肽链由于水解作用被分解成氨基酸时,只有那个附着有二硝基氟苯的氨基酸带有黄色记号。现在从一个蛋白质分子开始,它可能含有几条链,运用这种标记和分解技术便能产生一种氨基酸的混合液,但在混合液中只有原来位于链末的氨基酸呈黄色。然后再运用层析分离法便能使氨基酸分散在滤纸上呈点状,这时的黄点数量便可告诉你,你所研究的蛋白质分子共有多少条链。[14] 而且,通过分析黄点,你还可以得出每条链末是哪种氨基酸。

现在情况变得更为复杂。通过层析法,桑格和他的同事确定了组成胰岛素的链中的每种氨基酸,并发现每个分子中共有两条链。当使两条链结合在一起的二硫桥被破坏后,运用基于两条链的分子大小和重量不同的技术就可以把两条链分开。为了确定链中氨基酸的排列顺序,研究组必须将链更有选择性地剪开,利用了只破坏某种氨基酸间化学键的酶或利用部分水解法把链分成段,使链在最弱的连接处被打开,就可产生含有几种氨基酸的链的短片段。他们所研究的一条链含有30个氨基酸,另一条有21个;在当时这已经算是分析的最大多肽链,虽然现在比这大得多的链已可分析到同样的细度。结果显示,一条链的起始端为甘氨酸。当链只被部分地分开时,产生的片段仍然可以使用层析法来分离,这些片段经过分离可以完全分解为组分氨基酸,然后可再用层析法分析。通过这种方法,桑格的研究队伍发现被标记的末端片段有时产生甘氨酸和异亮氨酸;有时断裂的末端片段含有甘氨酸、异亮氨酸和缬氨酸;有的末端部分含有甘氨酸、异亮氨酸、缬氨酸和谷氨酸;有的除了含有上述4种氨基酸,还有另外一个谷氨酸分子。这就说明这个特别的多肽链的末端是始于:

甘氨酸·异亮氨酸·缬氨酸·谷氨酸·谷氨酸……

用同样的方法,经过艰苦的分析,他们终于揭示了链中其他部分的结构。经过一年的工作,研究组得出一条链的准确结构,一个独特的氨基酸排列顺序,它可以解释将链打断所发现的任何片段。采用同样的方法对另一条链又进行了一年的分析,到1953年3月,桑格和他的同事发表了胰岛素每条链的具体分析结果。要准确地知道两条链是如何通过二硫桥结合在一起的,还需进一步的研究,但我们现在知道,胰岛素分子的结构式可以如图6.14所示。为此桑格于1958年获得了诺贝尔化学奖,随后运用此方法,许多蛋白质都被成功"排序"。[15]这项工作对于生命故事最根本的重要性不仅仅是它为生物化学家开辟了理解酶、激素和其他生命分子的方法。

桑格的研究工作打破了当时的一切疑虑,确定了蛋白质由多肽链构成,某种蛋白质的每个分子都由同样的氨基酸按同样的顺序排列成可识别的链而构成。每条链的结构**并非**由简单的化学规律给定,如甘氨酸总是与缬氨酸相邻,也并不是简单地重复,如6个亮氨酸之后是4个缬氨酸和2个胱氨酸,然后按这个排列重复。它的结构确实**可以**用编码信息这个词进行最好的描述。诺贝尔奖获得者莫诺(Jacques Monod)向贾德森(Horace Judson)强调这项研究的重要性时说:"桑格的发现,揭示了一种没有规则的顺序。"[16]但它含有信息,"为了解释蛋白质所表现出的信息,你绝对需要密码"。换句话说,所有的蛋白质分子都含有编码信息,这种编码信息使每一种球状蛋白质拥有特定的形状,作为生命之分子,这种形状正适合于执行它所担负的任务。桑格为生物化学家提供了解读这些信息的方法。但他并没有解开这些密码。在活细胞中告诉细胞如何及何时生产每种蛋白质的机要蓝图到底在哪里?而且细胞的工程师——它自己的酶,是如何把密码编译到胰岛素、血红蛋白和其他蛋白质中的呢?对胰岛素第二条链的完全描述在1953年3月发表。只过了两个月,克里克(Francis Crick)和沃森(James Watson)发表了他们对重要的生命分子(life molecule)本身——DNA双螺旋——的描述,从而为回答上述问题指明了方向。

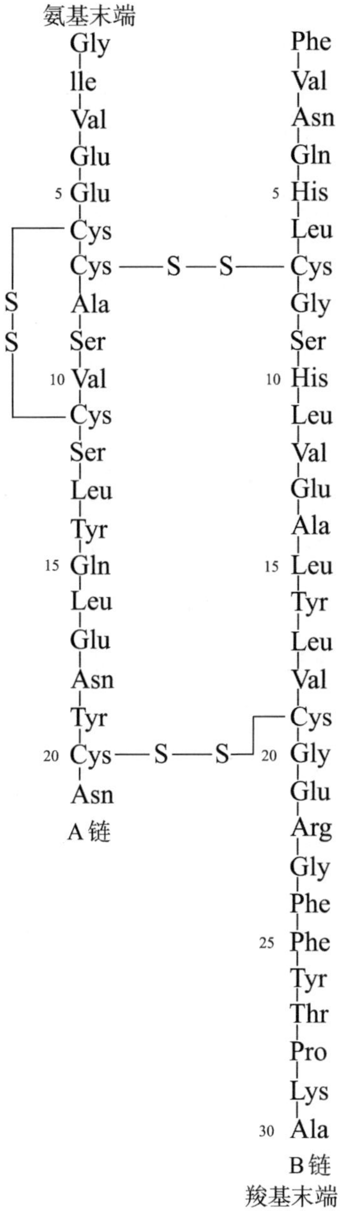

氨基末端

Gly	Phe
Ile	Val
Val	Asn
Glu	Gln
5 Glu	5 His
Cys	Leu
Cys —S—S—	Cys
Ala	Gly
Ser	Ser
10 Val	10 His
Cys	Leu
Ser	Val
Leu	Glu
Tyr	Ala
15 Gln	15 Leu
Leu	Tyr
Glu	Leu
Asn	Val
Tyr	Cys
20 Cys —S—S—	20 Gly
Asn	Glu
A 链	Arg
	Gly
	Phe
	25 Phe
	Tyr
	Thr
	Pro
	Lys
	30 Ala
	B 链

羧基末端

图 6.14　牛胰岛素是第一种结构被完全确定的蛋白质。它包括两条多肽链,由二硫桥连在一起。这项研究工作使桑格获得了一项诺贝尔奖。

◇ 第七章

生命分子

生物化学中4大类重要的物质是脂肪、糖与淀粉（这两种物质都是糖类）、蛋白质和核酸。在这4类物质中，核酸是最后被发现的，直到20世纪50年代，人们才完全认识到它对于生命的极端重要性。而在此前将近100年中，由于瑞士生物化学家弗里德里希·米舍尔（Friedrich Miescher）的先驱性研究工作，人们就已经知道它们的存在。DNA本身，实际上是在孟德尔发表其豌豆实验结果的同一个时期（即19世纪60年代）被发现的。

米舍尔于1844年出生于瑞士巴塞尔。他的父亲是一位杰出的医学家，1837—1844年曾任巴塞尔大学解剖学和生理学教授。弗里德里希小时候曾想当一名传教士，但这个想法遭到了父亲的反对，后来年轻的弗里德里希决定继承父业。米舍尔母亲那边的亲戚也有许多从事医学的，他的舅舅伊斯（Wilhelm His）是一位从事胚胎学和不同人体组织研究的先驱者，1857—1872年，也像米舍尔的父亲一样，成为巴塞尔大学的解剖学和生理学教授。米舍尔受他舅舅的影响很深，基本上正是在舅舅伊斯的建议下，米舍尔在1868年完成医学学业后并没有去行医，而是继续对细胞化学进行研究。伊斯通过自己对组织发育的研究，深知细胞化学的重要作用，他告诉米舍尔："组织发育的最终问题，在化学的基础上才能解决。"[1]

脓液提供了线索

　　于是,米舍尔从他学医的地方格丁根来到了蒂宾根,在那里,他攻读有机化学并在霍佩-赛勒(Felix Hoppe-Seyler)创建的蒂宾根大学生理化学实验室开始从事研究工作。这是世界上第一所从事我们现在称之为生物化学研究的实验室,米舍尔加入这所实验室的时候正赶上一个激动人心的时刻。当时,有关生物体可以由非生命物质"自发产生"的理论刚刚被推翻,正是在19世纪60年代,魏尔啸发展了生命细胞只能由其他生命细胞产生的思想,而在1866年海克尔(Haeckel)则提出,细胞核可能含有传递遗传信息所必需的所有"因子"。当时大家已经知道蛋白质是人体最重要的构成物质,在霍佩-赛勒的鼓励下,米舍尔下定决心要找出一些最简单人体细胞中的蛋白质。米舍尔选择的细胞是在人体脓液中大量存在的白细胞,而这些脓液他可以很方便地从附近一家外科诊所得到。

　　米舍尔正在寻找生命的最基本组成,他并不知道他能否成功。虽然他所选择的研究对象在我们今天看来有些古怪,但在19世纪60年代,抗生素还未被广泛应用,几乎所有的手术后伤口都会感染化脓,米舍尔通过从诊所给他的绷带中提取脓液,很容易就得到了可供研究的人体细胞,而不必再费劲去向别人讨要血或肉的样品。不过,他遇到的问题并不仅仅在于他研究的东西十分令人讨厌,他还要设法将脓细胞在不被损坏的情况下从绷带上洗下来,然后还要用化学方法使细胞分离并分析它们的成分。在实验的过程中,米舍尔发现他研究的细胞中含有一种与人们熟知的所有蛋白质都不同的物质。他发现了新东西。

　　最初,细胞中被发现的这种新的化学物质被认为是另一种蛋白质,但经过化学分析很快证明它具有不同的化学成分。这种新物质只有当细胞在弱碱的作用下才出现,米舍尔通过显微镜观察发现弱碱溶液使细胞核膨胀并破裂。他推断这种新物质来源于细胞核本身而不是细胞中的周围原生质,为了验证他的假设,他还发明了将细胞核从细胞中分离出来的方法。到1869年的夏天,米舍尔已经确认新的物质来源于细胞核,他在脓液、酵母、肾脏、红细胞以及其他组织的细胞中都发现了同样的物质。因为这种物质与细胞的核有关,所以他将其称为核素,然后他又开始研究它的化学组成,实现了一项重大的发现,即核素不仅含有分析其他生命分子时可以得到的碳、氢、氧和氮,它还含有磷。

1869年秋,米舍尔离开蒂宾根来到莱比锡工作,但到这一年结束前他已经把宣布这些重要发现的手稿寄给了霍佩-赛勒,希望能在这位教授办的刊名不太谦虚的《霍佩-赛勒医学化学学报》上发表。一连串想不到的事情使这篇论文的发表一再被推迟。一开始,霍佩-赛勒对这个发现持怀疑态度,并且不愿意接受米舍尔的研究结果,直到他本人也做了类似的实验并证实了这种新的生化物质——核素的存在为止。后来,1870年7月普法战争爆发,使他们之间的通讯变得非常困难(这时米舍尔已回到巴塞尔),而且妨碍了除几大报刊之外的刊物在当时日耳曼帝国的出版。最后,霍佩-赛勒似乎对米舍尔做了些不光彩的事,他一直压着米舍尔宣布发现核素的那篇初始论文,直到后来他的两个学生就这种物质做了更多的工作,霍佩-赛勒才把米舍尔的论文与他学生的论文以及他自己的一篇确认论文一起在他的《学报》上发表。或许米舍尔稍微多留心一下这份学报的全名就好了!但是他的论文毕竟在1871年发表了,从那以后再没有人怀疑米舍尔首先发现了我们现在称之为核酸的那种物质。

什么是核素?

不过,在那以后的一个世纪里,人们对核素或者核酸的重要性确实存在过相当多的怀疑和争论。米舍尔回到巴塞尔后,他集中精力对鲑鱼的精子细胞进行了长时间细致的研究。这些细胞对他来说十分理想。在任何精子细胞中,细胞核都非常大(我们现在知道精子的惟一作用就是向卵传送遗传物质),而在鲑鱼的精子细胞中,细胞核占整个细胞质量的90%以上。在每次向上游产卵区游进的过程中,鲑鱼不吃任何东西,随着肌肉组织逐渐被身体吸收,鲑鱼都变得非常瘦小。但它们贮备了大量的精子,以便成功产卵。米舍尔指出,鲑鱼体内的结构蛋白质肯定转化成了精子,这一看法实际上是对生物体不同部分可以被分解然后再以其他形式重新建造这一事实的最早认识。他发现核素是一个较大的分子,含有几种酸基[核酸一词是由米舍尔的学生奥尔特曼(Richard Altmann)1899年提出的],而且它与细胞核中另一种他称之为鱼精蛋白(protamine)的物质相关,现在我们已经知道鱼精蛋白也是一种蛋白质。1872年,伊斯从巴塞尔来到莱比锡大学,在伊斯和霍佩-赛勒的大力推荐下,米舍尔被聘任为生理学教授,接替了伊斯的岗位,而解剖学教授的头衔则与之分开,因而又多一个教授职位。这样米舍尔便步其父亲和舅舅的后尘,担任了同样的职位,一直到1895年,在他51岁时因患结核病而过早地离开了人世。他的病情之所以恶化,很可能是由于他所研究的组织在一般室温下极不稳定,他只能长时间地工作在寒冷的房间里。

米舍尔发现了与细胞核相关的特定类型的化学物质这一事实支持这样的想法,即有可能找到特定染料来有选择地为细胞核的物质染色,以使用显微镜进行观察。这至少部分地促进了染色体是着色细胞内的实体这一共识。关于染色体的最早描述出现在19世纪70年代,而到了19世纪80年代人们观察到了有丝分裂并对它进行了描述。大约也是在这个时候,赫特维希(Oskar Hertwig)在柏林与瑞士人福尔(Hermann Fol)一起首先在显微镜下详细观察到了受精的过程,他们描述了精子细胞是如何穿透卵子,然后精子细胞核与卵子细胞核融合形成新的细胞核的过程。1881年扎哈里亚斯(Edward Zacharias)证明了染色体本身至少部分地由米舍尔发现的核素构成。早在1884年,海克尔从前的一位学生、动物学家赫特维希就写道:"核素这种物质不仅负责受精,而且还负责传递遗传性状。"[2]这句话一语点中了现代对DNA作用之理解的核心,而且它是在米舍尔的初始论文得以发表仅仅14年之后讲的。但是在随后的20年里,实际上在所有的细胞生物学家看来,核素只是起附属作用,仅仅起支撑重要蛋白质分子的作用。这究竟是怎么回事?

这并不是由于人们对核酸的存在或者其存在于细胞核中这一事实表示怀疑。实际上在20世纪初,化学家已经了解到这种核物质的基本组成。核酸的构件就是核糖,一种由4个碳原子和一个氧原子组成的五环及另外一个连接在侧链上的碳原子构成。到1900年,关于核酸的结构中有一种糖这一事实就已经为大家所知,但对于它究竟是哪种糖这个问题却一直争论了30年,我想现在没有理由不把这方面的证据告诉你们。戊糖基通过磷酸基而结合在一起,每个磷酸基由一个磷原子及其周围的4个氧原子构成。虽然人们曾提出过许多奇特的结构,但最终都被否定了,最后终于发现了正确的结构,正如我们现在所知道的,磷酸基与戊糖环中的第三个碳原子及另一核糖分子中的第五个碳原子形成连接,碳原子位于侧链上。第三类组成核酸分子的构件就是碱基。

在核酸中只发现5种碱基,所有这些碱基都基于人们所熟悉的碳环结构(见图7.1),当然,还有许多有着不同结构的化学碱基。核酸中的所有这5种碱基都是在20世纪初被鉴别的,它们分别被称为鸟嘌呤(guanine)、腺嘌呤(adenine)、胞嘧啶(cytosine)、胸腺嘧啶(thymine)和尿嘧啶(uracil),根据它们英文的第一个字母,可以只用G、A、C、T和U来表示。后来的研究表明,每种碱基都附着在核糖基与磷酸基之间形成的链上——不过那是后面要讲的故事。有两种碱基非常相似,它们就

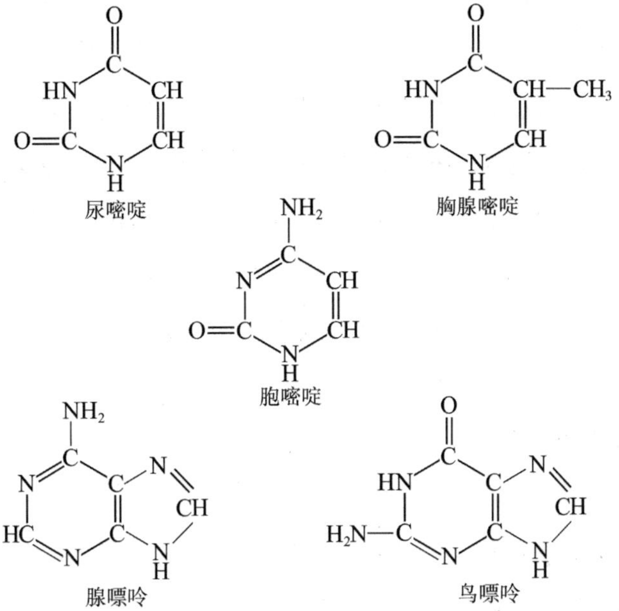

图7.1　有5种碱基附着在DNA和RNA的糖-磷酸链上。这些碱基在链上的排列顺序决定了遗传密码的字母。在DNA和RNA中都发现有C、A、G存在；T只出现在DNA中，而U只出现在RNA中。

是鸟嘌呤和腺嘌呤，都有一个双环结构，同属嘌呤家族。另外3种碱基：胞嘧啶、胸腺嘧啶和尿嘧啶，都有相对简单的单环结构，它们也彼此相似，同属嘧啶家族。

　　对DNA结构的基础研究工作是由洛克菲勒医学研究所的莱文（Phoebus Levene）和他的同事在20世纪第一个10年展开的。莱文本人一定是个很有特色的人物，他于1869年出生于俄国（正是米舍尔发现核素的那一年），虽然作为犹太人他可以加入圣彼得堡的帝国军事医学科学院，并成为俄国陆军上尉，但由于遭受日益严重的宗教迫害，他于1891年被迫移民到美国。他从未取得过化学专业的学位，但和米舍尔一样，出于对基础医学研究的兴趣，他还是走进了这门学科，并成为他那个年代一位著名的生物化学家。只是在1909年，他的研究工作才确定了酵母细胞核酸中的糖是核糖。当时以及后来许多年,人们普遍认为动物细胞核中的糖是含有6个碳原子的己糖,因而植物和动物的核酸之间似乎存在着本质的区别。只是在20世纪20年代,核酸的另外一种形式才被正确鉴定出来,它含有与核糖非常相似的糖,却少了一个氧原子,叫做脱氧核糖。[3]又过了一段时间,大家才慢慢认识到核酸的两种形式在植物和动物中都存在。即使到这个时候,也还没有人像1884年的赫特维希那样认识到核酸在生命过程中所起的重要作用。

错误的法则

除了在戊糖上少一个氧原子外,RNA和DNA之间还存在着另一个区别。它们都只含有核酸5种碱基中的4种。DNA分子含有G、A、C和T,而RNA分子只含有G、A、C和U。在20世纪20年代和30年代,生物化学家知道染色体中的核酸就是DNA,但他们也知道染色体除了DNA外还含有蛋白质。在当时,人们对蛋白质似乎更感兴趣,而且一般人都认为遗传物质肯定就是蛋白质。细胞特别是细胞核在体内生产酶这一过程中的作用越清楚,这种想法就越似正确。无论如何,人们都知道酶是蛋白质,而且细胞得以"知道"如何生产蛋白质的一种方法,就是在它的细胞核中包含一种或更多种它需要产生的蛋白质的样本。然后酶或其他蛋白质分子的复制工作就按样本进行。按照这种对染色体的理解,核酸——DNA——的惟一作用就是使蛋白质聚集在一起,提供一种蛋白质可以依附的结构。

按照这种想法,莱文提出了两种核酸中的4种碱基呈完全相同比例的观点。这便是DNA模型的基础,按照这种模型,DNA分子是一条由一系列重复排列的亚单位构成的链,嘧啶后面接着嘌呤,再后面又是嘧啶,每个碱基都连在核糖基上,核糖基又与磷酸基相连。这样的一个

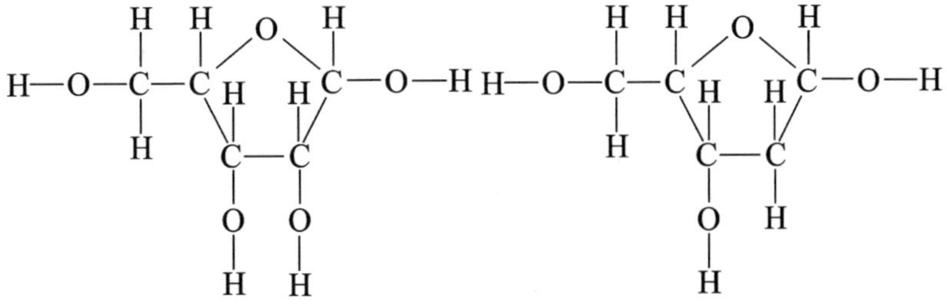

RNA 中的五碳糖　　　　　DNA 中的五碳糖
核糖-$C_5H_{10}O_5$　　　　脱氧核糖-$C_5H_{10}O_4$

图7.2　两种几乎相同的糖提供了两种生命分子的基本支柱。

单位(碱基加糖加磷酸基)叫做核苷酸；莱文的DNA结构被称为四核苷酸假说。虽然也有人提出过一些不同的想法，包括4个核苷酸连成一个环，但这个结构基本的一点就是简单和重复。这种四核苷酸假说使DNA没有容纳和传递信息的空间，只是简单的字母重复GCAT GCAT GCAT GCAT……如果你想得到的仅是一种能使蛋白质附着在染色体上的结构，那么这种结构看上去确实不错。不幸的是，莱文的假想很快成为一种理论，直到20世纪40年代，它一直阻碍了人们去寻找另外一种结构。莱文是位伟大的化学家，他对核酸的分析和对核酸成分的研究使核酸与蛋白质区分开来。但他的理论思想依据不深，他的四核苷酸假说的错误思想使蛋白质取代了DNA的作用。当时所有人都知道DNA分子结构太愚蠢，只是重复的排列，所以所有人都认为贮藏在染色体中的信息一定在蛋白质中。

　　在这种理论的作用下，在20世纪20年代和30年代间，没有人能解决精子细胞中的蛋白质是如何传递必要信息的。也许在19世纪90年代，四核苷酸假说成为信条之前的研究人员可以更好地指导他们。

　　科塞尔(Albrecht Kossel)是霍佩-赛勒的另一名学生，而他在生物化学方面的成就比他的老师还大。在19世纪90年代期间，他是研究4种生物基本成分，即脂肪、多糖、蛋白质和核酸结构的先驱者之一。[4] 和

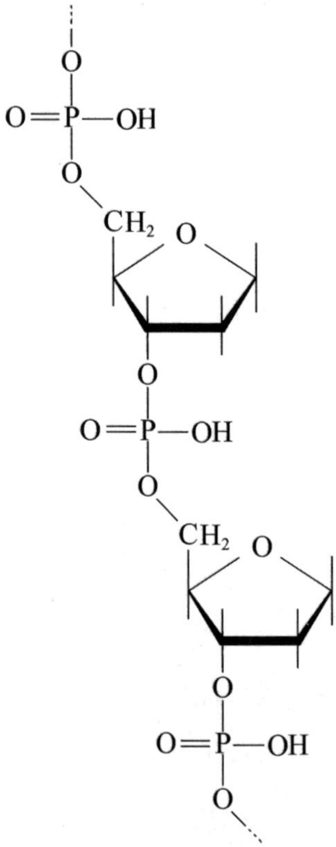

图7.3　在RNA和DNA中,所有糖都交替地连接于磷酸基。

米舍尔一样,他研究了鲑鱼精子,并注意到,在精子细胞中,实际上就是染色体包中,他发现核酸重量是蛋白质的两倍。细胞中的蛋白质特别简单,只是由一种氨基酸,即精氨酸构成的小分子。仅这条在19世纪90年代就广为人知的信息本就应足以证明精子细胞中遗传信息是由DNA运载的。总之,如果一个重复的GCAT GCAT信息看上去很愚蠢,那仅以 a a a 排列的信息就更为荒唐了。在这里这种简单的蛋白质**正是起到了支撑加固染色体的作用,而染**色体团,作为精子细胞这一负重尽可能少的细胞中最重要的物质,就是DNA。

　　如果需要更多的证明,科塞尔的研究本来也可能提供。在平常的鲑鱼细胞中,染色体的蛋白质成分是另外一种简单的形式,叫做组蛋白。与人体中其他蛋白质相比,组蛋白是简单的,但它比鱼精蛋白复杂。 如果蛋白质确实由染色体中的主样本复制而成,既然受精卵中只有鱼精蛋白可以复制,那么组蛋白是如何产生的呢? 而且一些更复杂的酶又是如何从只有组蛋白可以复制的细胞中产生的呢? 虽然他们都认识到了这个问题,但20世纪前40年里生物化学家不是忽略它,就是相信以后的发现会揭开组蛋白和鱼精蛋白的复杂性。甚至就连科塞尔本人,虽然他在20世纪初的研究一直进行得很顺利,但也被蛋白质明显的复杂性和核酸分子明显的简单性(只有4种碱基,而蛋白质有大约20种氨基酸)所误导,犯了同样的错误,所以我们对其他一些人的失败也不必太苛刻。最终,"所有人都知道"在这些简单DNA分子中,碱基沿着糖-磷酸骨架的重复排列,不可能包含解释一个受精卵如何发育成一个成熟的、功能齐全的成体所需的复杂信息。

DNA在起作用

1928年,英国细菌学家弗雷德·格里菲思(Fred Griffith)通过对引起肺炎的微生物进行实验研究,才认识到DNA的核心作用。研究微生物的生物学家就是微生物学家,他们有机会直接看到生物进化的过程,因为细菌和病毒在几个小时内就可以完成几代的变化。而像孟德尔观察豌豆这种对植物的研究却需几年或是一辈子的时间,在实验室里对果蝇繁殖的观察也需要几周的时间。格里菲思本人并不是一位遗传学家,而是在伦敦卫生部工作的一位医学官员。他对肺炎双球菌的兴趣只是因为它是疾病的造成者,而不是作为一个遗传研究的工具。但他还是发现了对遗传学发展至关重要的一些东西。

格里菲思的研究工作从粗糙型(R)和光滑型(S)两种不同的细菌菌株开始,这种分法是由在伦敦李斯特学院的阿克赖特(J. A. Arkwright)

提出的。阿克赖特观察到的主要特点就是S型的几种不同细菌是有害的，能引起疾病，而R型较弱，极少产生或不产生感染。它们的名字就表示了它们的特点，S型细菌看上去很光滑，因为细菌将自己包在一个多糖的外套内。这种外套能骗过人体的防御，使细菌对人体产生感染。R型细菌没有光滑的外套，所以这种细菌看上去很粗糙，那么它极易被确认为是入侵者而被它想入侵的机体消灭。根据阿克赖特对细菌中这种现象的发现，许多细菌被识别出以两种形式出现。格里菲思在1923年发表了肺炎双球菌的R和S两种形式的存在事实，同时告诉大家一个奇怪的现象。

格里菲思用老鼠对两种不同肺炎双球菌形成的毒性进行了研究。把肺炎双球菌注射入老鼠体内，证明R型是无害的，而S型是致命的。为了收集有可能促进治疗人类肺炎的信息，格里菲思将一些在高温下已被杀死的S型肺炎双球菌注射入老鼠体内。确实，被杀死的S型肺炎双球菌和活着的R型肺炎双球菌一样是无害的。但已被杀死的肺炎双球菌会再次变得有害吗？这个问题对一位卫生医学官员来说非常重要，在进一步的实验过程中，格里菲思把经过高温处理过的S型细菌和一些活着，但是无害的R型肺炎双球菌的混合体注入老鼠体内。实验证明，这种混合体和原来的S型肺炎双球菌一样是致命的。格里菲思对死老鼠进行了分析，他得到了一个奇特的发现。杀死老鼠的是又生长成活的光滑肺炎双球菌。被感染老鼠的血液中充满了这种有毒的细菌，将它们转移到实验室的器皿中，它们还能继续繁殖并产生成活的S型细胞集落。在与已被杀死的S型肺炎双球菌混合时，无害的R型细胞不仅转化为有毒的S型细胞，而且学会了如何将它们的毒性传给后代。这样一来，一个属于S型肺炎双球菌的基因变为了R型肺炎双球菌的部分遗传物质。当时格里菲思本人并没有作出这样的联想。但是当他的结果在1928年被发表并被其他研究人员证实后，从事遗传研究的微生物学家很快认识到了它的重要性。

其中一位微生物学家就是纽约洛克菲勒研究所的埃弗里(Oswald Avery)。埃弗里出生于1877年,在1913年后便专门研究肺炎,这是因为肺炎是当时致人于死的主要病因。他和他的同事最初并不愿接受格里菲思的发现,因为这与他们在洛克菲勒研究所经过大量工作所确立的肺炎双球菌的两种截然不同的类型有所抵触。乍一看,格里菲思的研究显示的两种菌株之间的不同,并不如他们在洛克菲勒研究所的研究得出的差别明显。但是由他们其中的另一位研究人员道森(Martin Dawson)进行的实验确认了格里菲思研究结果的准确性。1931年,洛克菲勒研究小组认为没有必要使用老鼠作为一种细菌向另外一种细菌转变的载体,而只是简单地在玻璃器皿中培养R型肺炎双球菌,并加入经过高温处理的S型肺炎双球菌,这样就能产生从R型向S型的转化,使之具有杀死老鼠的毒性。转化是一个事实,但什么是转化的物质呢?

促使发现DNA是遗传物质的下一步工作是由阿洛威(James Alloway)做出的,他同样来自埃弗里实验室。他交替使用冷冻和加热方法使死亡的S型细菌细胞集落破碎,然后使用离心机除去细胞碎片,从而提取了细胞内部的物质。这种对后来的DNA研究非常重要而且巧妙的方法就是简单地使试管在机器中高速旋转。试管中的物质由于受离心力的作用,固态物质被分离到试管底部,而较轻的液态物质位于碎片的上面。很快发现,分离出来的液体足以使R型细胞转化为S型。转化物质是细胞中可溶解的部分,而不是固态的细胞碎片。所有这些早期的发现都是在20世纪30年代初。埃弗里一直负责他实验室的研究工作,但他的名字没有出现在道森和阿洛威有关转化物质的任何一篇论文中。到了1935年,埃弗里决定应该集中研究力量去找出转化的物质,他本人与两位年轻的研究人员麦克劳德(Colin Macleod)和麦卡蒂(Maclyn McCarty)一起承担了研究任务,他们三人专心致志地进行了细致的研究,花了近10年去解开这个谜团。当他们于1944年发表他们的研究结果时,他们毫无疑问地确信,几乎是下定义一般,转化物质一定是细菌的遗传物质,它就是DNA。

研究小组一开始使用了排除法,在找到转化物质之前,排除一切否定答案。也许它是蛋白质,他们就用可以破坏蛋白质的一种酶去攻击死亡的S型细胞中提取出的能起作用的成分。混合物中尽管已没有了可以工作的蛋白质,但它仍具有转化能力,所以蛋白质就被排除在外,这是第一个惊奇。也许转化物质存在于S型细菌的多糖外套中。他们用可以使多糖分解的酶处理,结果,对转化能力毫无影响。所以埃弗里不得不对他们的产品进行仔细提炼,使用精细的化学技巧除去混合液中的一切蛋白质和多糖,因为它们已经不是能起作用的成分。他们得到了纯净的转化物质,这样便可以进行化学分析。既然它不是一种蛋白质也不是一种多糖,而且不可能是脂肪,因为分离过程中使用了乙醇,它可破坏脂肪,那么惟一的可能就是核酸。的确,通过化学分析显示它含有磷,更精细的实验显示转化物质是DNA,而不是RNA。出于谨慎,在他们1944年的重要论文中并没有明确指出DNA就是遗传物质,虽然埃弗里在给他的哥哥、范德比尔特大学的细菌学家罗伊(Roy)的一封信中提出了这种设想。[5]不管论文对后人说了什么,埃弗里的同代人都震惊地认识到是DNA,而不是蛋白质负载了遗传信息。转化物质中是DNA在起作用。正是在1944年核酸最终而且从此获得了其在生物学舞台应有的核心位置。当时埃弗里已经67岁,在这个年龄仍能取得如此重大的科学突破几乎是不可思议的。他逝世于1955年,从而失去获得诺贝尔奖的机会。格里菲思在1941年的伦敦空袭中遇难,享年61岁,他没能看到由他的发现而引起的最终研究成就。但年轻的人们已经准备好去接过火炬。

获得正确组合

查加夫(Erwin Chargaff)于1905年出生于维也纳,他是第一位出生于20世纪、为DNA研究作出主要贡献的科学家。他于1928年来到美国,在耶鲁大学工作几年后又回到欧洲,后来于20世纪30年代中期移民美国,就职于哥伦比亚大学生物化学系。二战期间,查加夫领导一个小组研究细胞的生物化学,特别是由脂肪和蛋白质构成的叫做脂质和脂蛋白的物质。他同时也参与立克次氏体病毒的研究,所以具备了一些研究核酸的经验,而且通过一些报告也能跟上其他研究人员对核酸的研究。当埃弗里、麦克劳德和麦卡蒂于1944年发表了他们的经典论文时,美国的生物化学家们很快认识到他们研究工作的重要性。[6]对此印象最深的就是查加夫,后来他告诉奥尔比(Robert Olby):"这对我们实验室完全致力于核酸化学的研究具有决定性影响。"[7]

然而,他们首先遇到的问题就是要得到足够的DNA供研究使用。即使在20世纪40年代,以及随后的几年内,从细胞中提取并纯化DNA也是非常困难的,所以当时的化学家所面临的任务就是只能分析极少量的纯净物质,却要极其精确地得出它各种成分的比例。这也是四核苷酸假说在很长一段时间没被推翻的原因。在当时可用的技术还不够精确,很难决定DNA中4种碱基的比例,而且所得结果也都大致与莱文关于DNA分子中4种碱基数目相同的推测一致。一开始,查加夫对完成自己确立的任务感到似乎毫无希望。但在此时,马丁和辛格正在开发纸层析技术,而且成功地确定了蛋白质中氨基酸的排序。查加夫发现只要对这个技术的过程进行改变,便可用同样的方式来分析核酸。

方法其实并不简单,查加夫的研究小组必须找到一种试剂,它可以切开核酸中嘌呤碱基和嘧啶碱基而不改变这些碱基的化学成分,然后还需进行精细的层析分离来分析每种成分,从而得出核酸中各种碱基的比例。很快他们就发现4种碱基的数目并不一样。不同样本的DNA中,某种DNA碱基数各不相同,对于一个长DNA分子来说就有足够的空间通过GCAT四字密码来包含信息,就像蛋白质可以通过20种氨基酸的密码来包含信息一样。但查加夫找出4种碱基比例的简单规则所花的时间似乎长了一些,在随后的几年时间里,断断续续有一些研究结果出现,每一个新实验都产生一些有用的信息。

1949年,查加夫曾说"对这些比例进行对照,可以发现某种惊人的,但也许是毫无意义的规律性";到了1951年他又大胆地提出:"随着这种规律性的不断出现,问题就是它只是巧合还是表示了一种结构的规则。"[8]他提到的规律性在他1950年发表的论文中进行了总结,而且非常简单。在DNA中嘌呤的总数(G+A)和嘧啶的总数(C+T)是相等的,而且A的数量与T的数量相等,G的数量和C的数量相等。后来它们被称为查加夫比率,它对生命分子理解的下一阶段至关重要,即把埃弗里的研究工作与双螺旋本身的发现联系到了一起。

到了1952年,支持DNA即为生命分子——遗传分子——的证据越来越有力,但仍存在着一些反对的思想。有一个实验清除了这些反对思想,而且使整个科学界都认识到DNA的重要作用。这个实验并不具备埃弗里和查加夫研究工作的准确性和精确性,但它有一个极其简单和明确的结果。这个实验是由赫尔希(Alfred Hershey)和蔡斯(Martha Chase)在位于长岛的冷泉港实验室进行的。这个实验后来被称为韦林搅拌器实验,因为赫尔希和蔡斯实验中使用的最具纪念意义的仪器就是这件韦林牌家用食品搅拌器。

像其他微生物学家一样,赫尔希和蔡斯都参与了对攻击细菌的病毒的研究。这些被称为噬菌体的病毒正好处于生物和非生物之间,它比细菌还小。它们侵染细菌并在入侵的细菌细胞内部繁殖即复制。噬菌体实验形成了遗传研究的一种自然进程,研究者们一开始使用生命周期较长的生物如孟德尔的豌豆,然后使用果蝇,后来是细菌。生物越小,它的繁殖速度就越快,就能在越短的时间内观察到它们几代的进化。另外,生物越小,它所含的附属物质就越少,其遗传物质在其整个结构中的地位就越发重要。到了病毒,包括噬菌体,它们除了一个含有遗传物质的包外就别无他物了。

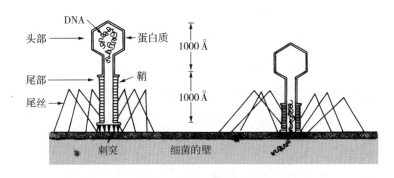

图7.4 噬菌体。一埃(Å)等于一亿分之一厘米(10^{-8}厘米)。

通过电子显微镜,噬菌体的形态在20世纪40年代才首次被描绘出来。一个典型的噬菌体看上去像一个蝌蚪,头部就是含有遗传物质的包,尾部可以使之移动,有些噬菌体有几条尾巴或叫蜘蛛腿,用于附着于细菌表面,这样就可以在细菌的细胞壁上钻孔,把它的病毒遗传物质注入细菌细胞。然后不一会儿,细菌细胞就会破裂,释放出许多新的噬菌体。在细菌里所发生的就是病毒遗传物质控制了细胞的制造机制,使之产生成千上万的新病毒,直至耗尽细胞内所有的化学储备。噬菌体的头部包由蛋白质构成;而里面的物质,我们现在知道是遗传物质,即DNA。但这一切直到50年代才被大家知晓。正是韦林搅拌器实验向大家证实了病毒最终是将DNA而不是蛋白质注入了细菌细胞,所以DNA才是遗传物质,而不是蛋白质。

实验的基础是在含有磷和硫的放射性同位素的基质中培育噬菌体。这些放射性同位素可以在整个侵染和繁殖循环过程中被跟踪。由于它们具有不同的放射信号,所以通过适当的测试就可揭示生物物质样品中含有哪种放射性同位素或是两者兼有。因为磷只在DNA中被发现,而蛋白质中没有;硫只在蛋白质分子中被发现,而DNA中没有,所以研究组所作的判断就是当测出放射性磷即表示为噬菌体DNA,而测出放射性硫那就是蛋白质。他们所做就是培养已经受到有着放射性标记的噬菌体攻击的细菌,待噬菌体的遗传物质已经注入了细菌细胞后,除去一些与遗传无关紧要的部分。经过把已被侵染的细菌和细胞表面的噬菌体剩余物分离,就可以确定注入物质是DNA还是蛋白质。

但问题是他们不能将细菌表面的噬菌体剩余物与其内部的活性成分分开,直到最后有位同事借给了他们一台家用韦林搅拌器。这台搅拌器非常理想,它的振动正好可以使空的噬菌体包从被侵染细菌上松动,而且不会把其他物质,如DNA和蛋白质破坏得一团糟。经过如此搅拌后,再放入离心机中,细菌细胞就会被甩到底部从而分离出来,而只剩下噬菌体外壳。正如赫尔希推测的一样,在被侵染细菌的细胞中发现了有放射性标记的DNA,在剩下的外壳中发现了有放射性标记的蛋白质。最重要的是它标明了自1944年以来一种观念的转变,这也是赫尔希所**期待**的结果。噬菌体向细菌注入DNA的理论首先出现,然后是实验证明了这一理论。埃弗里**原本没**想发现肺炎双球菌中的转化物质是DNA,但后来也是实验使他得出了如此结论。

其实赫尔希-蔡斯实验的证据并没有我这里讲的那么肯定。因为尽管经过了分离,两种成分之间还是有一些混合,所以对遗传物质已**证明**就是DNA这一点,如果你想怀疑的话,还是可以提出怀疑的。但到了1952年,潮流已经有所改变,大多数这行的专家都已相信或是正在准备相信DNA就是遗传物质。所以赫尔希-蔡斯实验的重要性就在于它表现了遗传密码由蛋白质负载的思想已经转变为遗传密码由DNA负载的思想。在埃弗里的研究前,很少有人相信遗传物质就是DNA;

1944年后天平开始倾斜,而在查加夫的研究之后就更为倾斜;在韦林搅拌器实验之后,几乎没有人相信遗传物质**不是**DNA。在8年前还被认为是无关紧要的支架的一种物质,现在却成了基本的生命之分子,而且引起众人广泛而仔细的研究。现在有两个主要问题:DNA的结构是怎样的? 遗传密码的本质是什么? 很快就得到了答案,但并非通过传统的化学方法。分子生物学下一步的发展很大程度上归功于物理学,包括由薛定谔总结出的量子物理学的抽象理论思想,和二战前尤其是二战后有一批资深物理学家加入了分子生物学的研究。

薛定谔与物理学家

我们已经提到过一些对发现生命之分子的结构起到重要作用的物理学家。1937年来到剑桥在卡文迪什实验室做教授的劳伦斯·布拉格和在同一时期从剑桥搬到伦敦的贝尔纳成为使用X射线衍射技术研究蛋白质和其他分子的重要人物,同时在这两个地方许多使用这种技术进行同样研究工作的研究组应运而生。在剑桥,佩鲁茨(在他那一时代最早来到剑桥和贝尔纳一起工作的人)和肯德鲁是两位当布拉格在卡文迪什实验室时期对生物学作出重要贡献的物理学家。在伦敦,贝尔纳本人从没实现他所期望的成功,既没鉴定出蛋白质的结构,也没有判定出病毒的本质。就在他准备在新的基点开始工作时,战争打断了他的研究工作,但后来的研究者继续了他的研究,尽管他仍然是20世纪40年代和50年代激励许多物理学家从事生物学研究的先驱者。

贝尔纳的事业还是被继承了下来。在伦敦的国王学院,在战后几年内首次出现了生物物理学研究部,这在很长一段时间里也是英国惟一的一家。生物物理学部由医学研究理事会资助,由兰德尔(John Randall)领导,他在1946年成为物理学教授。这所位于伦敦市中心的学院,当时是一片混乱。学院的大楼在战争期间被用作消防车的基地,工程实验室被用作弹药库和制作机床的车间。而且德军的空袭还留下了一个8米深、17米宽的大坑。在前景毫不明确的情况下,兰德尔创建了这个研究部,致力于寻找双螺旋。当时研究部中另一位主要成员是威尔金斯(Maurice Wilkins),他是一位从事过研制原子弹的曼哈顿计划的物理学家,后来对基础物理研究失去了兴趣。研究部的工作开始于1947年,在1951年一位X射线衍射技术专家富兰克林(Rosalind Franklin)也加入了研究部。

所有这些人和那些在英国战后马上从事研究的人都是研究生物结构的重要物理学家。与此同时,在大西洋彼岸,鲍林和他的同事也在做着同样的事情。当然,他们都精通化学研究,并能自己动手进行化学分析。但当时最成功的发现——α螺旋,是直接应用了量子物理学原理和氢键结合规律决定了最符合化学分析结果的结构。就连鲍林,虽然通常被认为是化学家,但他也可被称为一位成功的应用量子物理学家。

但是,促使物理学家们转向生物学研究的并不仅仅是物理学研究的成果被战争利用而给战后物理学家带来的失望。当时有许多原因使这项研究非常吸引物理学家们,这一点在量子物理学奠基人之一薛定谔出版于1944年的一本小册子中进行了描述。这本名为《生命是什么?》的书给许多物理学家留下了深刻印象。在研究双螺旋的过程中,许多主要人物都把注意力集中到从物理学的角度来解决一些生物学问题。对生命之分子的结构分析方法,包括用X射线衍射研究和用鲍林的纸条折叠方法来确定分子是如何结合到一起的,可以说是一种工程方法,从学术界的"应用"意义上讲是应用物理学。薛定谔的书提供了这种应用研究的概念基础,这种基本动因和理论结构为这些应用物理学家设定了目标。这本书出现在最佳时期,启发了一代研究人员。他们也许对研究并不陌生,但对生物学都相当陌生。但薛定谔的小书受到了20世纪30年代德尔布吕克（Max Delbrück）的研究工作的影响，他是转而研究生命之分子的本质这一生物问题的最早的物理学家之一。

德尔布吕克1906年出生于柏林。童年时期对天文学相当感兴趣，后来成为一名天体物理学学生，20世纪20年代末期量子力学出现重大突破时他转向了量子物理学的学习。1932年，德尔布吕克在哥本哈根时，另外一位量子先驱者玻尔作了一个著名的报告，在报告中玻尔明确指出，生命的本质可以通过纯粹的物理学理论来解释，并不需要什么神秘的"生命力量"。他说："如果我们可以像对待原子现象一样进一步分析生物体的机能，我们应该不会发现其与无机物质之间不同的特征。"[9]

玻尔的报告给德尔布吕克留下了很深的印象。他在柏林找到了一个与迈特纳（Lise Meitner）共事的职位，迈特纳是最早研究辐射衰变的物理学家之一，是一位研究核裂变的先驱者。德尔布吕克调动的主要原因，据他后来的说法是因为柏林的两个威廉皇帝研究所都有自己的专门研究领域，但它们提倡不同思想之间的交流，所以他希望不同研究所之间的密切关系可以使他熟悉一些生物学的问题。[10]这个愿望不久就完成了。德尔布吕克与季莫费夫–雷索夫斯基（N. W. Timofeff-Ress-ovsky）和齐默（K. G. Zimmer）两位生物学家建立了联系。他们三个人一起发表了一篇科学论文，这篇论文可以说是关于遗传和生命分子的物理学思想发展的里程碑。

后来这篇论文被称为"三人论文"，[11]它研究了X射线对果蝇突变造成的影响。德尔布吕克的贡献就是对另两位作者发现的结果进行了理论讨论，论文所强调的主要问题是为什么以短波辐射形式出现的一定量的能量，能使遗传物质产生突变，而如果同等能量以其他形式出现，如在实验室中果蝇生存环境中的热能，却没有这种影响。这个疑惑正击中了遗传学的基本两面性。一方面，基因必须是稳定的，能在几代间进行忠实复制。另一方面，也必须有**意外**变化，即一定范围内的突变，这样便能提供自然选择的多样性。当新的基因产生,它又要再次忠实地复制下去。这些都是怎样进行的呢?

德尔布吕克运用已知的量子物理学原理来寻找问题的答案。他发现这与光的量子——光子——可以使一个电子直接从一种原子状态跃迁到另外一种原子状态的现象非常类似。爱因斯坦对光电效应的解释指出,光必须以包,即光子的形式出现。一束某种频率的强光照射到金属表面上会产生很多的光电子,但每个光电子所具有的能量与一束同频率的弱光照射到金属表面产生的光电子的能量相同。但如果是在实验中使用较短波长的光,每个电子确实得到更多的能量。每个光子只有一定量的能量可以释放,如果电磁辐射的波长越短(频率越高),那么每个光子释放的能量就越大。这就为突变提供了线索。

德尔布吕克讨论道,基因必须是由原子间很强的力结合在一起的非常稳定的分子。常温下分子热运动中的热能还不足以来破坏这些强大的键。但是一些高能光子所带的能量,如X射线,足以破坏遗传分子并使它的结构以稍微不同的形式重组。X射线照射后,基因变成一种新的形态,然后又重新被内部原子间强大的力结合在一起,所以能忠实地被细胞复制并把突变的特性传递下去。突变是一个量子过程,它包括分子越过一种能量屏障,而从一种稳定的构型转变为另外一种稳定的构型。德尔布吕克和他的同事研究得更深入一些。通过运用统计技术,他们可以大概地得出遗传物质必须有多大的敏感区才能利用某种频率的X射线使果蝇产生突变。他们估计出每次突变中遗传物质中的变化涉及大约不到1000个原子。

在20世纪30年代中期(三人论文发表于1935年),这些都是重要的新思想。果蝇实验和他们的解释提供了最初和直接的证据,说明基因就是分子,而不是像细胞的亚显微结构那样更为复杂的结构。(请记住,在1935年病毒是亚显微结构,比一个基因复杂得多。)但在那时没有人知道基因是由什么分子构成的。[12]埃弗里那时才开始慎重地研究格里菲思有关肺炎双球菌中转化物质到底是什么的问题,但在随后的几年内他没能继续研究下去。德尔布吕克的主要洞见也有待去找寻自己的正确位置。恰巧在薛定谔的书发表之年,埃弗里的研究也取得一定的成果。但薛定谔比德尔布吕克在物理学家研究生命密码这条路上走得更远。

20世纪30年代初,当薛定谔在柏林的时候,他就认识了德尔布吕克,他们成为很好的朋友。到了1935年,他离开了柏林,但德尔布吕克寄给他一份三人论文。在20世纪40年代,薛定谔和他的许多同事一样成了纳粹德国的难民,移居到都柏林。他吸取了德尔布吕克有关突变的思想,在1943年发表了一系列报告,后来在第二年以《生命是什么?》一书的形式出版。[13]书中有部分内容专门是关于德尔布吕克的模型。作为薛定谔解释德尔布吕克主题的另外一种方式,它使更多的物理学家获得了这种思想,在战后其中许多人都想寻找新的研究方向。这本书建立了遗传单位是分子的基础思想,但还不仅如此。

薛定谔引入了一个概念,即"一个生物细胞最重要的部分——染色体纤维,可以很恰当地被称为**非周期性晶体**"。(见《生命是什么?》一书第5页。)他把一种物质的普通晶体与另外一种结构明确区分开来。前者如食盐,以一个基本的单位按一种完美的规则图样进行无止境的重复,后者就像拉斐尔挂毯,它们没有那些乏味重复,而是精细的、连贯的、有意义的设计。一种周期性晶体,如普通的盐,只能负载有限的信息。同样的原因,莱文的四核苷酸DNA也与此相似。但一个非周期性晶体,它的内部结构在遵循某种基本规律的条件下,没有乏味的重复,所以可以负载大量的信息。薛定谔当时使用了"密码脚本"一词,现在我们叫做遗传密码或是简单地叫做密码。当然许多生物化学家都很熟悉这种思想,至少他们都研究过蛋白质,了解20种氨基酸。但薛定谔把这种思想介绍给了物理学家,他运用的术语使对基础晶体学熟识的人可以马上接受。在这种结构中,每个分子组,甚至可能是每个原子都像这本书中的每个字母一样重要。如薛定谔书中所说(65页):"这种结构中不同的原子数不需要很大,就可以产生几乎无限的排列组合。"他举了莫尔斯电码的例子,"如果有点和划两种标记以最多4位一组进行排列,你会得到30种不同的排列。"除了点和划,再加上第三个标记,以最多10位一组进行排列,"你就会组合出88 572种不同的'单词';有5个标记,最多25位一组,那么不同的排列数就会为372 529 029 846 191 405。"

薛定谔没有明确指出遗传密码是一个多肽中的氨基酸的不同排列还是DNA碱基中4个"字母"的排列。1943年,在他写这本书的时候,当时的思想还是认为在染色体中具有活力的成分是蛋白质。但在1944年或后来,接受了这种思想的许多物理学家在考虑DNA字母表是否足以贮藏染色体中的信息时,随手就可以算出一个大概的数字。

当时许多人采用的运算方法大概是这样的。在一个多肽链中,有20种氨基酸构件,即相当于共有20个字母的字母表。这些字母的不同排列组合数大约为24×10^{17}(24后有17个零),足以负载必要的信息来表示生物体中发现的不同蛋白质。而另一方面,DNA只有4种核苷酸碱基,G、C、A和T,乍一看这种共有4种字母的字母表比蛋白质字母表的排列有限得多,虽然它比两个字母的莫尔斯电码的范围大得多。(但必须记住,从理论上说,我们可以将莎士比亚的所有著作,实际上是国会图书馆的所有藏书,都翻译为莫尔斯电码。)如果我们用20个碱基,5个一组排列为4个不同的组,由于难免的重复,仅能排列出11×10^{8}种排列。换句话说,一个多肽链可以组成的不同氨基酸排列,是**同等长度**的DNA链所能组成的不同多核苷酸排列的20亿倍。但设想DNA链如果更长呢?如果链中碱基的数目加倍的话,就允许排列出和多肽链20种字母一样的排列。这就没有了限制(一个典型的DNA分子实际上比一个典型的蛋白质分子长5倍），所以我们完全有理由设想DNA分子中的四字密码碱基足以负载生命体正常功能所需要的所有信息。遗传密码实际上就像奥尔迪斯手提信号灯* 形式的莎士比亚作品。

由于多方面的原因，薛定谔的书产生了很大影响。首先它很及时，语言清晰流畅，而且薛定谔在当时也是位受人尊重的物理学家。后来许多人都认为深受此书的影响，他们之中有：威尔金斯，他特别强调薛定谔是以物理学家的身份写这本书的；[14]卢里亚（Salvador Luria），他与德尔布吕克创建了一个利用噬菌体实验研究遗传本质的研究组；查加夫，他**计算**了核苷酸链的可能排列数，并在1950年的一次研讨会上强调把薛定谔的密码脚本与DNA建立联系；[15]施陶丁格（Hermann Staudinger），获得诺贝尔奖的德国化学家，他创造了"大分子"（macromolecule）一词；[16]还有两位20世纪50年代初生物学界都还很陌生的人，他们是克里克和沃森。

探索者们

克里克1916年出生于英格兰的北安普敦。他于1938年毕业于伦敦大学学院，获物理学硕士学位。他本想继续攻读博士学位，但战争的爆发打断了他的计划。1940—1947年，他一直在英国海军部工作，研究开发雷达和磁性水雷。他最初为攻读博士学位所准备的实验设施都被德军的炮弹炸毁，但到1947年他的兴趣开始转向生物学和物理学的交叉领域。1946年他听了一次鲍林的学术报告，这个报告激发了他的想象力。当然，我们已经知道，他转向生物学研究也受到薛定谔之书的影响。在从物理学转向生物学的起始道路上，他花了两年的时间在剑桥

---

* 奥尔迪斯手提信号灯是舰船、飞机上用莫尔斯电码发信号时用的灯。——译者

研究磁性粒子在细胞中移动的规律,使他在这一段时间有机会更多地了解了剑桥的研究工作。于是在1949年,克里克在33岁的时候加入了由佩鲁茨领导的医学研究理事会在卡文迪什实验室的研究组,作为一名研究生,他希望通过蛋白质X射线的研究取得博士学位。他完成了自己的目标,在1953年提交了一篇题为《多肽和蛋白质——X射线研究》的论文;但是,在他提交论文之前,他和沃森已经解决了DNA的结构问题——那时克里克从物理学转到生物学刚刚6年,加入佩鲁茨研究组也仅仅4年。

克里克对于生物学算是起步较晚,但是一旦起步,他的杰出成绩就远远超过了常人。沃森的名字在科学史上一直与克里克联系在一起,但他的经历与克里克却完全不同。沃森于1928年出生在芝加哥,按照各种标准他都可以算是一位神童,在15岁那年就进入当地大学实验班学习动物学。在1947年毕业那年,他仅19岁,随后进入布卢明顿的印第安纳大学做博士生,研究果蝇。但不久他就意识到果蝇的遗传时代已经结束,受到当时在印第安纳大学工作的欧洲人卢里亚的影响,他从而转向噬菌体的研究。卢里亚1912年生于意大利都灵,他在巴黎学习过噬菌体研究的技术,于1940年来到美国。与德尔布吕克一起,卢里亚把美国从事噬菌体研究的各大学和研究机构联系在一起建立了一个研究圈,他们自称为"噬菌体组",这样他们可以在这项重要研究领域交流信息。在冷泉港每年都要举办一些暑期班,这样噬菌体组成员便有机会聚集在一起,并把生命分子的思想传播给更多的人,其中也包括许多著名的物理学家。沃森在这时已读过《生命是什么?》一书,深深地受到卢里亚的影响,便与卢里亚一起准备他的论文《X射线惰性噬菌体的生物学特性》。到1950年,22岁的沃森,这位朝气蓬勃、刚刚取得博士学位的年轻人来到哥本哈根,在那里他曾经与莫勒(Ole Maaløe)就利用放射性磷标记噬菌体DNA的项目一起工作过一段时间。他的研究与赫尔希(噬菌体组的一位高级成员)和蔡斯后来在韦林搅拌器实验中标记噬菌体的方法有很大关联。[17]

虽然这么快就取得这么大成就,但沃森毫不满足,他渴望着取得更大的成就(克里克也同样想追回他失去的时间),他确信DNA作为生命分子的核心作用。他的年龄和背景使得他很容易去理解这一信念,但一些年龄较大的研究人员,如德尔布吕克和卢里亚,甚至于赫尔希,他们在**智力**上都会接受关于DNA重要性的证据,但他们是在一个"人人都知道"基因是由蛋白质构成的时代成长的。他们的心灵比他们的大脑更难去说服。沃森开始做研究的时候,埃弗里已经取得了重大突破。同所有青年人一样,沃森渴望着接受新的思想去推翻已建立起来的一些旧思想。对他来说,DNA就是生命分子。1951年5月,沃森在那不勒斯召开的一次会议上听威尔金斯谈到对DNA的X射线研究。这使他确信DNA便是遗传物质,并且相信生物学中最伟大的发现就是确定DNA的结构。虽然没有X射线衍射的知识,他却认识到这才是解决问题的办法。他决定他应该去剑桥,因为他了解佩鲁茨和他的大分子结构研究工作。他请卢里亚帮忙通过书信给联系。卢里亚的帮助非常重要,他使卡文迪什研究组同意接受沃森,但沃森在欧洲的研究是由默克奖学金资助的,他的研究领域必须得到奖学金委员会的批准。卢里亚的帮助对此只起到了一半作用,委员会对这位23岁天才研究方向的突然改变表示怀疑,把第二年奖学金由3000美元减至2000美元,而且奖学金的原定结束日期由1952年9月被提前到1952年5月。

然而,沃森还是来了剑桥,经过佩鲁茨的安排,为他在克莱尔学院找到了舒适的地方,将他登记为一名研究生。后来他在《双螺旋》一书中说:"攻读另外一个博士学位毫无意义,我只是想利用这个幌子在克莱尔学院找一个安身之地。"[18]至于他在卡文迪什实验室的住所,他们给了他一个与克里克一样的房间。他们之间的合作最终为他们带来了诺贝尔奖。但如果仅仅靠他们自己,他们还不能取得如此大的成就。毕竟他们需要最好的DNA X射线衍射数据,也就是来自伦敦的威尔金斯研究组的数据,正是威尔金斯在那不勒斯的报告点燃了沃森的兴趣。

第一幅DNA X射线衍射照片是由先驱者阿斯特伯里在1938年得到的,但这中间停顿了几十年,到了威尔金斯研究组重新研究这个问题时已是20世纪50年代了。威尔金斯出生于1916年,与克里克同年,但却生在世界的另一边——新西兰。他在6岁后一直生活在英格兰,并于1938年毕业于剑桥大学。与克里克不同,他于1940年完成了博士学业,并在战争期间先是研究雷达,后来加入了曼哈顿计划的工作。到了1950年,他成为医学研究理事会在伦敦国王学院年轻的生物物理学研究部的助理主任。在那年他得到了一份由赛纳(Rudolf Signer)的伯恩实验室送来的礼物,一份纯净的DNA。他得到的DNA呈胶状,是一种黏性物质。当威尔金斯用玻棒点了一下,然后拿开玻棒时,他发现玻棒"带出一条细得几乎看不见的DNA纤维,就像蜘蛛网的细丝一般"。[19]这些纤维表明其内部的分子具有有序的排列。威尔金斯和他的一位名叫戈斯林(Raymond Gosling)的研究生马上运用X射线衍射设备拍摄了纤维产生的图样照片。他们得到的照片比阿斯特伯里的更完美。其中一个主要原因就是他们保持了纤维的湿润状态,而阿斯特伯里研究的是干了的DNA薄膜。这正与贝尔纳蛋白质晶体研究的突破相互呼应,贝尔纳就是把晶体保存在母液中的。

经过比较从DNA纤维得到的美丽照片和干DNA薄膜得到的不同点的图样,威尔金斯认为他看到了与阿斯特伯里所描述的角蛋白从α型向β型变化很相似的一种转变。现在问题就是将点的图样解释为DNA分子的结构。虽然基本图样中有明显的几组点组成了十字的一横,暗示着整个结构为螺旋排列,但证据并不充分,要知道究竟可能是什么螺旋,研究人员还有很长的路要走,它也许是一条,或是两三条盘绕在一起。如果它是一个螺旋，螺旋的"楼梯扶手"又是什么？又是什么使分子呈这种形状？等等的问题有很多。这时候，威尔金斯倾向于一条螺旋的思想。但很明显，国王学院的研究组需要解释X射线衍射图样照片的专家。此时富兰克林加入了研究组。

富兰克林出生于1920年，在剑桥取得物理化学学位，然后从事煤结构和从煤中提取的化合物结构的研究。1947年后，她在巴黎的德·勒塔特国家化学中心实验室工作；她在那里的工作是帮助建立现在叫做碳纤维技术的基础研究。她是X射线衍射技术的专家，但她对生物分子的了解仅限于一位普通物理化学家的知识。她虽然很喜欢在巴黎工作，但她感觉她还是应该回到英格兰了（部分是因为家庭的原因）。通过一位国王学院的理论化学教授库尔森（Charles Coulson）介绍，她与兰德尔取得了联系。她的技术正是研究组所需要的，她在1951年初加入了研究组。在加入时，她认为她可以和戈斯林一起负责DNA的研究。但也许这是一个误解。富兰克林现已去世，其他当事者也都有不同的看法，但确实好像富兰克林一开始就相信DNA是她的项目，相信威尔金斯对此并没有多大兴趣。但她发现威尔金斯对此确实有兴趣，而且并没把富兰克林当做一位同等的研究者，而是视之为一位初级合作者。这样，他们两人之间便产生了个人怨恨，这对研究组解决问题毫无帮助，反而让道于沃森和克里克。在兰德尔的压力下，威尔金斯不得不同意将赛纳的DNA让给富兰克林，自己集中精力研究查加夫提供的样本。毫无疑问，当他发现他的样本不能得出很好的衍射图样而且很难研究时，他与富兰克林的怨恨一点也没缓和。

在剑桥，一切也不是十分顺利。那里克里克和布拉格之间也存在着磨擦。对于这位30多岁，仍希望取得一定成就的研究生而言，与卡文迪什实验室主任的对立，使他的情形十分不利。关于克里克如何在至少两种条件下被布拉格禁止研究DNA的故事，[20]关于威尔金斯如何通过与老朋友克里克和沃森讨论DNA,而从与富兰克林的怨恨中得到解脱,以及其他在50年代初探索双螺旋过程中的一些艰辛故事,在沃森的《双螺旋》一书中都有详细的描述,但它只是一面之词,特别对于富兰克林是不公平的,所以它并不是一个价值很高的记录。从富兰克林的观点(富兰克林在1958年因癌症去世)出发的一本书是塞尔(Anne Sayre)所写的《富兰克林与DNA》,这是已经知道沃森观点的人都应读的一本书。贾德森的《创世第八天》一书较为全面,而且与沃森的书一样很有趣味。奥尔比的《通往双螺旋之路》一书提供了许多具体的事实。我在这儿选择了一些重点环节。

剑桥和国王学院的所有研究活动的背景就是对生物分子的广泛兴趣。肯德鲁和佩鲁茨研究高峰时期是他们对蛋白质的研究,鲍林和科里在1951年4月发表的有关α螺旋的8篇论文激起了所有人对生物分子结构的兴趣,而且使大家确信螺旋极有可能是一些正在研究的难以捉摸的分子的可能模式。[21]鲍林本人作了一个古怪的尝试,希望用三螺旋去解释DNA,很明显,这使沃森很苦恼,因为他非常尊重和相信鲍林的能力,很害怕鲍林使他和克里克在这场竞争中失去位置。实际上没有人认为这是一场竞争,而且鲍林由于只有阿斯特伯里的旧照片,使他的研究受到了阻碍。

鲍林对沃森的影响远远地超出了α螺旋的思想。沃森曾谈到鲍林的《化学键的本质》一书对他和克里克极为重要,它为他们提供了有关组成DNA亚单位的分子大小和形状的重要信息。与沃森坚持鲍林模型构造的方法不同,富兰克林采取了分析的方法,先测量衍射图样的角度和密集度,再通过具体的数学计算分析将其解释为键长及其他因素。沃森的思想是将片段组合到一起,很像拼图游戏,然后再"预测"应该有的衍射图样,再通过对模型的微调,使之与观察到的图样相符。

沃森将这有特色的方法带入了与克里克的合作研究,这种方法直接继承于鲍林。但他并不具备理解DNA所应具备的生物化学知识。克里克掌握解释衍射图样的数学技巧,主要的技巧叫做傅里叶变换,但他也一样不具备深厚的化学知识,而这些化学知识可以使鲍林很快地看到这类问题的核心。他们俩所拥有的最伟大的财富就是,作为合作者,他们能够互相交流思想,充分地分析对方的思想。这当然也是同在一栋楼里工作的威尔金斯和富兰克林所缺少的。

步入正轨

当富兰克林在1951年初来到国王学院的时候,她要做的第一件事就是建立一个合适的X射线衍射实验室。她花了8个月的时间才将新的设备装配完毕。到了11月份,她已经开始与戈斯林一起工作,新的实验取得了非常好的结果,此时她已足以在国王学院作报告了。她报告的手稿后来与其他一些论文都完好地保存下来,从手稿中可以明确看出她在报告中特别强调了X射线衍射图样表明DNA分子为螺旋形,而且螺旋的结构很有可能是磷酸–糖的骨架在外侧,而核苷酸碱基伸向内侧。沃森也出席了报告会,但他没有做笔记。从他的《双螺旋》书中内容看,他所回忆的报告会的主要内容是国王学院的人对模型构造好像没什么热情。回到剑桥后,很明显他也没能回忆起有关DNA结构是主干在外侧的螺旋这一重要信息,他向克里克的汇报是很模糊和不完全的。由于这次误解,克里克和沃森走了不少弯路,他们建造了一个三条螺旋的DNA模型,而且磷酸基位于结构的中心。他们俩很急切地向威尔金斯报告了他们的"成功",威尔金斯带上富兰克林、戈斯林和另外两位同事从伦敦赶到剑桥来看这个模型。但这个模型与X射线数据毫不吻合,而且沃森还把结构中水的含量给弄错了。富兰克林和戈斯林并没取笑他们,他们给沃森和克里克留下了他们对模型的看法。也许是感到这是个耻辱,他们俩在1952年初大部分时间内基本上退出了DNA研究,克里克做蛋白质研究,沃森开始研究烟草花叶病毒。

但他们并没有停止对DNA本质的思考,沃森–克里克故事中最重要的一刻(现在看来)就是克里克和约翰·格里菲思(John Griffith)(弗雷德里克·格里菲思的侄子)一次谈话中偶然产生的思想。约翰·格里菲思当时是在剑桥工作的一位数学家,他们之间的谈话是在1952年6月,他们俩刚听完天文学家戈尔德(Thomas Gold)在卡文迪什的报告。戈尔德在报告中提出了宇宙的稳态理论,其思想是,宇宙对一个观测者来说,不仅它在任何位置都呈现出同样的特性,而且在**所有时间**都呈现出同样的一般属性。这种思想现在已经过时了,但在20世纪50年代有关宇宙的争论中,它也是一类重要观点。这种宇宙在不同时间和空间保持不变的思想被称为完美宇宙学原理。克里克和格里菲思闲谈中提到是不是也应该有一个完美生物学原理,他们认为很可能有一种机制能使基因复制自身,即进行自我复制。

克里克抛出了复制很可能包括DNA分子中平面的核苷酸碱基的想法。他的思想是平面分子基团有可能互相堆积,像两层卡片一样交织在一起,从而将不同DNA链连结起来。他建议格里菲思应该研究一下是哪一个碱基与其他碱基结合形成稳定的结构。后来,同样在一次很随便的谈话中,格里菲思说他已经找出了不同碱基的配对方法。腺嘌呤吸引胸腺嘧啶,鸟嘌呤吸引胞嘧啶。克里克马上认识到这可能对于复制相当重要。如果你有一对AT分子和另外一对GC分子,然后你把它们分开,那么自由的A碱基很容易与另外一个T碱基配对,依此类推,重复进行该过程你就有了两对AT和两对GC。如果沿着DNA的链重复进行下去,你就能一眼看出DNA是如何复制的。

但就在成就即将在他们的掌握之中时,克里克和沃森还是错失良机。克里克没有认识到格里菲思计算中的嘌呤与嘧啶是末端相对,而不是互相堆叠,而且他也没有认识到互补碱基之间的吸引涉及氢键。实际上,格里菲思已经沿着自己的路继续走了下去,但当时他在剑桥的同行中还只是一个小字辈,他只是一个数学系研究生,仅在本科阶段学习过一些生物化学的课程。他在推进其生物思想方面太过于保守了,他的这些思想可以说是现代双螺旋理论的原始思想,但它们从来没被公开过。当时,克里克甚至对 A 与 T 和 G 与 C 的配对也不是很认同,这种配对可以立即解释查加夫规则。沃森一直表示,他向克里克介绍过这个规则,但他也许早把它给忘记了。一切都是那么突然,在 1952 年 7 月,当查加夫访问卡文迪什的时候,肯德鲁把他介绍给了克里克,并向克里克解释了 1:1 比率:

> 我说:"那是什么?"他说道:"它都已经发表了!"当然我从未读过文字的东西,所以我不知道。然后他告诉我那是电效应。那使我想起来了。我茅塞顿开:"为什么,我的天,如果你有互补碱基的配对,那当然是 1 对 1 的比率。"那时我已经忘记了格里菲思对我说过什么了。我记不起那些碱基的名字。然后我去见格里菲思让他告诉我是哪些碱基,并记录了下来。然后我又想不起来查加夫告诉过我什么,所以我不得不回过去查一些文字的东西。令我吃惊的是格里菲思所说的配对与查加夫所说的配对一模一样。[22]

这样,照此思路至少可获得几次诺贝尔奖。

然而,手上已经有了那么多的依据,沃森和克里克并没有马上去建造他们正确的 DNA 模型。在那些日子里,克里克说:"有了这种美丽的思想,我可以坐等一年,只去与朋友聊天,也不会有人知道的。"[23]他有这种想法也是因为在当时富兰克林已经放弃了 DNA 是螺旋结构的思想,把自己带到了一个死胡同。在应用方面她确实取得了很大的成就,她获得了许多很好的X射线衍射照片，可以很清楚地区分DNA的两种形式，分别标记为A和B，[24]但也许她需要将她的理论思想变得更直接一些，她似乎是脱离了正轨，一时间她努力去证明DNA的结构并非为螺旋。不管是什么原因，到了1953年初DNA的研究变得很成熟。一切都在瞬间发生。

双螺旋

到了1952年12月，可以看出剑桥研究组那段宝贵时间的停顿差点将他们的雄心毁于一旦。莱纳斯·鲍林的儿子彼得·鲍林(Peter Pauling)，当时是卡文迪什的一位研究生，是沃森的一位朋友。他接到他父亲的一封信提到他(莱纳斯·鲍林)和科里已经得出了DNA的结构。1953年1月，彼得收到一份论文，该论文准备在2月份的《美国科学院院刊》(简称PNAS)上发表。得知结果后沃森和克里克心情极为沉重，但他们发现鲍林和科里的模型是一个三螺旋，磷酸基作为分子的主干是在内侧。一开始看上去似乎很正确，但令他们吃惊的是他们意识到鲍林和科里犯了一个与沃森一样的重要错误，那个错误让他们在向国王学院的人展示他们自己的三链模型时，引来了富兰克林和戈斯林的嘲笑。虽然克里克和沃森对两位伟人也犯了这类错误很是吃惊，但他们决定必须做最后的冲刺，争取在鲍林找出错误之前就得出正确的结构。他们认识到他们仅剩下不到6个星期的时间了。在沃森的心中寻找双螺旋的结构一直是一场竞争。在随后的几周里真正能与他们竞争的只有富兰克林和戈斯林。如果彼得·鲍林不在剑桥，如果克里克和沃森没有看到那篇PNAS论文，而是论文发表后，等期刊在1953年3月到达英格兰后才读到那篇论文，那么也许在剑桥研究组最后冲刺之前，富兰克林对DNA双螺旋结构的正确解释早已在如《自然》一类的期刊上发表了。

在收到鲍林的论文几天后，沃森把它带到伦敦给威尔金斯和富兰克林看。据沃森记载(《双螺旋》,96页),他在富兰克林实验室的出现并谈论DNA,令富兰克林很是不快,他只好去找威尔金斯。在随后的交谈中,威尔金斯告诉沃森他们现在得到的最好的DNA照片叫做B型,或者湿型。而且,他还给沃森印了一张富兰克林的照片,考虑到威尔金斯和富兰克林之间的紧张关系,这明显有些失礼。"当我见到照片的一刹那,"沃森说(98页),"我简直是目瞪口呆。照片中的排列比我以前看过的都简单得多……反射出的黑十字只能是螺旋结构的结果。"这一点对于像富兰克林这样有经验的晶体学家是不应该错过的。B型明显是一个螺旋,它得到的照片相对较为简单。而A型产生的照片就较为复杂而且很难解释,但它极有可能包含更多的信息。很自然,富兰克林的主要精力都集中在对A型的研究,同样很自然,沃森这位想迅速找到答案的模型构建者当然选择了B型的"新"照片,并得到了惊喜。其实威尔金斯给他的照片是富兰克林早在1952年5月间获得的。另外沃森带回剑桥一条消息,即X射线的数据和密度测量符合DNA是双链的可能性,这正是互补性自我复制所要求的结构。当时是1953年1月30日,星期五。

回到剑桥,模型构建的工作在随后一个星期便早早地开始了。由卡文迪什的机械车间按照DNA不同组分的比例制作了模型。[25]利用这些模型,沃森负责建造结构,克里克负责提出不足之处。由于一直没有认识到查加夫规则和格里菲思计算的重要性,一开始沃森仍尝试制作分子骨架位于内侧而碱基伸向外侧的结构,当然这次是**双螺旋**,直到这与新的X射线数据完全不符,[26]他才很不情愿地去尝试着把模型翻转过来,这样骨架就位于外侧,而骨架上的碱基正好指向中心。现在,碱基之间必须精确地结合到一起,这可是真正的三维拼图游戏。好像是存心回避正确道路,他们试着A对A,C对C这样组合。当时已经2月20日了,沃森设想的卡文迪什研究组取胜鲍林的6周冲刺已过去了3周。具有讽刺意义的是,这时鲍林的一位前同事,氢键专家美国人多诺霍

(Jerry Donohue)的来访再次救了他们。

通常都不能很有把握地确定类似核苷酸碱基这类有机分子外部的氢原子的固定位置。因为一个键有可能是单键或双键,或者是趋于两者之间,1.5键。氢核——质子有可能移位,例如有可能"属于"一个位于苯环边缘的氧原子,或者愿意位于一个氮原子边上。在第五章有关共振和杂化键的介绍中我们也看到类似的情况。对于一个分子或是类似胸腺嘧啶和鸟嘌呤这样的碱基的几何排列,确定外部质子的位置(或是制作纸板模型)都依赖于量子力学对结构的解释。虽然标准的教科书使沃森和克里克假设了一种两个碱基之间结合的形式,叫做酮互变异构,多诺霍认为它们之间应该存在着另外一种形式,烯醇形式,这种形式更易于氢键的形成。他们花了近一个星期才完全理解这种形式。然后,他们开始摆弄纸板剪出的4种核苷酸碱基,沃森最终发现由两个氢键结合到一起的一对腺嘌呤-胸腺嘧啶在形状上可以与由两个或更多的氢键结合到一起的一对鸟嘌呤-胞嘧啶区别开来(鲍林和科里后来证明实际上这两个碱基之间有三个氢键)。多诺霍确信这些结构是合理的:

> 我的士气高涨,因为我想我们现在已经有了答案……氢键结合的要求意味着腺嘌呤只会与胸腺嘧啶配对,而鸟嘌呤只会与胞嘧啶配对。这时查加夫的法则突然体现出来,它变成了DNA双螺旋结构的结果。更令人激动的是这种双螺旋结构比我设想的相同碱基配对提供了一种更为满意的复制方案。腺嘌呤和胸腺嘧啶以及鸟嘌呤和胞嘧啶的永恒配对意味着两条交织的链上的碱基顺序是互补的。有了一条链上的碱基顺序,就可以自动得出另一条链上的碱基顺序。理论上,可以非常容易地看出一条链如何作为模板去合成另外一条顺序互补的链。[27]

于是沃森和克里克得出了他们著名的DNA双螺旋模型,两条链之

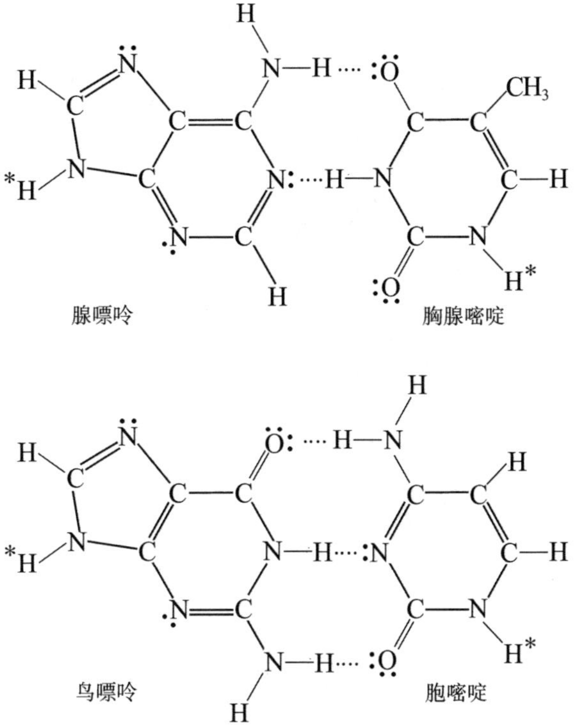

图 7.5　A–T 和 G–C 之间的氢键就像两相插头和三相插头可以准确地插入不同的插座一样。

间的互补特性提供了一种遗传物质自我复制的机制。在 3 月的第一个星期，在卡文迪什的机械车间里一个用铁片建造的精确模型被完成了，整个形状表现了量子力学中对分子的正确理解，而且位置和角度都符合 X 射线数据。X 射线数据已体现出 DNA 分子的螺旋和双股本质，卡文迪什研究组的贡献在于两条链之间碱基的配对思想。最终结构与 X 射线衍射证据的完全一致对证明这伟大见解的正确性是至关重要的。X 射线数据本身当然是基于量子物理学原理，只能通过对原子和分子世界的量子观点来解释。但沃森和克里克的伟大见解（得到了多诺霍、格里菲思和查加夫的一些帮助）更是深深根植于量子物理学。它基于那些附着在一个 DNA 分子糖–磷酸骨架上的碱基的实际形状，这些形

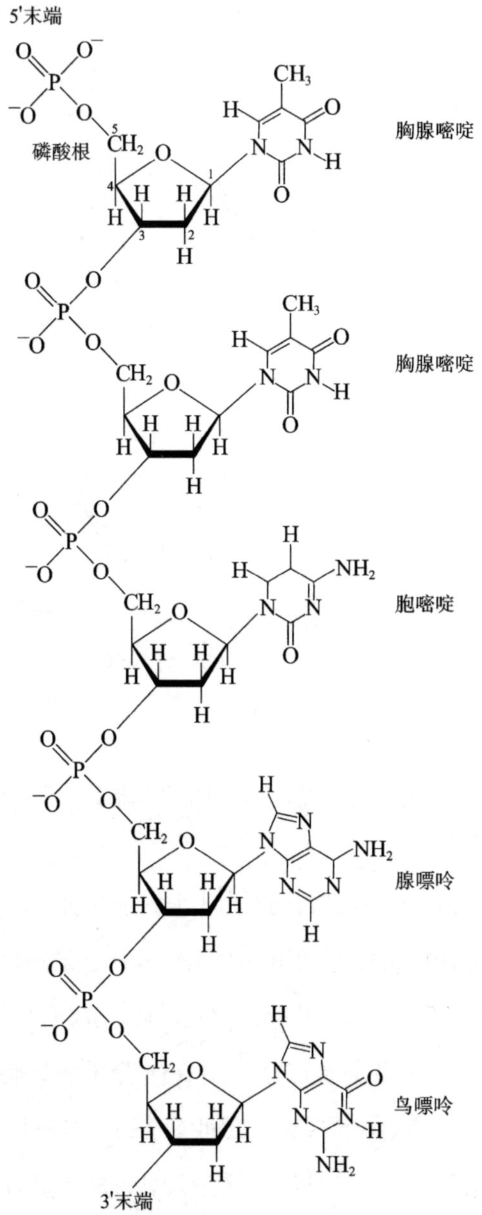

图7.6　一条DNA单链的部分结构图,其碱基附着在链中的糖上。

状只能运用量子物理学,按着最早由鲍林建立的一些法则来理解。甚至在正确形状已经被建造到模型中之后,A和T之间以及C和G之间的连结才被证明是氢键,这本身就是物质量子行为的一个特点。量子物理学存在于生命的核心之处。

通过对这个故事的简单介绍,明显地表现出克里克和沃森并非某一科学领域的真正专家,但综合到一起得出了双螺旋结构。多诺霍掌握更多关于分子形状和氢键的知识;富兰克林是一位更出色的X射线晶体学家;查加夫了解碱基之间的关系,等等。但特别是沃森,其贡献在于,他有更宽广的眼界,从各学科专家处汲取所需,最终得到新的综合结果,而且这种综合结果比其各部分都更伟大,这一点于那些不能聚

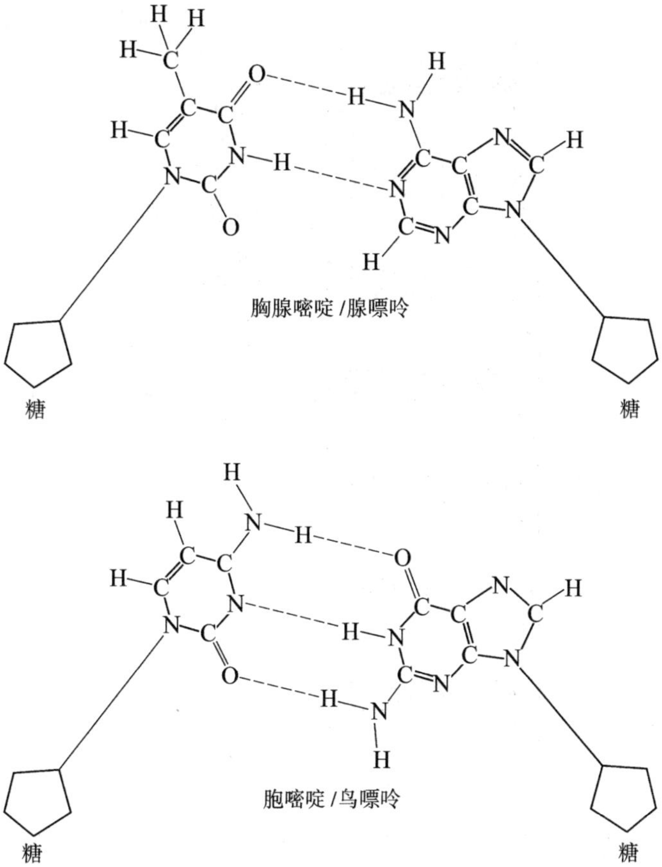

胸腺嘧啶/腺嘌呤

糖　　　　　　　　　　　　　　　　　　糖

胞嘧啶/鸟嘌呤

糖　　　　　　　　　　　　　　　　　　糖

图7.7　当DNA互补链上的碱基对由氢键结合到一起时,T-A桥与C-G桥的大小和形状都一样。

木为林的专家们而言是无法领悟到的。

克里克和沃森所作的贡献是原创性的,意义重大,足以使他们的名字永远载入科学荣誉的史册。现在回头来看,国王学院的数据对他们是多么重要,他们本该一起公开他们的研究结果。按照科学的礼规,当一组理论学家在使用别人未公开的数据后得出了新见解的情况下,正确的处理办法应该是安排某种联合公开结果的形式。对于这件事,平等起见,克里克和沃森所应该做的就是与威尔金斯和富兰克林取得联系,通知他们这个好消息,并准备一份四人名义的论文,向世人这样宣

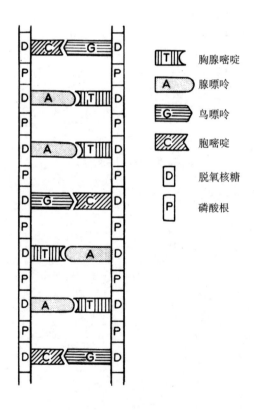

胸腺嘧啶

腺嘌呤

鸟嘌呤

胞嘧啶

脱氧核糖

磷酸根

图7.8　碱基之间的准确配对使两条互补DNA链连接在一起,如该简图所示。因为A只与T配对,G只与C配对,所以一条链上的碱基顺序就决定了另外一条链上的碱基顺序。

布：首先，X射线数据证明DNA是一个双螺旋，然后，碱基配对新思想解释了螺旋是如何结合与复制的。在这篇论文中，也应提到戈斯林，那位研究生的名字。另外一种做法应该是有两篇论文同时出现在同一期刊上，一篇来自威尔金斯和富兰克林提供的X射线数据，另一篇由沃森和克里克作出对它的解释。但是剑桥研究组的急切心情及威尔金斯和富兰克林之间冷漠的关系，促使了一系列奇怪论文在《自然》杂志上的发表。

富兰克林的毫厘之差

完整的DNA模型完成于1953年3月7日，星期六。在紧接着的星期一，克里克收到威尔金斯的来信，威尔金斯在信中告诉他，富兰克林正准备离开国王学院去伯克贝克学院的贝尔纳研究组工作，并且因为"许多三维数据已经掌握在我们手中"，[28]他预计将会在很短的时间内确定DNA的结构。这场"竞争"其实已十分接近，当然威尔金斯当时并没意识到是如此接近。在3月的第二个星期里，有关这伟大发明的消息在剑桥传开了，像德尔布吕克和鲍林这样的研究人员也通过书信得到了这个消息；到了周末，预计在《自然》杂志发表的一篇短论文的草稿已经准备好，草稿的复印件也寄给了国王学院。威尔金斯极为宽宏大量。他在看过论文草稿后马上于3月18日写了回信，其中写道："我认为你们真是两个无赖，但抱怨也没什么用，我还是认为这是一个令人激动的想法，至于是什么人提出它的并不要紧。"[29]他接着提议他（威尔金斯）和他的同事也许应该在《自然》杂志上与沃森和克里克的文章一起发表一则简短的启示，"说明整个螺旋结构的情况"。在信的最后，他还提到富兰克林和戈斯林在知道沃森-克里克模型之前也得出一些结论，而且"他们已经准备好文字材料……所以在《自然》杂志上至少会有3篇短文"。

三篇短论文按时出现在1953年4月25日那期《自然》杂志上。第

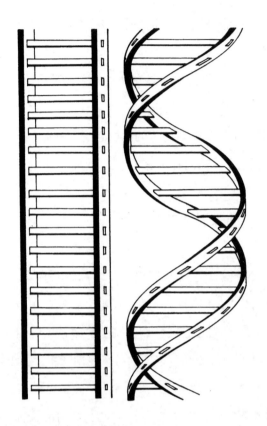

图7.9　实际上，两条DNA链相互盘绕，形成一个双螺旋。

一个奇怪现象是沃森和克里克的论文首先出现，理论出现在要解释的
实验数据之前。这个奇怪现象可以被论文中的另外一个奇怪现象说
明，论文中介绍模型似乎是启发于查加夫规则，而且提到发表的X射线
数据（来自阿斯特伯里和威尔金斯的数据）并不足以用来对模型进行检
验（实际上是暗示模型是突发的灵感，是来自沃森和克里克的基本化学
知识，而并非来自一些具体的X射线数据），并指出随后的论文是对模
型更为严格的"检验"，而这模型实际上是建造在国王学院数据的基础
上。第二篇论文的作者是威尔金斯、斯托克斯(A. R. Stokes)和H·R·威
尔逊(H. R. Wilson)，论文介绍了X射线数据的总体证据支持DNA是螺
旋结构。最后一篇论文署名为富兰克林和戈斯林，它包括了B型DNA

的重要衍射图样照片,并确认了沃森-克里克模型的合理性。没有人可以猜想到实际上正是 B 型照片启发了沃森对问题进行最后一击。

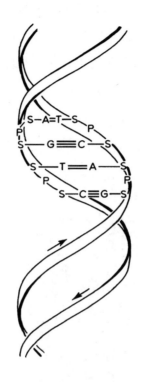

图 7.10　部分 DNA 双螺旋近观图。

富兰克林怎么也不会知道沃森和克里克是如何依赖于她的数据的。直到 1969 年《双螺旋》出版后,沃森和克里克两人都没有表明其实富兰克林自己离解开这个谜已是相当接近了。富兰克林在《自然》杂志上确认模型的那篇论文与草稿稍不同,而且这篇草稿威尔金斯在收到沃森-克里克论文的草稿**之前**就看过。草稿的时间是 1953 年 3 月 17 日,它是与富兰克林的其他论文一起被发现的,这是因为沃森的书出版以后引起人们对富兰克林的广泛兴趣。草稿中详细介绍了 DNA 的结构是一个双螺旋,虽然它当然不包括碱基配对的思想,如果它能在 1953 年春天以它原始的形式发表,沃森和克里克就不会有那么好的运气去从多诺霍那里学到关键碱基的互补结构,它肯定会对分子生物学界产生巨大影响,那么整个故事的发展会更合理些。[30]如果我们正确地去理解富兰克林的研究工作,我们可以说她在1953年3月建立的DNA结构比莱纳斯·鲍林在同一时期发表的结构更接近正确答案。

在富兰克林去世后,那些想为她评理的人们必须记住,富兰克林本人根本认为没有必要去争论。她与戈斯林联名撰写的论文草稿完成于3月17日,后经修改,论证了沃森-克里克模型,这正是为了向DNA和国王学院告别而设计的。为了能在伯克贝克学院找到一个更合意的工作环境(只要她能被关心),她很高兴离开国王学院,而且她很高兴地看清

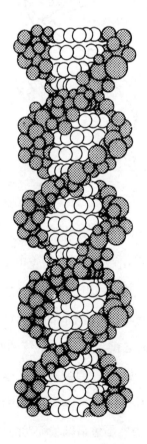

图7.11 一个DNA空间填充模型。

DNA研究工作的背后是与国王学院的不合气氛有关。沃森说她"对我们模型的立即接受最初令我大吃一惊",[31]而他却没有认识到她和戈斯林几乎马上就会得到同样的模型,也没认识到她非常愉快地离开国王学院的真实原因,而是将一切都笼统地归功于她宽宏大量的气度。她一开始的"毫无掩饰的热情"及随后的与"同行们的交流",她"非常愉快地"与克里克谈论她的数据。"他才能第一次看出她关于糖-磷酸骨架位于分子外侧的主张极其简单明了。她过去对此不屈的态度反映了一流的科学。"

富兰克林真正的悲剧就是她的英年早逝。因为毫无疑问,诺贝尔委员会掌握充分的材料而且对规则的解释较为灵活,1962年的生理学医学奖联合授予了克里克、沃森和威尔金斯,同年的化学奖授予了肯德鲁和佩鲁茨,表彰他们对蛋白质的研究,所以完全有理由找出一个位置来奖励富兰克林,就算将一个奖项联合授予4个人也是有先例的。但惟一不可灵活变动的评奖规则就是它只授予在世之人。

超速离心机的证明

到1953年春天,能证明双螺旋的证据大量涌现。很少有生物学家还怀疑模型的准确性,沃森-克里克的思想首先在《自然》发表后,他们又在其他地方进行了具体阐述,这启发了许多研究人员探讨遗传密码的本质和长的双螺旋作为染色体中的遗传物质,是如何在细胞分裂过程中解开并复制的,以及它们是如何将信息传递给细胞使之能建造蛋白质的。生命分子是双螺旋这一发现为分子生物学揭开了新的一页,而不是标志着它的结束。但在我们以双螺旋发现为基础去进一步理解世界之前,如果能有实验证明双螺旋复制的本质,那么关于双螺旋的故事就会更加完美了。虽然双螺旋于1953年进入分子生物学家的视野,但又花了4年才有实验证明了分子自我复制的本质。

沃森-克里克的DNA双螺旋模型有两大特点。首先,碱基配对的任何顺序都可以被容纳在结构中。只看螺旋中的任何一条链,不存在对4个碱基"字母"A、C、G和T排列顺序的任何限制。互补链只是映射另一链上所携带字母的排列,所以说排列顺序只与一条链有关,而且使用这个四字密码拼写任何"信息"都是完全自由的。这当然与20个字母的多肽密码相比有些限制(但我们已经知道,这并非很严重),而与旧的莫尔斯电码相比就相对自由多了,莫尔斯电码由薛定谔引用作为他书中最简单的原始密码,并由他首次将遗传密码与其建立了联系。关于如何破译密码的故事将在随后的一章中谈到。

沃森-克里克模型的第二大特点是它提供了一个简单的复制方法。这个思想在被推出之前,大家都以为复制过程包括两个步骤。首先是分子必须创建一个中间形式,一张"负像",就像我们把硬币压入黏土中制作一个硬币的模具一样。然后负像或模具被用来创造一个新的分子,同在模具中注入蜡从而得到一个硬币的模型一样。DNA的双链结构以及互补碱基沿着整个分子的配对,就意味着它本身带有自己的"负像",这样就减少了假定过程中的一个步骤。只要两条链能相互解开,而且丝毫无损,那么细胞的化学机制可以毫无困难地为每条单独的链重组一条新链配对。按照每条单独链上不同碱基进行配对(A对T,C对G)制造出一条新的互补链,从而产生了两个DNA双链,而原来只有一个。在1953年,解释长分子如何在丝毫无损的情况下解开、复制并再次盘绕起来是很困难的,但这并没有降低这个概念的完美性和简单性。所有这些疑惑在克里克和沃森后来的论文中都被解开,在《自然》杂志的第二篇论文和《皇家学会公报》上发表的论文中都有完整的解释。1953年秋,沃森离开剑桥回到加利福尼亚,这一伟大的合作宣告结束,但这之后还有沃森对克里克的一次攻击,现在读起来令人哭笑不得。

英国广播公司(BBC)请克里克为他们的科学节目"第三计划"作一

个报告,就是介绍对DNA本质的发现。沃森得知这个计划之后,从帕萨迪纳写信告诉克里克,他认为这简直太糟糕了,"现在仍有许多人认为我们窃取了数据,而且我相信敌人总比崇拜者更为糟糕,"他说道,但是"你如果一意自我宣传,那么你将是受伤害最重的人",而且"如果你是如此缺钱,就尽管去干吧。不用说,我将不会再敬仰你,而且完全有理由拒绝今后我们俩之间任何进一步的合作。"[32]沃森自己出版的那本书几乎得罪了参与DNA探索的所有人,他却因此变得小有财富,他在生意场上可以算得成功,但他才是为了赚钱而进行自我宣传。

这种复制模式有着引人注目的含义。虽然每对DNA链在有丝分裂时建造了自己的新伙伴(这个新思想正解释了细胞分裂过程中观察到的染色体的跳跃),但每条原始的链都不会被破坏。在人类形成过程中,你是一个受精卵细胞经过不断分裂的最终结果,但来自你父母的原始DNA链始终没有被破坏,只是经过了多次的解开和合并的过程。在你身体某处的一个细胞内肯定存在着继承自你父母的原始DNA链,并不是复制品,而是原始原子形成的原始分子。这是一个具有启发性的想法;它为最终证明DNA确实如此复制提供了检验基础。

这种复制是叫做半保留复制,因为一条DNA链——原始分子的一半——被毫无变化地传给了子细胞。除了这种复制方式还有两种方式可能存在。在保留复制中,整个双链分子被复制,一个子细胞有可能得到的是复制品,而另外一个子细胞得到完全原始的分子。另外,在分散复制中,原始DNA在复制前被分成较小的单位,这样原始DNA就有机会较均匀地被传给子细胞或后代。在马萨诸塞州伍兹霍尔海洋生物实验室工作的梅塞尔森(Matthew Meselson)[33]和斯塔尔(Franklin Stahl)开发了一种美妙的技术,可以用来区分这些可能性。

如同许多好实验一样,它在概念上非常简单,但操作起来相当困难。第一步就是找出一种能在生长的细胞集落中把DNA原始链和由

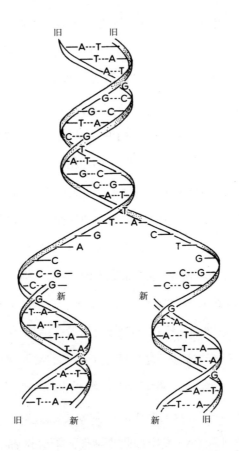

图7.12 沃森和克里克认识到DNA可以进行完美的自我复制。当双螺旋的两条链解开时,每一条都与合适的碱基和逐渐成长起来的糖-磷酸骨架结合在一起形成一个新的双螺旋。两个新螺旋彼此相同,也和原始螺旋相同,每个螺旋所含的碱基及顺序都相同,所以每个螺旋负载着同样的遗传密码。

细胞介质的成分组成的新链区分开来的方法,细胞介质是细胞赖以生长的食物。明显的方法就是在细胞的食物中添加一种其主要成分的重同位素。经过几种可能方法的尝试,梅塞尔森和斯塔尔选择了氮的一种较重形式——氮15。他们发现最佳的细胞研究对象是大肠杆菌,一种常见的肠道细菌。实验的第二部分就是测量不同代大肠杆菌的DNA分子的密度差异,这是此实验得出的实在非常特别的东西。

他们所需要的是一种能使DNA漂浮的溶液。氯化铯,虽然很像食盐,但它较重,被证明是非常理想的。然后他们需要一种可以在盛有盐溶液的试管中产生密度梯度的方法。他们使用了我们的老朋友离心机,但最终是加大马力、高速运转的超速离心机。超速离心机的转速达到每分钟45 000转,在这样转动的试管中,氯化铯溶液产生了密度梯度,重盐分子被甩到了试管底部,使底部溶液密度加大,同样试管上部由于少了这些重分子,所以密度变得较小。如果溶液中含有少许的DNA,DNA就停留在溶液中的一条窄带处,这一区域溶液的密度正好和DNA分子的密度一样。再装备一台照相机就可以为超速离心机中转动的试管拍照(这本身需要很高的技术),使用紫外线使DNA呈现为一条黑带,这样梅塞尔森和斯塔尔可以比较不同批DNA分子的密度和质量。

当一切就绪,梅塞尔森和斯塔尔在一种所有氮都是氮15的介质中培育了大肠杆菌菌落。经过许多代,菌落中所有成活细菌中的所有DNA分子的成分中就有了重氮。当一些细胞被杀死然后对其中的DNA使用超速离心技术进行分析时,结果是DNA呈一条黑带并位于试管底部。然后将生长的细菌菌落从重氮介质中取出,并换成普通的同位素——氮14。经过了新一代细菌成长所需的时间后,对新的细菌进行同样的分析。结果依然是在超速离心机试管中有一条DNA的黑带,而黑带的位置正好对应了密度位于标记为重氮的DNA与普通DNA之间的位置。对此的解释只能是在新一代的大肠杆菌中,每个DNA分子由一条从亲代直接继承的DNA重链和一条由它的食物制造出来的DNA轻链组成。在第二代,正如半保留复制思想所预示的,梅塞尔森和斯塔尔在试管中发现了两条黑带,分别对应两种DNA,一种为混合形,像所有第一代细胞中的DNA一样,而另外一种为普通DNA,它是由混合细胞中的普通DNA链分解开后,与只含有普通氮原子的介质建造出的新伙伴结合而成的。这个实验完成于1957年,并于1958年发表,表

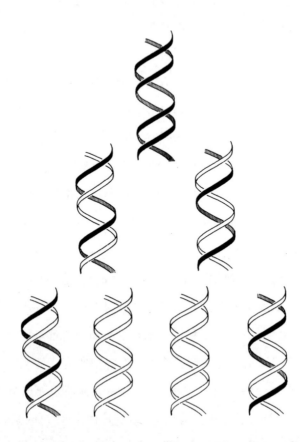

图7.13 原始DNA的每一条链在复制过程中都被保留下来。梅塞尔森和斯塔尔利用重同位素在不同代的DNA中的分布对原始链进行了跟踪，从而证明了此点。第一代中每个都含有重DNA链；第二代中只有一半有重DNA链，而另一半都由普通同位素构成。

现了与孟德尔果蝇实验相同的继承形式——配对被拆开，然后再形成新配对。孟德尔研究的是配对染色体分离后进入种子，由种子又生长出新植物，而梅塞尔森和斯塔尔所研究的是细菌"染色体"内的DNA配对链本身，它分离为单条的链，由此建造出新的染色体。而且梅塞尔森和斯塔尔所测量的并非表型的某一方面，他们观察的是遗传物质DNA从一代向另一代的直接转移过程。他们从直接实验中观察到遗传物质作为物理实体的持久性。孟德尔的基因，最初被用来解释观察到的继承形式的假定因子，现在被证明是由普通原子按照常规的化学法则和物理法则所构成的实实在在的分子，并在一成不变的情况下从一个细胞传递到另外一个细胞。难怪沃森的前辈、冷泉港实验室主任凯恩斯（John Cairns）会把梅塞尔森和斯塔尔的研究称为"生物学中最美丽的实验"。[34]这也为发现生命之分子的故事画上了一个完美的句号。

第三篇

·····及超越

我们对 DNA、细胞和整个生物体之间的关系即将有一个全新的认识。

——芭芭拉·麦克林托克，
《科学》杂志，1981 年 10 月

第八章

破译密码

第一个经过深思熟虑提出现在人们所了解的遗传密码思想的,是一个物理学家——薛定谔。从生物化学的角度看,他的理论是错误的——当他写《生命是什么?》一书时——他认为是蛋白质分子携带着生命密码。但是关于生命密码类似于莫尔斯电码的思想已经成型。而在20世纪50年代初,就在沃森和克里克发表了他们最初两篇关于DNA本质的文章之后,使分子生物学家们不得不对这个概念加以注意的是另一位物理学家——伽莫夫(George Gamow)。

伽莫夫是一个热情奔放的人物,他于1904年出生在俄国,毕业于列宁格勒大学,曾在格丁根和哥本哈根玻尔的研究所与量子物理学的首创者们一起工作。他1933年移居美国,在那里他的主要研究方向涉及核物理学和宇宙起源。他传奇式的幽默感使他的行为与科学家一本正经、穿着呆板僵硬衬衫的传统形象很不相符,但这也许能够让人更准确地了解至少某些科学家是如何工作的。1948年,当他与一位叫阿尔弗(Ralph Alpher)的同事经过研究,就宇宙起源于大爆炸的观点写出一篇重要的学术论文时,伽莫夫顽皮地把他的朋友贝特(Hans Bethe)的名字列为论文作者之一,尽管贝特对这项研究毫无贡献。伽莫夫的意图是想让这篇论文永远地被称为"阿尔弗、贝特、伽莫夫"论文,或按谐音称为"αβγ",他如愿以偿了。[1]后来伽莫夫写了一套向公众解说科学的丛书,因而在科学界以外出了名。他最值得称道的创造是"汤普金斯先生"(Mr Tompkins),这是一个缩小成原子大小并经历了量子反应的人物。但不幸的是,伽莫夫想用伽莫夫和汤普金斯联名发表一篇论文的企图被一名编辑阻止了,因为这位编辑的知识面很宽,知道"汤普金斯"是一个虚构的人物,但又缺乏足够的幽默来配合伽莫夫的小玩笑。

1953年,伽莫夫访问了加利福尼亚大学伯克利分校,正如他后来回忆的:

> 我走在放射实验室的走廊上,碰上了阿尔瓦雷斯(Luis Alvarez),他手上拿着一份《自然》杂志……他说:"看,沃森和克里克写了一篇多棒的文章。"这是我第一次见到这篇文章。后来我便回到了华盛顿,开始思考这篇文章。[2]

不久,伽莫夫写信给沃森和克里克,作了自我介绍,并陈述了他对于密码问题思考的最初成果。这些思想于1954年2月发表在《自然》杂志上。他认为蛋白质分子是直接建立在DNA上的,而DNA则充当了使氨基酸按正确顺序排列的模板。这一想法依据的是伽莫夫的这样一个推测,即碱基在双螺旋上的排列会产生一系列形状略微不同的洞,而每个洞的结构则取决于洞的周围是哪4种碱基。他认为氨基酸会插入这些洞内,当多肽链的所有组分都这样插入DNA片段上以后,它们便互相连接并从洞中脱出,形成一个完全的蛋白质分子。从生物学的角度看,这一想法充满了漏洞。它没有通过大量的调查去显示双螺旋上各个碱基之间的空隙差异并未大得足以使不同的氨基酸插入不同的洞内,伽莫夫的密码不久就因为这种模型对哪些碱基以及哪些氨基酸能够被"允许"互为邻居所具有的限制而遇到了麻烦。然而伽莫夫的工作极其重要,因为随着DNA论文发表后出现了一股热,它迫使像克里克这样的研究人员立即把注意力集中到密码问题上,也就是双螺旋上的一串碱基如何翻译成蛋白质上的一串氨基酸之谜。

正如伽莫夫在《自然》杂志上发表的论文所说的:"任何生物体的遗传性状都可以表现为一长串用四进位系统写成的数字。另一方面,酶是由大约20种不同氨基酸组成的长肽链,可以被视为基于20个字母的字母表的长'词',其组分一定是完全由脱氧核糖核酸分子决定的。这样便出现了四进位数字如何才能翻译成这样的'词'的问题。"[3]

要得到这一问题的答案,只能求助于对密码问题从整体上给予更周密的思考,同时要比伽莫夫1953年时更好地把握生物化学的现实。

另一种核酸

DNA并不是细胞中惟一的核酸。确实,就在沃森-克里克关于双螺旋的文章发表之前,许多人还认为另一种核酸——RNA——在细胞的生命中起着更重要的作用。早期关于RNA的研究是模糊不清的——研究人员并不真正了解他们观察的是什么,以及它在生命过程中起什么作用——早期很多工作是二战期间在欧洲的实验室中进行的,即使有文章发表的话,也是以不同的文字,交流起来相当困难。因此最能抓住故事线索的地点是英国剑桥,那是在1946年7月,当时由实验生物学会组织了一次讨论会,这次会议为大家了解该领域进展、迎接战后新的研究浪潮提供了机会。

在那些岁月中,研究的重点似乎是细胞中DNA的稳定性和RNA的可变性。DNA的量是恒定的,在一个生物体的所有细胞中都一样,而且对于每个细胞来说在任何时候都是一样的。不仅如此,它总是位于细胞核中,不参与占据细胞大部分空间的细胞质内繁忙不停的生化活动。而 RNA 却表现出许多变异。最明显的是,一个成长中的细胞比静止的细胞含有更多 RNA;一个活跃的细胞,如来自肝这样忙碌生产蛋白质的器官的细胞,也含有特别丰富的 RNA。RNA 与 DNA 不同,它能以微小的圆形结构出现在细胞质中生产蛋白质的场所,我们称其为核糖体,它含有很多 RNA 和蛋白质。所有这些证据都显示,RNA 直接参与了对细胞或多细胞生物功能有决定性影响的酶的生产。但 RNA 是如何"知道"要生产何种蛋白质的呢?同样,即便是在20世纪40年代,不断有证据表明 DNA 是遗传信息的储藏库。尽管这个想法并没有马上在科学界掀起轩然大波,但其主题思想已出现于在法国斯特拉斯堡工作的布瓦万(Andre Boivin)和旺德雷利(Roger Vendrely)联名撰写的论文中,这篇论文刊登在1947年1月15日的《实验》杂志上。一位不知名的编辑把他们论文的中心思想理解为 DNA 制造了 RNA,而 RNA 制造了蛋白质。这个概念涉及了对细胞工作方式以及20世纪50年代和60年代发展起来的遗传密码工作方式理解的核心。它一下子来了个釜底抽薪,就像伽莫夫最初对编码问题当头一刺,认为 DNA 无须媒介帮助而直接制造蛋白质一样,把 RNA 放到了舞台的中心位置上。

就在这个时候,人们也清楚地发现 RNA 的一个近亲在细胞的生命中起着另一种重要作用。李普曼(Fritz Lipmann),一位曾在哥本哈根工作,后转到康奈尔大学,最后来到马萨诸塞综合医院的生物化学家,在20世纪30年代末和40年代初花了很多时间研究细胞从哪里获得能量来维持使氨基酸连接的"工厂"。李普曼从先前的研究者那里知道,能量由生物体内富含 ATP(腺苷三磷酸)的小分子携带。ATP 很像 RNA 中的基本单位。它带有一个核糖环,一端是腺嘌呤,另一端是磷酸基。但是这个磷酸基并不与另一个核糖环相连,而是带有另外两个磷酸基。这样的分子含有丰富的能量——它是通过一个最终依靠光合作用摄取太阳能的过程制造出来的。[4]这三个磷酸基之间的链很容易断开,释放出用于驱动你身体肌肉的能量。然而使一条RNA链、DNA链或多肽链的各个部分聚合在一起也要花费能量。李普曼意识到,任何一个碱基,不只是腺嘌呤,都可以成为像ATP一样富含磷酸盐分子的成分,这种分子中的糖也可以像核糖一样轻易成为脱氧核糖。细胞用来聚合像RNA一样的分子的部分并不是光秃秃的碱基本身,而是携带额外磷酸基的核苷酸,自己运送足够的能量源,来克服可能会出现的、阻止它们附着在不断成长的链的末端的能量屏障。磷酸盐被废弃并被细胞再循环利用。一个类似的过程又提供把氨基酸连接成肽链所需的能量。李普曼因为此项工作获得了1953年的诺贝尔奖。

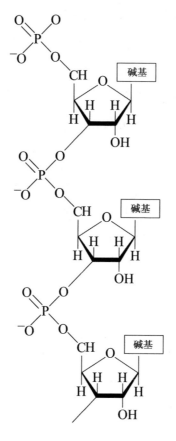

图8.1　RNA的结构同DNA的结构(见图7.6)非常相似。

这样,到1954年,这一谜题的各个部分逐渐揭开。DNA 携带遗传信息的证据已经非常令人信服了;DNA 的结构已知为双螺旋,这是一种显然可自我复制的结构;用于把生物分子连接成长链的能量源已经弄清;甚至连 DNA 制造 RNA,RNA 制造蛋白质的想法也广为流传。问题在于 DNA 是如何制造 RNA 的,RNA 又是如何制造蛋白质的。对这一问题发起攻坚的核心人物是克里克,他至少在早期曾受到伽莫夫思想的启发。伽莫夫以其特有的热情创立了由20名成员(每人代表一种氨基酸)组成的"RNA 联谊会",李普曼是这个联谊会的名誉会员。创建这个联谊会,主要是想激发讨论,通过书信交流思想,以便对解决编码问题形成基本一致的看法。但是这个想法却没有能够真正实现,尽管伽莫夫的指导精神使这一激情持续了相当一段时间,也导致了一些文章的发表。克里克与伽莫夫保持了联络,并为联谊会作出了一些贡献,他还与已经回到美国的沃森保持着联系。不过,在这个圈子内又有了一个新成员,他就是南非的布伦纳(Sydney Brenner)。他1954年在牛津大学获得博士学位,在南非工作了一段时间,1957年回到英国加入医学研究理事会所辖的剑桥大学分子生物学实验室。贾德森在《创世第八天》中详细讨论了克里克写给身在南非的布伦纳的信件。这些信件很深刻地反映了20世纪50年代中期对遗传密码的攻坚战是如何发展的。

三联体登台

无论你是从 RNA 还是 DNA 的角度来考虑,编码问题的原则都是一样的。每个核酸都由4种碱基组成,RNA 碱基是 UCG 及 A,而 DNA 碱基是 TCG 及 A,这并不影响从理论上了解四字密码如何提供由20个字母的字母表写词所需的信息。从现在开始,我在描述密码以及它如何断开时,一般都会提到 RNA 碱基,因为事实证明正是 RNA 直接控制着蛋白质的制造,而它自己就是按照DNA模板制造出来的。在整个这场游戏的初期,专家们一直把注意力放在一种三联体密码上,也就是三个一组的碱基(如UCG)对应着一种氨基酸,对应着多肽字母表中的一个字母。原因很简单。如果一次只取一个碱基,你只能有4种不同组合。但如果一次取两个一对的碱基,你可以有16种不同的碱基对(4×4),比如UC,因为无论4种碱基中你取哪个作为碱基对中的头一个,第二个碱基都有4种选择。然而16种组合对于所有生物体中20种不同的氨基酸基本成分的编码来说仍是不够的。如果一次取三个一组的碱基,你可以得到64种不同组合(4×4×4),那样对全部20种氨基酸进行编码就足够了,有些剩余的组合还可以作为"标点符号",表示一个氨基酸链的开始和结尾——对构成链的酶而言,起着"起始"和"终止"编码的作用。

20世纪50年代,导致人们对三联体密码不断加深理解的思想缓慢地发展着。早在1952年,在罗切斯特大学工作的生物化学家杜恩斯(Alexander Dounce)发表了一篇论文,讨论了RNA作为模板控制蛋白质制造的可能性。论文中还包含了一种密码的概念,它依照三个一组的碱基排列顺序识别蛋白质链中的某种氨基酸。即便在那时,对于像杜恩斯那样的研究人员来说,RNA从细胞核中的DNA进行自我复制似乎也是显而易见的。这篇论文是过于超前了——发表于沃森和克里克描述双螺旋**之前**一年——因而没有产生什么重要影响,尽管人们再回头时把它看成里程碑,首次以论文形式明确提出了蛋白质中氨基酸的确切顺序取决于核酸链上碱基的确切顺序这一思想。这是克里克在发现双螺旋以后的10年中一直在坚持的思想。

人们尝试对这一问题提出不同的看法,比如,假如你从第二个"字母"而不是第一个去读一个三联体密码,就会得到不同但有意义的信息,这就可能是重叠密码,但最终发现这些说法都有欠缺。结果,理论家们被迫回到最简单的可能性,那就是,核酸上的碱基链必须是三个一组,从一个确定的地方开始,到一个确定的地方结束。它们可能组成诸如UCG TCG TCU GGC CCT这样的信息,其中每一组三联体密码对应一种氨基酸。这样的密码带有某些引人注目的特征,能够马上揭开一整套基因突变的机制,正是这一机制提供了作为自然选择进化关键的变异。如果从碱基中取出一个,假设细胞的读取机制仍在三个一组地翻译密码,那么从这一点以后的整条信息便被无望地打乱了。例如像JIM GOT THE HOT PIE(吉姆拿到了热饼)这样的信息,仅仅因为拿出了一个字母,便会成为JIM GTT HEH OTP IE。同样,仅仅因为加入一个多余的字母——即多余的碱基——我们就会得到同样毫无意义的JJI MGO TTH EHO TPI E。但是,假如把其中的一个字母,或者说一个碱基换成别的,那么你改变的是整条信息中的一个词——正按照编码指令制造的多肽中的一个氨基酸。这会在整句信息中间出现一个无意义的词,如JIM GOT QHE HOT PIE;或者使句中出现一个新的但是有意义的词:JIM GOT THE HOT PIG(吉姆拿到了热猪)。在这种情况下,如果理论正确的话,细胞的工厂将获取这个信息,并用它来制造一条多肽链,与其本应合成的多肽链在一个氨基酸上出现了差异,也许在应该是**丙氨酸**的位置放置了一个**缬氨酸**。像这样改变了的蛋白质,功能可能非常正常。可以想象,它甚至可能比原先的蛋白质功能更强,使携带制造那种蛋白质的突变型遗传密码在争取生存的竞争中略具优势。或许,假如突变蛋白质不能行使其应有的功能,它也可能会自取灭亡。关于能够导致镰状细胞贫血的这类突变的发现,使生物学界相信这些密码的破译者也许真是走对路了。

镰状细胞线索

20世纪40年代,鲍林通过他所工作的一个委员会了解到镰状细胞贫血,这个委员会是为了决定美国政府战后应支持哪些领域的医学研究而设立的。镰状细胞贫血因其患者的红细胞(红细胞含有血红蛋白,并在血液中携带氧)被扭曲成镰刀状而得名,它使这些红细胞完全失去功能。在极端严重的情况下,此病能导致死亡。但是遗传学家对这种病特别感兴趣,这是因为他们非常关心导致镰状的基因在西非黑人的基因库中如何能够生存。产生镰状细胞的变异能够防止疟疾的发生,因此在疟疾的流行地区它又能起抵消作用,确保隐性基因存在于基因库中。[5]只有当一个人从父母双方均继承了致病基因时镰状细胞贫血才会发病,而且从进化的角度说,这种危险对于抵抗疟疾的作用而言被证明是值得的——但是在现居住于疟疾已不是什么大问题的美国西部的非洲人后代中,当然不是这样。

鲍林对镰状细胞的兴趣涉及镰状现象的化学。他猜测镰状细胞贫血患者的血红蛋白与正常人相比一定有化学上的差异,这种差异导致了细胞形状的改变。他让他的学生伊塔诺(Harvey Itano)通过找寻正常个体和镰状细胞贫血患者的血红蛋白的差异来验证这个想法。经过一段辛苦的实验后,伊塔诺发现正常人的血红蛋白带有微弱的负电荷,而镰状细胞贫血患者的血红蛋白带有微弱的正电荷。镰状细胞贫血是鲍林所称的"分子病"的证据于1949年发表,同年密执安大学的尼尔(James Neel)在其论文中一举确定此病是由于严格按照孟德尔遗传定律一代一代遗传下来的突变的隐性基因造成的。这两篇论著同时说明了镰状细胞贫血患者的血红蛋白中出现了特别的化学变化,这种变化由于携带于人类染色体组中的单个基因的变化而产生。这一把孟德尔遗传学、达尔文进化论和生物化学联系起来的发现,已经足够令人震惊了。然而更精彩的还在后面。

克里克和密码破译者圈内的其他人都知道关于镰状细胞实验的情况,由于深深陷入他们对于DNA、RNA和遗传密码的思考,他们想当然地认为突变基因产生的蛋白质分子的生物化学变化就是氨基酸组分的变化。但事实是：看得见的电荷也许仅仅是因为血红蛋白链折叠的方式而发生了变化，从化学角度看暴露出的是链的其他部分。链的氨基酸组分发生变化的证据来自20世纪50年代中期英格拉姆（Vernon Ingram）在卡文迪什实验室开展的实验。

同样在剑桥工作的桑格到1955年已经完成了对胰岛素结构的分析工作。对蛋白质进行氨基酸排序的理论和实验技术都已经确立。在试图发现到底是什么使得镰状细胞贫血患者的血红蛋白与正常人不同的过程中，英格拉姆面临着与桑格研究的问题稍有不同但又紧密相关的问题。他并不想确定两种血红蛋白各自的氨基酸顺序，他要做的是找出两种多肽之间的**差异**。因此他的目标首先是识别两种血红蛋白中多肽链的不同部分，之后再运用与桑格相同的技术详细分析这一小段特别有意义的物质。

在实验的第一阶段，英格拉姆用一种叫做胰蛋白酶的酶把血红蛋白链分解成从化学角度讲更容易操作的片段。胰蛋白酶有选择地分解多肽物质，总是紧靠着赖氨酸或精氨酸，而且总是在这两种分子的一侧。正因为胰蛋白酶总在同样的位置将链切开，英格拉姆确信每次用这种方法准备样本，都能获得完全一样的片段——约30段多肽，每段只含有约10个氨基酸。两个短小的、含10个氨基酸的片段的差异，应该能反映出含300个氨基酸长度的链之间的区别。这正是他的发现。英格拉姆将层析和电泳相结合，通过先分离正常血红蛋白，然后分离镰状细胞血红蛋白，把得到的碎片分开。在正确的角度对层析分离施加电势，这样，当不同的多肽片段迁移穿过纸层时，那些带负电荷的被拉向一边，带正电荷的被拉向另一边，而中性的碎片直接向上。当滤纸用通常的方法干燥和着色，以便在滤纸上将链的碎片显示为有色的小点时，英格拉姆终于发现了他要找的东西。在镰状细胞血红蛋白的层析谱,也就是鉴别这个分子的"指纹"上,在对应于中性线靠正电荷的一侧有一块新的色斑。在仔细对比两个层析谱时,英格拉姆发现它对应着正常血红蛋白谱中的一个中性小点。他记下两种血红蛋白间的化学差异,证实这恰恰涉及鲍林研究小组先前发现的电荷差异。

下一步是要从化学角度分析这个有趣的小点,确定它完整的氨基酸顺序。运用桑格所创的同样的技术,确定仅含有——正如后来发现的——8个氨基酸的肽链顺序,并将它与相应的正常血红蛋白的那个片段的顺序——另一层析谱上的中性小点相比较,相对较为容易。测试结果显示,正常血红蛋白和镰状细胞的血红蛋白之间的差异仅仅由于一个氨基酸的改变。存在于正常血红蛋白中的一个谷氨酸,在镰状细胞血红蛋白多肽链中的同一位置,被一个缬氨酸取代。与缬氨酸相比,谷氨酸在结构上含有一个多余的酸性基团,这个酸性基团携带一个多余的负电荷,使整个片段在细胞所处的环境下呈中性。缺了这个负电荷,就会使整个片段带正电,这就是在对链进行指纹鉴定时显示出的差异,这个差异对于两条染色体都携带镰状基因的个体来说可能是致命的。这一发现于1956年9月在伦敦的一次科学会议上宣布,并于10月发表在《自然》杂志上。它造成了极大影响,因为它证实了密码破译者圈子内部已经知道的东西,也就是以孟德尔方式发生的遗传突变,对应着蛋白质氨基酸序列中的一种变化——在以上情形中,是最简单的可能变化。逐渐发展的三联体密码概念解释了这样的突变如何能够发生。试想,在为血红蛋白编码的一长串核酸碱基——基因——中,一个三联体GGA为谷氨酸编码,而另一个三联体GUA则为缬氨酸编码。一个造成整个DNA分子中仅仅一个碱基变化的复制错误,会导致制造RNA时原本应该是G的位置上出现了一个U,而这个密码中的一个变化,即一个点突变,会导致镰状细胞血红蛋白而不是正常血红蛋白的产生。克里克在后来同贾德森的一次谈话中强调了这一突破的重要意义:

> 这是一个完美的案例……英格拉姆的发现极为重要。因
> 为人们突然意识到这种联系的存在。现在它显而易见了，而
> 且在此之前，在我们看来已经很清楚的东西现在对所有人来
> 说都很清楚了。[6]

然而谜底还没有揭开。遗传信息是如何从细胞核DNA中出来，进入到细胞质中的呢？细胞工厂是如何把氨基酸结合在一起做成蛋白质的呢？还有，到底哪组三联体碱基对应哪组氨基酸呢？

接合体与信使

克里克在劝说英格拉姆进行识别镰状细胞与正常血红蛋白之间区别的工作中起了关键作用。驱动力来自巴黎，1955年春天埃弗吕西（Boris Ephrussi）在巴黎对克里克指出，迄今为止所进行的任何研究都不能提供确切的**证据**证明基因的某种变化会引起蛋白质的变化。虽然有许多间接的证据，但是并没有确定的证明。所以，正是由于巴黎那个研究组和克里克，英格拉姆才一劳永逸地确立了一种基因确实为一种蛋白质编码的思想，也就是对今天的生物学至关重要的"一种基因，一种蛋白质"的概念。对于进一步理解基因中的信息如何翻译到它要编码的蛋白质中这一问题，克里克与巴黎巴斯德研究所的研究人员作出了贡献。

克里克的又一个贡献包含在他1957年9月提交给实验生物学学会的一篇论文中。这篇论文被评价为"遗传学领域最有启发性、思想最解放的论著之一"。[7]尽管这篇论文的标题是《论蛋白质合成》，但它并不是写给生物化学家看的，而是对这个问题，包括编码问题的总体论述，它是用任何对生命密码有兴趣的人都能理解的语言写成的。克里克不但向大众总结了1957年时的知识状况，还指出了前面的路，激励他人跟随其后。他指出"蛋白质的主要功能是起酶的作用"，"遗传物质的主

要功能是控制(不一定是直接地)蛋白质的合成"。他还把蛋白质的本质解释为长的多肽链。他描述了进入这些蛋白质链的"神奇的20种"氨基酸,指出了人类与马的血红蛋白间的相似之处,强调英格拉姆的研究确立"基因确实改变氨基酸顺序"这一概念的决定性意义。概括地讲,他说:"蛋白质合成的独特特征在于只有一组标准的20种氨基酸才能彼此组合,而且,对于任何一种蛋白质来说,**氨基酸必须按照正确的顺序连接**。正是这个问题,即'序列化'问题,才是问题的关键。"接着他就氨基酸如何按照正确顺序连接的问题发表了自己的意见。

在当时,人们认为RNA是与蛋白质的合成联系在一起的,因为人们知道活跃地生产蛋白质的细胞富含RNA。细胞中惟一已知存在RNA的场所是细胞质中的圆形结构核糖体,所以克里克很自然地推测蛋白质构建所依赖的RNA模板是由核糖体携带的。然而沿着RNA模板排列的碱基序列如何在把氨基酸连接起来组成蛋白链之前,把它们按照正确顺序排成一行呢? 克里克在一段时间之前曾想过,细胞内一定有小分子把每个氨基酸带到模板上去。这种被他称为"接合体"的分子,可能在一端有一组RNA三联体碱基,能与模板上相应的三联体碱基配对,它在另一端还可能附着有一个特别的氨基酸,对应遗传密码中的那个特定的"词"。换句话说,接合体很可能是RNA的变形,"记忆"一个三联体密码词汇并找地方寄放氨基酸负荷——单个氨基酸残基。如我们将看到的,尽管克里克建议的名字没有被采用,这一类分子事实上很快就被鉴定出来了,这些分子现在通常被称为"转移RNA"(transfer RNA),或"tRNA"。

于是克里克提出,细胞质中一定至少有两种RNA。他强调"一段核酸的专一性完全是通过其碱基序列表达的",而且"一旦'信息'进入了蛋白质**它就不能再出来**"。这是一个曾一度流传但从未明确提出过的概念。从这个意义上说,"信息"是核酸中的碱基或蛋白质中的氨基酸的精确序列。克里克所说的是，尽管DNA可以控制RNA的制造，RNA可以控制蛋白质的制造，但这个过程不可逆转，即不能用蛋白质中的信息去生成RNA或DNA分子。他把这一基本概念称为分子生物学的"中心法则"（Central Dogma）。[8]

同时，在巴黎，另一组研究人员从不同的方向也在对生命的奥秘进行研究。巴斯德研究所研究组的带头人是雷沃夫（Andre Lwoff），他生于1902年，有俄国和波兰血统；这项工作的其他主要人物有出生于1910年，并于1941年获得博士学位的莫诺，还有雅各布，他的学业因第二次世界大战而中断，1947年完成其医学学位，1950年才作为研究助理加入到巴斯德研究所的研究组。雷沃夫和莫诺在战争时期也十分活跃，在法国抵抗运动中担任领导职务。这三个人都是重新开始研究工作。该项研究工作的主线是噬菌体，以及它操纵细菌的遗传机制，使细胞生产入侵病毒的复制品而不进行正常运作的方式。但这只是整个故事的一方面，另一方面涉及细菌中的性。

在20世纪50年代初，有几个研究小组发现并分离出一种大肠杆菌的菌株，它不像一般单细胞生物那样进行无性细胞分裂，而常常进行一种有性繁殖。这意味着人们有可能用这种生物来做遗传重组实验。它们的生命周期很短，比遗传学家们长期青睐的果蝇还要短得多。1955年雅各布与同事沃尔曼（Elie Wollman）开始研究遗传信息如何从一个细菌转移至另一个细菌。他们特别想要找到细菌的单一染色体上被入侵的噬菌体放置遗传信息的位点——因为雷沃夫一直在研究这样一个惊人的发现，即以这种方式被入侵的细菌不总是立刻繁殖大量的新噬菌体而胀破或解体。有时噬菌体的遗传物质保持静止状态，除非用某种方式激活，否则就会在宿主每次进行DNA复制、细胞分裂时，与其遗传物质一道平静地进行自我复制。这种病毒感染叫做"溶原性"，这种病毒叫做原病毒，或原噬菌体。隐藏的遗传信息位于何处之谜，在理论上可以用与确定果蝇红眼或白眼基因位置相同的办法解答,通过反复配对和对遗传物质重组的后代表现出的遗传特征加以分析。对于细菌中隐藏的噬菌体基因,这尤其简单,因为噬菌体能够被紫外线激活,使得细胞释放出大量新的噬菌体,细胞也就成为休眠基因的载体。

沃尔曼与雅各布发现了一种划分这种细菌染色体上基因的简单方法。他们取已发生某种性状突变的"雌性"大肠杆菌菌株(即那些从其伙伴那里获得 DNA 的菌株),使之与"雄性"大肠杆菌(在适当时机会把 DNA 传给其伙伴的那些菌株)混合,这样遗传物质便可以开始转移了。然后,他们每隔一段时间取出一些混合的细菌样品来检查,看正常的遗传信息传递给突变菌株的效果如何。他们的第一个重大发现便是:所有的遗传信息从一个细菌传递给另一个细菌要用两个小时,尽管这种细菌在正常情况下每20分钟分裂一次。雄性伙伴的染色体就像从牙膏管被缓缓挤出的牙膏一样进入雌性伙伴。这种方式导致了第二个重大发现。

假设在一次这样的实验中突变的雌性伙伴缺少4种不同性质的有效基因:A、B、C 和 D。在经过精确测定的时间段后中断配对(由于显而易见的原因,这被称为**中断杂交**实验),研究组发现在大约10分钟后,控制属性 A 的基因已被转移到了雌性那里,但其他的都没有。15分钟以后,基因 A 和 B 被转移了;20分钟后前三种基因被转移了;只是过了半个小时以后所有4种基因才被转移。这个实验提供了一个计量染色体上基因的方法,一种测量每次杂交中断之前染色体上有多大部分被转移的方法。这对于下一章我们要详细讲到的雅各布和莫诺关于基因怎样打开和关闭问题上的研究很有帮助。而这也有助于另外一系列实验的进行,这些实验显示了新的 DNA 从一个细胞转移到另一个细胞时,能够以多快的速度控制新蛋白质的产生。

到了20世纪50年代中期,人们已经弄清核糖体是制造蛋白质的部

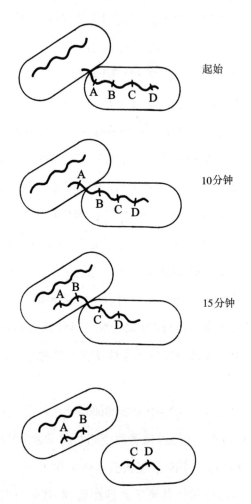

图8.2 中断杂交实验。一株细菌将它的染色体注入另一株细菌需要若干分钟时间。通过中断这一过程,有可能计量染色体上的基因。在这一假想的例子中,4个基因中只有两个在规定的时间里实现了转移。

位,因此可以很自然地推断核糖体中的RNA是制造蛋白质的模板。最实质性的证据是由马萨诸塞州综合医院的扎梅奇尼克(Paul Zamecnik)和他的同事通过研究获得的。它依靠一系列细心的实验,这些实验用放射性同位素 ^{14}C 来标记注射进小鼠体内的氨基酸。然后这些小鼠被杀掉,把其进行活跃蛋白质合成的地点——肝脏捣碎并加以研究,找寻标记过的氨基酸的去向。在某一次实验中,注射标记过的氨基酸后相隔不同的时间段杀死小鼠,扎梅奇尼克能够显示放射性碳原子先是出现在核糖体部位,然后才在细胞的其他位置以完整的蛋白质链的形式出现。在核糖体处发生的什么事使得单个氨基酸合成为蛋白质。其他实验通过排除过程证实,其他的细胞组分,包括细胞核自身,都不直接参与蛋白质合成。但是从某方面讲这个结论具有误导性。

使人们更好地了解DNA中储存的基因密码如何用来制造蛋白质的关键性发现,是20世纪50年代后半期在世界各地的几个实验室作出的。在田纳西州的橡树岭国家实验室,福尔金(Elliot Volkin)和阿斯特拉汉(Lazarus Astrachan)用类似的放射性物质标记技术表明,一个噬菌体侵入细菌后不久,生成了少量的新RNA。到1956年,经过一系列艰辛的细胞分析以后,人们确定这种RNA的结构很像一条DNA链,其碱基的比率与入侵的噬菌体而不是被侵入的细菌的DNA碱基相同。1959年,芝加哥阿贡国家实验室的韦斯(Sam Weiss)把研究更推进一步。韦斯从DNA和细菌细胞的提取物开始,向试管中加入4种构成RNA的核苷酸,显示确实有RNA生成,很可能是使用了DNA中的信息——密码,以及被破坏细胞中的机器——酶。而在巴黎的雅各布和莫诺在1957至1958年间,与来自美国加利福尼亚大学的访问学者帕迪(Arthur Pardee),也一直为侵入异类细胞的基因如此迅速地夺取机器,并开始生产为自己DNA编码的物质感到疑惑。这意味着在新蛋白质开始合成以前,并没有生成具有大分子量的复杂物质(如核糖体),而是DNA非常迅速地制造着某种极其简单的信使。既然在细胞中没有发现这种信使的大量存在,它一定是在使用后被分解了。根据这一思路,他们又进行了许多实验,实验表明,如果去除了DNA,哪怕还存在核糖体,细胞中的蛋白质合成也会停止。制造蛋白质的机器不能自行运作,而只能靠来自DNA的看不见的信使的指引完成。

事后看来,道理似乎是显而易见的。当一个噬菌体侵入一个细菌时,其DNA立即并迅速制造出一种与螺旋结构中一条DNA链完全相对应(除了与T对应的U以外)的RNA。然后这种信使RNA移动到属于细菌的核糖体,这时细菌自己的细胞盲目地跟从RNA的指令,制造了噬菌体需要而不为细菌所需的蛋白质。这就解释了为什么核糖体能够正常工作这个问题,只是不像正常条件下那样,服从通过复制细胞自身DNA而制造出的RNA所携带的遗传信息中包含的指令。核糖体仅仅是傻瓜机器,盲目地按照它们收到的任何指令制造蛋白质,就像一个自动化工厂一样,完全按照计算机程序给出的指令进行生产。想要改变生产过程,你不必建立一个新工厂,仅仅改变指令程序就行了。但是在1960年,要把所有这些零碎的思想拼起来使它们成为一幅完整的细胞运作图,还需要一种灵感。1960年4月,密码破译者内部圈子的几个成员在剑桥大学布伦纳的房间里举行了一次非正式的会议,在这次会议上,这一灵感终于出现了。当时克里克和雅各布都在场,还有布伦纳和另外两三个在伦敦参加了微生物学会一次会议之后来到剑桥的人。剑桥的这次聚会是一剂催化剂,它引发了对细胞如何使用密码制造蛋白质的充分理解。后来便出现了雅各布和莫诺撰写的观点明确的论文,这篇论文将零散的资料合成了一个有机的整体,而且同样重要的是,它对整个机制所作的描述简练、严谨,使事情的进展十分清晰明了。

就是在这个时候,克里克等人通过毫无保留地相互对比记录、推敲想法,最终认定核糖体只不过是一个阅读磁头,它使用的信息通过一种RNA信使(即信使RNA或称mRNA,这个名字是雅各布和莫诺发明的)从DNA表达出来。克里克后来把未能更早认识研究信使的必要性形容为"分子生物学的一大错误"。[9]当那次在剑桥的聚会解散后,他们不仅把他们新认识的消息散布到同行那里,而且决心找到信使并在试管中证实它。雅各布和布伦纳去加州理工学院过夏天,在那里他们与德

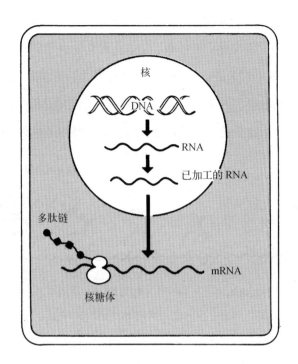

图8.3　与我们身体中的细胞类似的真核细胞,采取几个步骤
将核酸中的DNA翻译(最终)到保持机体运作的蛋白质链中。

尔布吕克(这人并不相信他们)和梅塞尔森交换意见,这两个人的密度
梯度实验提供了一种为信使定位的办法。他们的新实验包括用重同位
素和放射性原子给细胞的各部分做标记,追踪噬菌体入侵细菌后制造
出的RNA的行踪。他们找到了要找的东西。

　　几乎与此同时,在哈佛大学沃森实验室的一个小组用不同的方法
也发现了难以捉摸的信使RNA。那年秋天,雅各布与莫诺在巴黎合作
撰写了一篇著名的论文,文中解答了克里克在其经典的《论蛋白质合
成》一文中提出的绝大多数问题。他们的文章题为《蛋白质合成中的遗
传调节机制》,这篇文章于1960年12月28日寄至《分子生物学报》,于
1961年发表。最终,细胞的"机制"为人所了解,至少是大致上的了解。
1965年雅各布、莫诺和雷沃夫因为他们的贡献获得诺贝尔生理学医学

奖。这是30年来诺贝尔奖第一次被授予一位法国科学家,这个奖授得名副其实。然而尽管莫诺、雅各布、克里克和其他科学家作出了努力,密码自身在1960年并未能破译——没人知道哪个三联体碱基对应哪个氨基酸。这一问题很快取得了突破—— 但实现突破的是圈外的人,而不是长期以来一直把这个谜当作"他们的"问题的密码破译者圈内的成员。

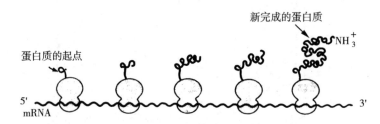

图8.4　蛋白质链实际上是由一个核糖体把一个个的氨基酸拼接在一起的。这个核糖体沿着一段信使RNA移动并读取其内容,就像磁带被录音机的磁头读取一样。

密码破译

一本书就像双螺旋上的遗传密码一样,是线性的。但是讲述双螺旋的历史却无法平铺直叙。正如多数科学一样,这个故事涉及了在不同地点、在相互交叉的时期内不同人物的工作。整个工作只能先分别织出故事的丝丝缕缕,再退后一步来纵观所完成织物的全貌。有时,还有必要退后一两步,拾起一根不同的线来找出它与织好的线是怎样联系的。遗传密码究竟是怎样破译的这一故事正是如此。我们须离开1960年剑桥大学布伦纳研究室里"圈内人"炽热的激情,返回到50年代中期纽约大学医学院不同但有关联的环境中所开展的研究。

此项工作是由在美国工作的法国生物学家格兰贝格–马纳戈(Marianne Grunberg-Manago)和生于西班牙但身为美国公民的奥乔亚(Severo Ochoa)开展的。它涉及一种叫腺苷三磷酸(ATP)的分子,它是生物体中非常重要的能量载体,它的结构可以被描述为一个核苷酸的末端接着两个额外的磷酸基。纽约的研究组所研究的正是ATP作为能量载体的这个角色,作为研究工作的一部分,格兰贝格-马纳戈将一定量的ATP"喂"给酶,看它们怎样加以利用。她有一项实验的结果完全出人意料。有一种酶并未以任何人们预料的方式使用磷酸基中的能量,反而利用ATP制造出某种最初无法确定的物质。格兰贝格-马纳戈对此感到懊丧,但同时又意识到这个出乎意料的结果或许和她正在做的工作同样有意义,于是她用了几个月时间极力了解究竟发生了什么。最后,她终于发现了她试管里反应的神秘产物——酶摄取了ATP,抛掉了核苷酸末端两个额外的磷酸基而把一个个核苷酸连在一起形成一条长核酸链。同细胞中通常发现的RNA相比,它是非常奇怪的核酸——与通常一样,其主线是一串糖和磷酸根连在一起,但每个糖都带着一个同样的碱基,呈一长串没完没了的重复"信息"AAAAAA……这种酶被叫做多核苷酸磷酸化酶,这个名字多少说明了其功能。它生产的这种简单的核酸被起了一个绰号叫poly-A。不久又发现,这种酶也同样会利用等同的含有鸟嘌呤、尿嘧啶或胞苷(GTP,UTP或CTP)的分子制造poly-G, poly-U 或 poly-C链。它甚至会利用包含如腺嘌呤和尿嘧啶的磷酸混合物,把它们串起来成为poly-AU,在链上以不确定的顺序排列着不同碱基。无人知道酶在细胞里做了些什么(即便是今天也无人知道,只知道**并不是**酶把细胞中的核苷酸连接起来),但这没有阻止生物化学家们利用它特殊的性质。

其中有一位生物化学家是尼伦伯格(Marshall Nirenberg),1927年生于纽约,1948年毕业于佛罗里达大学动物学专业,之后逐渐转向博士研究,于1957年在密执安大学获博士学位。事实上在他30岁完成博士学位的时候,格兰贝格-马纳戈和奥乔亚正在像碰运气一样想尽办法制造人工(但愚蠢的)RNA。身携新获得的博士头衔,尼伦伯格去了华盛顿的国立卫生研究院(NIH)。在那里他很快遇到马特伊(Johann Matthaei），一位20世纪50年代末获北大西洋公约组织资助来美国从事博士后研究的德国生物化学家。

尼伦伯格和马特伊对在试管里创造蛋白质合成的适合条件这个问题产生了兴趣，在受控条件下可以测到细胞各部分的活动，识别它们在细胞活动过程中的作用。这样的一个系统由于不含整个细胞（当然它要包含某些细胞器）而被称为"无细胞"系统，它是在部分前人研究成果的基础上发展起来的，如我们前面已介绍过的扎梅奇尼克，以及哈佛大学的蒂西耶斯（Alfred Tissieres），他建立了一个类似的系统，用的是粉碎的大肠杆菌而不是小鼠的肝脏。NIH小组从一个与克里克、布伦纳、雅各布、莫诺等人不同的角度来着手解决这个问题。作为生物化学家，他们从一开始就持有不同的观点；作为圈外人物和刚刚开始从事博士后研究的新人，他们具有新思维的优势，不为"陈规戒律"所禁锢。比如认为核糖体含有RNA模板的看法，这种想当然的看法当时阻碍着圈内人的思想。而他们了解已经发表了的研究工作，也知道RNA是蛋白质制造机制中的关键部分。他们着手创建一个无细胞系统，在这个系统中，RNA分子所携带的信息将在试管里被翻译成蛋白质。早在1961年，他们就独立地使用了雅各布和莫诺发明的术语"信使RNA"。尼伦伯格和马特伊很清楚他们要找的是什么，并着手通过一系列漫长而细致的实验去寻找它——在他们的工作中没有碰到运气。

首先，他们在蒂西耶斯设计的基础上，根据他的提示建立了自己的无细胞系统并使之运转起来。核糖体，加入核酸混合物，合适的温度条件、酸度等等可以在试管中设定，当氨基酸被加入系统中时，蛋白质便制造出来。一切进行得还顺利。当从核糖体中提取的RNA被加入系统时，制造蛋白质的效率只是略有改善，这只能说明核糖体携带的信息是多么少。当他们把烟草花叶病毒（一种从逻辑上讲足以导致烟草植物患病的病毒）的纯RNA加入后，结果就精彩多了，蛋白质迅速大量生成。这些都发生在1961年初,而它本身就是对实际情况和信使RNA作用的充分肯定。现在尼伦伯格和马特伊想要用人工制造的RNA来尝试这个系统。到此时,poly-U、poly-A和poly-AU对于参与这项研究的人来说已经能轻易地制取了,在1961年5月22日这天,作为精心策划的系列实验之一,轮到对poly-U进行实验了。实验结果令人吃惊。精心设置、以便按接到的RNA指令来制造蛋白质的无细胞系统,开始生产出大量的长链苯丙氨酸。携带信息UUUUU……的傻瓜核酸使试管中的核糖体制造出一种完全单调的蛋白质,它只含有一种氨基酸:*phe.phe.phe.phe*……遗传密码中的前一部分被打断了——poly-U被翻译成poly-*phe*。

这个消息在当年夏天在莫斯科召开的第五届国际生物化学大会上传开了。尼伦伯格这位名不见经传的初级研究人员,在会议日程上只被安排在一个较小的房间里宣读10分钟的论文。只有极少的几个人意识到这项还没有发表的研究工作的重要性,不过在这极少的几个听众中就有梅塞尔森,用他自己的话说他当时"被这篇论文惊倒"。[10]梅塞尔森马上去找身为一个分会闭幕式主席的克里克,把这个消息告诉了他。结果克里克重新安排了会议日程,使尼伦伯格能够在主报告厅面对全体与会听众再次宣读他的论文,"讲完后,"梅塞尔森回忆道,"我跑到尼伦伯格面前拥抱了他,向他祝贺……一切都是那么富有戏剧性。"[11]

莫斯科的大会结束以后,从事这项工作的人都匆匆赶回去,决心尝试这项实验,实验结果很快被证实并且传播开来。1968年,尼伦伯格获得了诺贝尔奖,到那时为止,以他的那项用poly-*phe*鉴定出poly-U的工作为出发点,整个遗传密码都已经被弄清。当然,在1961年夏初,人们还不能确定需要几个U才能为一个*phe*编码,尽管最佳猜测是一个三联体UUU。在尼伦伯格和马特伊工作的启迪下,克里克和布伦纳现在以加倍的快速通过一系列以方法简易而著称的实验解开了这个谜。请记住,在加密的信息上加上或除去一个字母会打乱从此往后的整个信息。对遗传密码来说,这样的突变会使得一个基因失效,结果造出一段无义的蛋白质(或什么都不是)而不是一种有用的酶。加上或除去**两个**字母也同样糟糕。但试想在一小段信息中加上或减掉**三个**字母。例如,THE CAT AND THE RAT SAT PAT 这样的信息也许成了 THE SCA TAA DND THE RAT SAT PAT,或许成了 TEC AAN THE RAT SAT PAT。每种情况下,关键问题都在于,尽管一小段信息被打乱,但是因为"变异"的最终结果是少了或多了整整一个由三字母组成的词,信息的其余部分仍能表达某种意思。一个这样改变的基因也许还能或者至少部分地起作用,因为它将造出仅仅改变了几个氨基酸的蛋白质。这就是克里克和布伦纳,还有他们的同事用噬菌体的突变品系所证实的东西。宣布这些结果的论文发表在1961年《自然》杂志的最后一期上,标题为"蛋白质遗传密码的一般性质"。它彻底建立了这样的理论:三个一组的碱基为一个氨基酸编码,它们的密码互不重叠,碱基序列是从一个固定的起始点读取的,另外,密码必须是"简并"的,因为有64组三联体,需要编码的氨基酸有20种,有些氨基酸必须对应多个三联体,或者按布伦纳对遗传信息的基本单位的命名,叫做"密码子"。

尽管用了5年时间才解开了所有剩下的谜并鉴定出哪种密码子为哪种氨基酸编码——其中很多工作,比如合成不同种类的RNA并检验它们在无细胞系统中制出了哪种蛋白质,都是在奥乔亚的实验室完成的——但这篇发表在当年最后一期《自然》杂志上的论文有效地标志了对双螺旋研究的终结。第二年即1962年,诺贝尔奖被授给了克里克、沃森和威尔金斯(生理学医学奖)以及肯德鲁和佩鲁茨(化学奖),可以说这绝不是巧合。从此以后,分子生物学的伟大探险将从对双螺旋结构、遗传密码的本质和它被用于制造蛋白质的方式等已经证实的事实开始,并将继续探索更加微妙的生命奥秘。所以在我们接下去介绍现代分子生物学两项最伟大的成就以前,似乎应该在这里小结一下对20

世纪60年代所确立的机制的理解。

量子物理学与生命

　　所以我们说，生命依赖于一种特别的分子即DNA双螺旋的运作，现代对生命过程的描述从DNA结构开始。最早的DNA生命分子的**起源**当然是另一个故事了。但是很明显，今天的生命依赖与掌握无生命物质的化学法则一致的原子和分子的正常行为。 这些法则的根源就在量子物理学。在DNA或RNA每一段主链上的糖环和把各个原子及聚合物联系在这些环上的各种键，是按照与广为人知的共价键原则一致的方式建起的；螺旋的两条链由产生我们称之为氢键这种引力的量子效应连在一起。还有共振—— 一种纯粹是原子的量子行为的现象——在对生物分子基本结构的认识上是关键的。细胞中进行的所有生命过程可以理解为依据量子物理学规律的复杂化学物质之间的相互作用。

　　生命分子自身的复制是比较容易理解的一个过程，但它决非无足轻重。当双螺旋解旋时，对应于某一特定的有利于两链之间相对弱的氢键断开的酶，每条链成为制造一条新链的模板，从而形成了两个新的双螺旋。还有其他一些酶可以促进正在生长的DNA链上的核苷酸碱基相互连接，这些酶就是DNA聚合酶，它们的作用很不简单。请记住，在糖环（核糖或脱氧核糖）上的碳原子是按照化学约定标号的，把连接两个环的磷酸基上的碳标记为3，把不在环上，但是在连在环上第4个碳原子的分支上的碳原子标记为5。这个5号碳附在链上相反方向的下一个磷酸基上。当然，在链的每一个末端上都没有磷酸基，因而这些碳原子中的一个只能连在相邻的分子上。所以，一条DNA链的两端有所不同—— 一端的结尾是5号碳，另一端实际上以3号碳结尾。两端各自被标记为3号端和5号端，在DNA双螺旋中，两条链按相反的方向

表1.8　遗传密码

首位	二位				三位
	U	C	A	G	
U	Phe	Ser	Tyr	Cys	U
	Phe	Ser	Tyr	Cys	C
	Leu	Ser	终止	终止	A
	Leu	Ser	终止	Trp	G
C	Leu	Pro	His	Arg	U
	Leu	Pro	His	Arg	C
	Leu	Pro	Gin	Arg	A
	Leu	Pro	Gin	Arg	G
A	Ile	Thr	Asn	Ser	U
	Ile	Thr	Asn	Ser	C
	Ile	Thr	Lys	Arg	A
	Met/起始	Thr	Lys	Arg	G
G	Val	Ala	Asp	Gly	U
	Val	Ala	Asp	Gly	C
	Val	Ala	Glu	Gly	A
	Val	Ala	Glu	Gly	G

　　按氨基酸读取遗传密码,碱基必须以三联体出现。本表使你能够把任何这样的密码子翻译成适当的氨基酸——例如,三联体AGU翻译成Ser。三种不同的三联体翻译成"终止"。只有一种独特的指令表示一种遗传信息的开始。

旋转,一条链的5号端和另一条链的3号端在双螺旋的一端相匹配。

　　这也许仅仅是个转瞬即逝的热题,但是仔细的实验表明,当一段新的DNA生长时,它的合成总是从5号端开始逐渐向着3号端发展。既然一条展开的DNA螺旋从3号碳开始,另一条从5号碳开始,它们怎么能同时复制呢? 在一系列漂亮的实验中,冈崎(Reiji Okazaki)表明只有以3号碳结尾的那条链从自由端顺利地复制了,使得**复制品**从5号碳开始,向着3号的方向聚合。另一段复制得稍慢一点,作为一串片段,每个按5→3的正确方向复制,实际上是按解旋"反方向"即从螺旋解旋的叉端开始,继续向着这一段的自由端前进。然后,随着更多的螺旋一步步打开,另一片段便被复制了,零散的片段则由另一种酶连接起来,生成了新合成DNA的另一条连续的链。

我已经详细地讲述了这个例子,目的是更清楚地说明即使是细胞中微妙的生命复杂性,也同样遵循量子物理学和化学的法则。即使这是一个已经大大简化了的故事,而且我也不可能如此简单地概述大部分不仅确保DNA的忠实复制,又确保DNA密码忠实翻译成蛋白质的其他机制。例如,有一个神奇的发现,这就是当DNA复制时,一条短的RNA先被合成出来,而且这条新的DNA链实际上是从这条新的RNA的3号端开始生长的,当DNA链合成完成后,这条新的RNA本身就被丢掉了。现在,酶本身的解旋行为从涉及ATP反应的角度来看已经很清楚了。要了解详细情况,你得去看现代生物化学教材。[12]但我可以大略地概述蛋白质制造过程中的几个步骤,请你们记住,其中的每一个步骤都涉及人们现在刚刚开始理解的详细化学过程。

第一阶段是信使RNA的合成,它是与某个染色体双螺旋中一段DNA完全对应的一条RNA。DNA在一个恰好合适的位置以恰好合适的量解开螺旋,使一段提供制造蛋白质所需信息的遗传密码——基因——的mRNA复本得以制造出来。化学反应所需的能量由高能磷酸键提供。每一个用于mRNA合成的核苷酸碱基附着在一个双磷酸基——焦磷酸盐上,而被称为激活的核苷酸(ATP是腺苷酸的激活形式)。一旦合成以后,mRNA便离开细胞核而进入细胞质中,染色体DNA又盘绕起来,把基本信息贮存起来以备再次需要时使用。mRNA的糖–磷酸骨架上的碱基包括替代DNA中胸腺嘧啶的尿嘧啶,而即便是这样的差异也是符合量子物理学规律的,因为尿嘧啶形成氢键的能力与胸腺嘧啶完全一样,在传递基因中信息的过程中氢键起着很重要的作用。这些mRNA氢键很快就会被用来与其他碱基配对,指导新多肽链的合成。

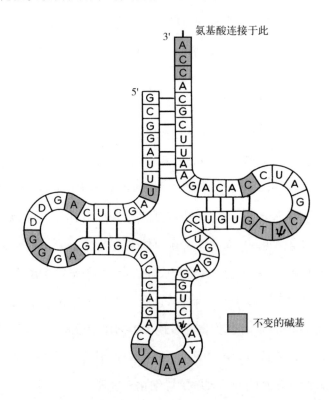

图8.5 转移RNA的分子结构。这种分子总是含有大约80个连在一条链上的碱基,一个氨基酸连在它的一端,总是以CCA序列结尾。除了信使RNA中的正常碱基以外,tRNA还包含一些不寻常的部分,在图中用除了G、U、A、C以外的符号表示。氢键使tRNA分子呈一定的形状,在相对于氨基酸的另一端,有一个未配对的核苷酸三联体——反密码子。这个反密码子用于把tRNA接到合适的mRNA密码子上。

那些其他的碱基,即在遗传密码中组成单词的单个三联体即密码子,都附着在另一种RNA即转移RNA(tRNA)分子的一端上。每个tRNA分子的另一端挂在一个用于制造蛋白质的氨基酸分子上,这个氨基酸在遗传密码中对应这个tRNA携带的密码子,更严格地说,是与**反密码子**对应。tRNA分子上的三联体碱基是与信使RNA中整套碱基相对应的互补镜像,与tRNA中的反密码子配对的正是mRNA中的密码子。1965年,由霍利(Robert Holley)领导的康奈尔大学一个小组确定了酵母转移RNA分子的全部结构,其他人在那以后也做了类似的工作,并显示了同样的基本结构。康奈尔大学这个小组发现,这一结构基本上是一条以相当松散的方式自身成环的RNA,它的一端是一个发夹结构,明显显露出反密码子三联体,折叠的分子片段被互补碱基间的氢键连在一起。两个环状分支在分子两侧伸出,而在离反密码子最远的另一端,链上那个自由的3号端可以连在一个氨基酸残基上。1968年,霍利因为此项工作和他人分享了诺贝尔奖。后来的X射线研究表明,对折的分子形成螺旋的两段,一段接近反密码子一端,另一段接近自由端,中间有个弯曲使整个分子呈现出"L"形。转移RNA也包含几个不同寻常的碱基,不仅是信使RNA中的4种标准碱基——这些不寻常组成部分的出现,帮助霍利和他的同事发现了具体结构。但是从细胞运作的角度来看,最重要的是tRNA在一端携带反密码子,另一端携带一个氨基酸(即对应于那个反密码子的氨基酸),它们由一条环状的、可视为对折螺旋的修饰RNA连接在一起。

　　tRNA共有大约40种,大体上说每两种tRNA对应着一个氨基酸,这很可能是因为遗传密码数量更多的缘故。每个tRNA的质量约为25 000道尔顿,通过高能共价键与它们自己的氨基酸相连。共价键的能量来自GTP——即鸟苷三磷酸分子,与ATP类似。由于它们的结构不同寻常,所以它们都是十分有趣的分子,因为它们提供了核酸与氨基酸之间的连接,还因为它们在细胞中的特殊作用使它们具有酶一样的行为——起着一种特殊的功能——尽管它们具有核酸这一"指令"分子的基本结构。很可能tRNA本身就是最早出现的生命分子之一,也正是

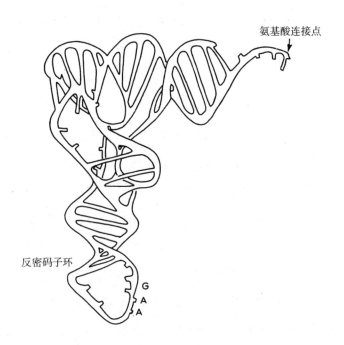

图8.6　tRNA分子的实际形状有点像这样。

它们的性质基本上确定了分子进化的进程——自地球上出现最早的生命以来，一方面生产出更有效的信息储存分子DNA，另一方面生产出更有效的工作分子即蛋白质。但今天细胞中蛋白质合成所需要的不仅仅是mRNA提供的信息和tRNA提供的正确氨基酸源。它需要一个可以将信息用来构建长多肽链的建造场地，这个建造场地就是核糖体。

　核糖体是真正的大分子，它们的质量约为300万道尔顿，这一质量的60%以上是RNA，核糖体RNA。当然，核糖体RNA和转移RNA都是细胞用储存在DNA中的信息制造出来的。用DNA模板造出的一条RNA长链也许会被适当的酶切成几段，然后重新排列（加上1/3的蛋白质）成一个核糖体和一个tRNA分子。每个核糖体包含两个部分，一部分含有一个质量约为100万道尔顿的RNA分子，另一部分是前者的一半，这两部分连在一起形成一个略歪的球体，上面有一个槽——"赤道"——但这个"赤道"并不围绕它的中线,而在它一侧1/3处。分子生物学家们正在开始确定核糖体如何运用mRNA中的信息和tRNA携带的氨基酸制造多肽链的细节,但是我在这儿就不细谈了。简略的情况是这样的。

一个核糖体在5号端连接在一个可能有几千个碱基长的mRNA分子上,读取那个分子编码的遗传信息的前三个碱基。然后从细胞质中的活跃化学物质汤中,选择具有能与这三个碱基配对的反密码子的tRNA分子,并暂时通过氢键的帮助连在mRNA上。因为通过密码子上的三联体碱基与反密码子上对应的碱基之间形成氢键的方式,才使得以上成为可能。在核糖体和mRNA拥有的tRNA分子的另一端,有一个由mRNA的三联体碱基确定的氨基酸。这个氨基酸由一个高能键连接在tRNA上。现在,核糖体"读取"下一组三联体碱基—— 遗传密码中的下一个词,排列出对应的tRNA,其氨基酸沿着第一个氨基酸排列下去。这样相连的两个氨基酸从tRNA上脱离,通过酶,利用高能键提供的能量连在一起。第一个tRNA分子被释放出来,在细胞质中寻找另一个氨基酸伙伴,核糖体沿着mRNA移动,读取下一组三联体碱基并重复整个过程。慢慢地,一条多肽链(总是从氨基端向羧基端)造出来了。当核糖体沿着mRNA分子移动、读取信息并翻译成多肽形式的过程中,另一个核糖体从5号端开始并重复整个过程。几个核糖体可能在一个mRNA上同时工作,根据一个mRNA分子也许能造出上百个一模一样的蛋白质分子。[13]当每个核糖体读到信息的末尾,它释放出一个完整的多肽链,该多肽链在其他酶的帮助下折叠成一定的三维形状,从而使那个蛋白质具有特定的性质。然后,这个核糖体便又腾出手来去寻找另一个mRNA分子——**任何**mRNA分子——并制造另一个蛋白质——**任何蛋白质**。在每一个阶段,这一过程直接依靠量子化学的规律。氢键产生又断开;能量被提供以构造强有力的共价键;甚至蛋白质分子最后的折叠都使它们中的每一个成为该分子能量最稳定的构型。最后,我们可以看到,量子物理学主宰着遗传密码的改变即突变——这是生命进化的动力。

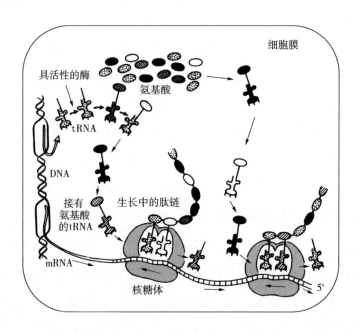

图8.7 一个细菌细胞中的蛋白质合成。DNA为至少32种不同的tRNA提供指令。每一种tRNA连接在一个特定的氨基酸上,并把它输送到一个特定的部位,在那里一个核糖体阅读mRNA,mRNA本身由DNA转录。氨基酸在那里按正确的顺序连接形成细胞所需的蛋白质。这个核糖体沿着mRNA移动,将氨基酸依次连接成链,直到多肽合成完毕。然后,多肽便被释放出来开始工作。

　　DNA分子遗传密码中的一个字母可能会由于一个偶然事件而发生改变——比如,紫外线光子可能会破坏这个分子,在细胞分裂时一个碱基可能会复制错误,可能会错误地插入一个碱基或者丢失一个碱基,碱基顺序在重组时可能会打乱。不管发生了什么,按照物理学定律盲目运作的细胞机制,将复制它们所具有的信息并用它来制造蛋白质。它们生产的蛋白质既是活的生物体的结构,又是控制该生物体功能的酶。遗传密码的变化既会导致结构蛋白质的变化,也会导致酶发生变化,这取决于具体的遗传信息,而这在多数情况下则会微妙地改变整个生物体功能的有效发挥。如果变化是显著的,最常见的结果是生物体的功能发挥得不那么有效,在达尔文学说所指的争取生存的斗争中就会失败。在偶然的情况下,这样的变化是有益的,这时生物体便平安无事,突变也就传播开来。这也就是从一个祖先分子产生人类和地球上所有其他生命的过程,这个分子与今天的细胞内任何东西相比,也许更像一个转移RNA。

关于生命要素的现代了解,我已经讲了很多,再讲下去就会把这本书变成另一本生物化学课本了。现在我们可以从细胞的内部机制中再次跳出来,看一看分子水平上这些微妙的以及有时不那么微妙的变化究竟是怎样影响整个生物体,包括我们人类的。

第九章

跳跃基因

　　直接导致克里克和沃森发现DNA双螺旋结构以及破译生命密码的多数生物化学工作,使用的都是从原核生物细胞中得到的生物材料。原核生物是简单的单细胞生物——例如细菌——它们的DNA链一般只有一条,游离在细胞内部。这种DNA本身及其结构比较简单,因而使人们能够相对容易地提取它们并研究它们的特性。但实际上我们靠人类感官能够发现的包括我们人类自己的所有生命形式的组成,都与原核生物有很大不同。这并不仅仅在于这些较大的生命形式是许许多多细胞的结合体,这些细胞本身与原核生物细胞也有很大的不同。我们以及其他多细胞生物的细胞里的DNA是包装在细胞核内的,人们用希腊文中表示核仁的词给它起了个名字叫真核生物。人们可以合理地假设,原核生物细胞在地球上生命的进化过程中是首先出现的,这一假设从它们的名字上就可以反映出来。

　　多细胞生物的真核细胞比细菌的原核细胞包含更多的DNA。细菌需要足够的遗传信息来控制一个细胞的化学工厂,以保证细胞分裂时DNA单链能够准确复制,由此产生的两条链能够分别进入两个子细胞,情况就是这样。但我们人体的细胞包含一整套遗传蓝本,这套蓝本既要描述一个受精卵发育成整个人体复杂结构的过程,又要描述那个结构中所有专一化细胞的运作,这种运作使得成体形式能够有效发挥功能。在任何一个特定的细胞里,远远多于90%的信息都没有使用。它们闭锁在细胞核内的紧紧缠结成染色体的DNA链中。只有少量与那个特定细胞功能有关的遗传信息——怎样变成肝细胞,或肌肉细胞,或者别的细胞——转录到RNA中,这些RNA又被用来控制蛋白质的制造。但每个细胞仍然携带着一整套染色体,这就是为什么从理论上说有可能克隆一个人,从人体中取一个细胞让它(以某种方式)和受精卵一样发育,以制造一个一模一样的复制品。

但是所谓"以某种方式",实际上包括了一大堆复杂问题。从那个受精卵开始,经过几次简单的细胞分裂和DNA复制,不同的细胞开始按不同方式发育。甚至当胚胎细胞快速分裂和生长时,它们都在专一化,准备在未来数月将要诞生的婴儿体内发挥自己一生的作用。某种东西——它只能是遗传信息的一部分,即从染色体DNA得到的作用于每个细胞直接环境的信息——"告诉"每个细胞它必须怎样发育,变成肌肉、肝、脑等等。对发育过程的这种微妙控制还远远没有被人们所了解。但对这一过程后一阶段的认识,已经开始有了进展,也就是说在细胞分化并发育成熟以后,它们怎样继续保持分化,以便你的肝(举例说)不至于突然决定生成具有脑组织特性的细胞。显然,整个过程取决于染色体内隐藏的各部分遗传信息(而且只能是正确的部分)是怎样转录到RNA中,然后又到蛋白质中的。其中的谜在于这些遗传密码怎样开启和关闭。这一类的研究,如同它在纯生物学的角度上对我们是什么,以及何以会如此一类问题感兴趣一样,它为我们先是了解、然后也许是控制像癌症这样的疾病提供了明显的可能性。在癌症中,细胞不再服从规定它们作为多细胞生物组成部分应起作用的遗传蓝本,而是像原核细胞那样不受约束地分裂和繁殖。

在DNA内打包

对于从染色体解读DNA这一自然过程的效率和复杂性,我们可以从近年来人们对染色体结构的新认识中略知一二。我们不用赘述这一结构是怎样确定的,只需简单叙述如下。[1]

DNA和蛋白质结合在被称为染色质的染色体物质结构中。请记住,50多年前多数生物学家都认为,DNA为携带遗传信息的蛋白质分子提供了一个脚手架。他们把事情弄反了,因为实际上这种叫做组蛋白的蛋白质家族提供了脚手架,DNA在它上面紧密盘绕并有效压缩在一个很小的空间里。一簇8个组蛋白分子形成了一个串珠样的结构,DNA双螺旋绕着它形成了两个环,就像一根绳子绕在一个篮球上一样。另一个组蛋白套在DNA的两个环中,令它们紧锁在串珠上,在串珠的每一端有一小段间隔DNA拴在另一个组蛋白上,把被DNA包缠的串珠连接在类似的被DNA包缠的串珠的一端。这些串珠叫核小体,由于它们是由一段灵活的DNA-组蛋白链互相连在一起的,所以与一段DNA相关的全部核小体可以像一串盘在一起的珍珠项链那样紧密地卷绕在一起,形成一个更紧密的结构,这是螺旋结构上的一个变异,它本身也可以进一步卷绕(或称超螺旋)。这种卷绕是天工巧作。人体中每个细胞所含有的DNA伸展开来,长度可以超过180厘米,可能达到或者超过你的身高。这个DNA除了在细胞分裂时为了复制而展开外,平时都是捆扎成46个微小的首尾相连的圆柱体,其总长度也只有0.2毫米。粗略地说,这些DNA捆扎起来的长度只是它"天然"长度的万分之一。由于某种原因,在每个细胞中,只是相关的染色体(不一定是所有染色体)的一些部分在需要其携带的信息时稍稍展开,然后串珠又再度捆扎到染色体内。假如没有这样小心的打包,在细胞内游离的如此多的DNA就会无法管理——它们就会断开,细胞在选择所用的片段时就要靠运气而不是靠正确的判断。但是,细胞最了不起的成就也许是它能够把**所有**这种物质进行解旋,忠实地加以复制(在每个DNA长链的许多部位同时开始复制过程),分裂并把复制的DNA放入每个子细胞,再把遗传物质压缩放回到紧密盘绕的染色单体中去,所有这些仅在几分钟内完成,而且很少发生复制错误。这一过程每时每刻在你的身体内发生。

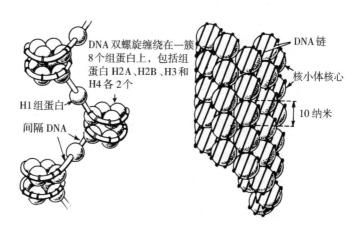

图9.1　DNA双螺旋缠绕在组蛋白上形成一个像珍珠项链的结构,然后它又自身缠结,把遗传物质更紧地包装在染色体中。一纳米为十亿分之一米(10^{-9}米)。

但是我们不可能对DNA的结构以及它是怎样盘绕在染色体中这样的问题进行越来越细的分析,以弄清楚细胞是怎样玩这些小花样的。我们必须从细节中抽出身来看看全貌,看看作为遗传和突变基本单元的染色体和染色体片段(基因),看看基因型的变化对整个生物即表型的影响。在某种意义上说,这又回到了第二次世界大战之前几十年中取得巨大进展的"旧式"遗传学,回到了分子生物学革命之前。这正是20世纪40年代这一领域的研究取得某些关键进展时,不能充分得到承认的原因之一。然而今天,在研究真核生物进化和突变的过程中,对整个生物进行研究的价值已经十分清楚了。这就是20世纪40年代默默无闻地取得突破性成果的先驱麦克林托克在1983年终于获得诺贝尔奖的原因。无论是从分子水平上还是从生物体水平上进行研究，这两种方法都从彼此身上得到了益处。现在，我们对分子水平上发生的情况有了一些了解，我们便可以比20世纪40年代麦克林托克的同龄人更易理解她在玉米某些突变方面所做研究的重要性。

再谈麦克林托克的玉米

麦克林托克并不需要知道在她研究的植物中携带其染色体生命密码的究竟是蛋白质还是DNA。她只需要知道染色体的确携带遗传信息，每条染色体由许多不同的基因构成。我们可以不去把这些基因看作长段的DNA双螺旋，而是重新把它们视为最短的染色体功能片段。20世纪40年代初，麦克林托克在冷泉港实验室工作，研究导致生长期玉米植株的叶和谷粒色素形成模式的基因型变化即突变。在一项简单的观察中，她看到在一个品系玉米的叶子上有不属于这种玉米的色斑，这一发现为她进一步看到基因的受控机制——即我们现在所知道的基因启闭机制——打开了大门。

多数植物的叶子都是一种颜色，通常是绿的，有些品种是浅黄、浅绿甚至是白色的。然而这一不寻常品种的叶子上却有一块块不同的颜色，在一片浅绿的叶子上有一块正常绿色的斑点，在正常的叶片上有一块黄斑，等等。有趣的是这些叶子都是从该植株茎干上的一个细胞发育出来的，它们都是由这个细胞及其子细胞经过反复的分裂和繁殖以及适当的分化而生长出来的。错乱色斑的源头可以追踪到一个子细胞，这个子细胞曾经发生过一个突变，它又繁殖出自己的子细胞，这些子细胞带有一套稍稍不同的遗传指令，使一大片"正常"（对那片叶子来说）细胞之中出现了一小块错色。这种突变使麦克林托克有了一种示踪物,用它可以找出某一突变究竟是什么时候、在哪个细胞中以及在叶子形成的发育和分化过程的哪一阶段发生的。她还发现,在有些情况下,这些多色的叶子有一种与整个植株不同的突变习性,它们突变的速率不是稍快就是稍慢。据推测,这种突变速率的改变也是一种突变,它同样产生于叶子分化初期一个正在分裂的细胞。在玉米植株的穗上也能看到同样的现象,由于农民和食品经销商的努力,我们在超级市场买玉米时能够看到黄色的玉米粒中有一块块其他的颜色,对此我们已经习以为常了。

经过几年艰辛的研究,到1947年,麦克林托克相信,她观察到的是玉米植株染色体中两种不同但又互相关联的控制基因。正如我们已经看到的那样,产生一种植物或一个人的可观察到之结构特征的基因一定是由其他基因控制的,因为在任何时候每个细胞中都只有很少的基因在发挥作用。麦克林托克用两种控制基因解释她的观察。一种控制基因处在结构基因(在这里指的是负责颜色的基因)旁边,控制着结构基因的启动和关闭。麦克林托克把另一种控制基因称为控制因子,它负责确定第一种控制基因的工作**速率**,提高或减少控制结构基因启闭开关的频率。对重组对于行为模式影响的艰辛研究以及通过显微镜对染色体本身的研究均确凿无疑地表明,第一种基因即开关位于它所控制的结构基因旁边,第二种控制基因即调节基因的位置几乎可以是任何地方,可以在同一染色体上较远的地方,甚至可以在完全不同的染色体上。麦克林托克在其后一直到20世纪40年代末继续在做这项工作,结果使她相信,这些控制因子并不固定在染色体的某一特定部位上,而是在不同的地方和不同的染色体之间跳来跳去。控制基因可以转移到不同的地方,控制不同的结构基因,影响它们所在细胞的所有后代的发育。今天我们回过头来看,就像20世纪40年代麦克林托克看到的那样,这些发现似乎清楚地为人们更好地了解整个发育与分化问题,以及解决癌症问题指出了方向。可是当她1951年夏天在冷泉港学术讨论会上首次公开发表她的研究结果时,反应十分冷漠。

　　出现这种情况有多种原因。在听她作学术报告的人中,很多是从物理学和化学改行的新一代生物学家,他们的兴奋点在于生命之分子,缺少了解多细胞真核生物遗传行为复杂性的基本训练和耐心。麦克林托克同她的植物已经打了几十年的交道,她了解这些植物,她对玉米的研究即使在老派生物学家中也无人可及,但所有这一切对于新一代人来说却是不可理解的。简单的细菌、噬菌体以及用几分钟而不是一年一次就可以繁殖的培养物在试管中就能够进行的实验,这不仅仅是时尚,而且在揭示生命秘密中也被证明价值无量。复杂的真核生物并不时尚,但用它做实验自有其道理。如果研究玉米用20年才能产生新的发现,使用噬菌体用两年时间就可以取得重大发现,那么只要用噬菌体能够作出新发现,聪明的年轻生物学家(以及物理学家和化学家)肯定就会顺那条路子走下去。

　　关于基因能够跳来跳去的设想,对于任何一个想过这一问题的新派分子生物学家来说,似乎都是荒谬可笑的,而对于曾经研究过仅有一条DNA链和几个基因的活细胞之人来说,这种想法也显得深奥和抽象。麦克林托克所研究的复杂现象,实际上在多数研究双螺旋的人所接触的生命形式中并不存在。即使她提供的证据从表面价值上来看是可以接受的,她也没有对控制因子如何作用、结构基因如何启闭这样的问题作出详细的生物化学解释。那只能通过对分子本身的了解才能解决。而我们可以想象1951年一个分子生物学家的态度,他会认为只有当人们对分子已经了解到足以确定化学开关过程时,才应该去关注控制基因和跳跃基因的问题。也可能当时并没有人这样想过这个问题,但实际上事情就是这样发展的。就像孟德尔一样,麦克林托克也超越了自己的时代,她的工作必须要等到有人从新的角度探讨生命本质之谜获得进展之后才会得到承认。只有到那时,它才会得到公正的认识。与孟德尔不同的是,麦克林托克在有生之年终于看到她的工作恢复了在科学上应有的地位。

法国联系

在整个20世纪50年代,甚至一直到今天,麦克林托克继续在进行她的工作,并不断有所进展,她定期地向冷泉港讨论会报告其成果,但很少考虑在其他地方发表,因而(至少在20世纪50年代)其成果大部分为人们所忽视。尽管在比较简单的细菌中,控制基因以及在任何时候选择哪些基因发挥作用——即表达——的问题不像在我们人类这样复杂的真核生物中那样多,但这类问题确实也会发生。也是在20世纪50年代,雅各布和莫诺及其巴黎巴斯德研究所的研究组对大肠杆菌怎样最有效地利用其食物资源这一问题感到疑惑不解。

大肠杆菌可以从很多地方获取它们维持其生命所需要的碳原子,但有一种食物可以满足它们对碳的所有需求,这就是乳糖。在大肠杆菌细胞的单条"染色体"遗传物质中,有一个由分别为三种蛋白质编码的三个基因组成的序列。其中一种蛋白质是一种叫β-半乳糖苷酶的酶,它的任务是把乳糖(牛奶中的糖)分解成两部分,即半乳糖和葡萄糖,这是把食物分解成有用成分过程的关键步骤。

当大肠杆菌处在一个有乳糖存在的环境中时,为了尽可能地利用这个机会,它需要大量的β-半乳糖苷酶。所以这一基因系统一定具有迅速生产大量酶的潜能。但如果没有可供消化的乳糖,那么生产这种酶就可能是一件坏事,因为它会白白消耗掉资源和细胞的能量。所以很自然,进化选择了只是在需要时才制造酶的细菌。在一个生活在无乳糖培养基中的大肠杆菌细胞中,β-半乳糖苷酶的分子数不足10个。但是如果把同一种细菌转移到含有乳糖的培养基中,它就会迅速激增,培养物中的每个子细胞就会携带成千上万份这种酶的复制品。从某种意义上说，食物的存在激发了消化那种食物所需的酶的生产——这是一个典型的基因控制的缩影。

在这个序列的另外两种基因中，有一种也与乳糖消化有关，它生产一种酶，能够浓缩细胞内的乳糖并使它渗透细胞周围的膜。至于第三种基因所管的酶究竟起什么作用，我们还不知道，但它很可能也与乳糖的利用有关，因为法国人的工作表明这三种基因是作为一个整体工作的。当更多的β-半乳糖苷酶产生时，也会有更多的其他两种酶以同样的比例产生。β-半乳糖苷酶生产的量减半，其他两种酶的生产也就随之减半。雅各布和莫诺推测，所有这三种基因一定是受染色体上这三种基因旁边第四种基因的控制。他们把它称作操纵基因（operator）。根据他们的说法，在正常条件下，操纵基因阻碍这三种基因翻译成蛋白质，但乳糖的存在激活了这个系统。这是什么道理呢？

通过对于对乳糖的存在有不同反应的突变菌株的研究，雅各布和莫诺得出了和10年前麦克林托克研究玉米时完全一致的结论。在另外某个地方，一定还有另一个基因负责调节操纵基因的活性。他们称它为调节基因（regulator），并给调节基因、操纵基因和由操纵基因所控制的那一整套结构基因系统起了个名字叫"操纵子"（operon）。

所有这些是在调节基因或操纵基因的化学结构尚未弄清的情况下预见到的，并发表在雅各布和莫诺1961年那篇经典论文中。[2]这篇论文没有提到麦克林托克在整整10年前报告的工作，这并不表示这两位法国科学家异乎寻常地不知道这一工作，也不表示他们厚颜无耻地想把别人已经提出的想法据为己有。1961年，分子生物学家**普遍**不知道麦克林托克的工作，在这个时候马上把自己的工作和麦克林托克的工作挂钩反而是不自然的。但在这一点被指出后，这种联系很快就被确认了，这标志着麦克林托克工作解冻过程的开始。

这仍然是一个缓慢的过程,因为一开始操纵子系统还只是一个漂亮的理论构思,还没有过硬的化学证据做它的后盾。只是到了1966年,在哈佛大学工作的吉尔伯特(Walter Gilbert)和米勒-希尔(Benno Müller-Hill)才鉴别出了一种在DNA片段开始为三种酶编码时与染色体结合的蛋白质,也就是阻遏物。现在人们对这个系统作用过程的了解包括了对信使RNA作用的最新了解,而信使RNA也是雅各布和莫诺1961年从理论上预见出的,只是当时在化学上还没有得到证实。在为一个或一套基因编码的DNA序列的开端有一个短的片段,叫做启动子,它在启动信息时能被制造信使RNA的酶(即RNA聚合酶)所识别。RNA聚合酶只能在这个部位吸附在DNA上,并开始制造mRNA。在我们感兴趣的大肠杆菌系统(简称lac系统)中,雅各布和莫诺假定的操纵基因处于启动子和为三种酶编码的DNA序列开端之间。操纵基因并不是一种活跃的基因,但却是一种特别分子可以附着的另一个部位。这个分子是吉尔伯特和米勒-希尔鉴定的大蛋白质。它是根据阻遏物基因编码的指令在细胞中制造出来的,它不一定要靠近反应的部位,因为它产生的蛋白质分子对操纵基因部位有亲和力,总是容易和后者结合。(当然这种阻遏物基因也无须生产很多蛋白质,这样它并不浪费细胞的资源。)RNA聚合酶仍然能够附着在启动子部位,但当它试图接下去解读旁边基因中的DNA密码并制造RNA时,它的运动被一个附着在操纵基因部位的大蛋白质分子所阻断。

到目前为止,一切都还不错。但是,当周围有乳糖以及细胞需要这三种基因全部出动时,又会发生什么情况呢?与操纵基因部位结合的蛋白质分子也许会被那个部位吸引,但从化学角度说,它更会被乳糖分子所吸引。当周围有乳糖时,这个蛋白质放走染色体,而附着在一个乳糖分子上。由阻遏物(只有几种)产生的任何一种别的蛋白质分子都会做同样的事。RNA聚合酶有一个不受阻遏的路径,可以有效地完成解读DNA和制造用于生产细胞所需酶的mRNA的任务。当所有的乳糖都耗完之时,这种蛋白质分子便走投无路,只好重新附着在操纵基因的部位,这些酶的生产也就停止了。[3]

到20世纪60年代后期,人们清楚地看到,即使在简单的原核生物中,结构基因也受其他基因控制来确保细胞的有效功能。但基因可以从一个染色体跳跃到另一个染色体的构想仍然被人们视为无稽之谈。只是在下一个10年,即70年代,分子生物学家才开始认识到控制过程和调节过程的复杂性,这是由于人们在细菌中发现基因能够跳跃(这项发现使麦克林托克关于玉米的工作在一夜之间成为一种时尚,被尊为超前30年的天才成果),而且同样令人震惊的是,人们发现有大段的DNA并不为任何有用的东西编码,但却经常在许多物种的基因组里出现,以至于为一种有用的功能基因设置的密码可能分裂成许多被一块块“无义”DNA所分隔的部分,这一块块“无义”DNA只能在那些由DNA复制的mRNA被用来指导蛋白质生产之前从它上面切割下来。在细胞内这一水平上发生的活动的复杂性,只能被描述为自生命出现以来至今一直在工作的一种孤立的进化系统,在很大程度上(从DNA的角度说),它与细胞外发生的事毫不相关。人们应该清醒地认识到,人体细胞中大量的DNA以及它们所涉及的复制活动同人体的正常运作毫无关系,与它相关的只是DNA为了自身的生存而对细胞机制进行着自私的操纵。关于这方面的秘密现在正在探索之中,大约10年以后在这方面会写出一本精彩的书来。而现在,让我们来简单地浏览一下分子生物学家们刚刚开始探索的真核生物细胞内的奇妙世界。

重新发现麦克林托克

跳跃基因的重新发现不是一夜之间实现的。它经历了多次果蝇实验,实验表明存在某些突变,现在已经承认这些突变正如麦克林托克在研究玉米时描述的那样,是由基因组内的变化造成的,但在当时却没有人将这两件事联系起来看。当时的新一代分子生物学家直到在他们已经非常熟悉的细菌、噬菌体等简单的生物体也证实了这样奇特的新思想,才对此加以接受。这种遗传行为模式理所当然地出现了。甚至在20世纪60年代初,一些关于噬菌体的实验就已经表明,侵入细菌细胞的病毒能够把它的遗传信息注入到细菌染色体的任何地方。当这个信息被用来制造更多的噬菌体时,它们又会侵袭其他细菌,多少是随机地钻入到刚受侵袭的细菌染色体DNA片段中。⁴所以在细胞中一定存在一种潜能,可制造能够打断DNA链并能随意接上新基因块的酶。几年以后,人们关注的焦点集中在发生在大肠杆菌DNA上的一类不同变化上。这些突变同时影响着大肠杆菌的几种功能,染色体一个部位——即基因座——上的变化显然影响着附近的其他基因。这个发现明白无误地导致了可移动控制基因的发现。这些突变被视为染色体其他地方的小片遗传物质插入到一个新的部位,调节着受被插入基因影响的那些基因的活性。这一发现从雅各布和莫诺的静止操纵子系统又前进了一步,但这是关键的一步。

20世纪70年代,随着重组DNA技术即遗传工程技术的发明,研究的步伐加快了。到70年代末,研究人员终于能够对DNA长链上的碱基序列进行常规分析,鉴别遗传密码究竟说了什么;他们能够制造几十个碱基长的人造DNA(到1982年,他们能够合成一种干扰素基因,其514对碱基精确地按顺序排列);他们鉴别出剪切DNA的酶,并能加以利用;他们还鉴别出并使用了能把切断的DNA末端接到一起的酶,用人工制造的"基因"插入到空隙中。这些发展为人类干预生物体(包括人类)基因组所创造的惊人潜力,已经成为20世纪80年代激烈辩论的焦点。一方面,它可能为人类带来无穷无尽的好处,包括干扰素这样的新药、治疗糖尿病患者的胰岛素新来源、粮食作物（和动物）新品种，也许还可以医治遗传性疾患，如镰状细胞贫血和血友病。另一方面，一些人争辩说，它也提出了产生弗兰肯斯坦式怪物以及突变基因从实验室流散导致新瘟疫的可能性。关于遗传工程的辩论不在本书讨论的范围之内。5我想说明的是，首先，所有这些技术的发展使生物学家能够以过去做梦也不敢想的便利来研究细胞内遗传物质的行为；第二，其实，所有这些切割、剪接以及把新遗传材料插入老的染色体都不是非自然的，而只是人类对细胞内始终在发生的自然过程的模仿。

正是在这一背景下，麦克林托克的工作得到了承认，然后又被授予了荣誉。我们现在对会跳跃的基因了解得要多得多了，至少我们知道基因并不是真在跳跃，因为原始基因在染色体上的位置没有变化。用细胞通常复制DNA的机器复制出基因的一个复本，这个复本转移到了另一个部位，在这里染色体被切开，基因被插了进去。但这个转座因子包含的已不是一个单纯的基因，它已经能够变很多魔术。首先，在每个跳跃的基因两边有较短的DNA链，它们互相补充，这样，当整个DNA链包括这个基因和这些倒位的重复被切开时，它的两端在一个螺旋结构中配对，产生了一个棒棒糖形状的结构。在这个结构中，扭转的两端形成了柄，移动的基因在它们中间形成环状。这些棒棒糖形状的基因在电子显微照片的帮助下能够看到。这种移动的因子叫做转座子（transposon）。转座子携带的不仅是"活性"基因，而且是通过确保酶的制造为它工作的基因，在转座子插入到一个新的部位时，所有的切割和剪接都是由这些酶完成的。但是，这些切割和剪接并非总是完美无缺。偶尔，伴随着这个转座子复本的还有一个来自原始部位某个邻近DNA的复本；有时，在插入部位发生切割和剪接时，"主"DNA的一些部分会丢失。这样，跳跃基因以及它们作为控制基因对它们新邻居的影响，能够导入所有标准的突变——缺失、插入和倒位。它们的主要作用也许是控制它们的邻居,但作为副产品,它们加快了突变的速率,因而加快了进化的步伐。

起初,所有这些活动被认为是实验室研究的几种甲虫所特有的异常行为。但是当证据渐渐增多时,生物学家们慢慢地发现,实际上这些活动是正常的。与细菌相比,像我们这样的高级生物的更为复杂的真核细胞,一定经历了更多的遗传物质被打乱的过程,而细菌没有什么DNA可以被打乱。1976年夏天,曙光终于出现,当冷泉港讨论会把"DNA插入因子、质粒和附加体"作为其主题,"在采用'转座因子'表示所有'可插入一个基因组几个部位的DNA片段'时,麦克林托克的工作得到了明确的承认",麦克林托克的传记作者凯勒证实了这个时刻。[6]

到1981年,在剑桥大学国王学院召开了一个关于进化的学术会议,会议响亮而明确地传出了一个信息,即高等生物的基因组处在强烈变化的状态中,其染色体上的基因发生相当程度的重组,这是整个进化中的正常现象,或许是进化的动力。已经很清楚,正像人类运用重组DNA技术可以把人造基因插入到染色体中一样,病毒在它们的生命周期内也可以把基因从一个宿主传递给另一个基因。对于悄然潜入一个细菌中的噬菌体可以自我复制,并使复本侵入其他细菌这一现象,人们很容易理解—— 一个简单的错误可以标记在一小块细菌DNA上,然后放到噬菌体DNA的复本上。当这种附带的翻译发生在完全不同的物种中时,就更加令人惊奇了。在剑桥那次会议上,莱斯特大学的杰弗里斯(Alec Jeffreys)报告了一种叫做豆血红蛋白的蛋白质,它是豆科植物进行固氮作用时使用的。豆血红蛋白的基因看起来很像珠蛋白的基因,而珠蛋白的基因则是一种为血红蛋白内蛋白质编码的**动物**基因。杰弗里斯提出,这种动物基因是在进化过程的较近时期搭乘病毒转移到这类植物的祖先中去的。这种可能性尽管极少发生,但它使人们认识到进化中有可能发生各种戏剧性事件。[7]

　　这种进化可能性的新奇境,取决于细胞的一个关键能力,即它能够从染色体上切除DNA片段并把它们接在另外某个地方。这种本领为什么会产生呢? 又是怎样产生的呢? 这样一种本领在性繁殖期间绝对至关重要,它使重组时发生的遗传调整成为可能。但那又扯到了这种能力从何而来这个问题上来了,因为它必定是先发展出来的,性和重组的受益利用了这些机制。不错,这些机制可能非常古老,古老得和生命本身一样。20世纪70年代末分子生物学的另一个重大发现,是高等生物体的基因很少完整无缺地"记录"在染色体上,而是被初看起来并不携带任何信息的DNA团块所打破,呈碎片状分散在一条DNA链上。这就好像这本书开头是几页很清楚的英文,接着是篇幅同样长或者更长的乱字符,然后又是几页英文,紧接在前面故事断开的地方,然后又循环重复。为了阅读和使用这样的遗传信息,细胞最根本的能力是剪除无义的部分,并把零散的相关信息拼接在一起做成基因可以工作的复本,这显然可以追溯到细胞最初出现时。

割裂基因和被剪接的信使

　　割裂基因首先是由斯特拉斯堡大学的尚邦(Pierre Chambon)和他的同事在1977年发现的,他们当时在研究母鸡制造卵清蛋白的方法。母鸡只是在准备下蛋时才产生这种蛋白质,所以负责制造这种蛋白质的基因一定形成了一种操纵子,即一个结构基因加上至少一种使之启闭的调节基因。运用当时的遗传重组新技术,尚邦的研究组开始探索所涉及的染色体范围。大约在同时,冷泉港的病毒学家发现,他们正在研究的一种病毒呈两个部分出现,其中被一段似乎并不起编码作用的DNA所分开。这一发现的消息传到斯特拉斯堡时,尚邦研究组正在对他们的发现感到疑惑,即负责制造卵清蛋白的染色体区域产生的

mRNA似乎太小,携带不了那段染色体上的全部信息。答案只能是mRNA实际上不是整个染色体片段的直接复本,而是携带有关遗传信息的部分染色体的复本。无用的部分则被忽略了。

我们现在知道mRNA的制造分两步进行。第一步,一段染色体DNA被忠实地复制,产生了一条包括了所有无用DNA(即被称为内含子的插入序列)的RNA长链。第二步,细胞的剪接酶和连结酶开始工作,准确切除了RNA中无用的部分,并非常精确地把其余部分连接在一起,制造出一个可被细胞用来引导某一特定蛋白质制造工作的RNA分子。这一过程的准确性绝对重要,因为这里的一个错误就将使mRNA失效。细胞以某种方式识别出一个特定的核苷酸作为切割点,确定了内含子的另一末端,也许相距五六千个碱基对,使前体RNA成为一个环,这样携带遗传密码的外显子便被拉到一起,这时才切除了无用RNA的环,把一块块外显子接在一起。记住,丢失或者增加一对碱基将会打乱翻译三字密码词所凭借的阅读框架,从而完全毁掉遗传密码中的信息。这样的错误实际上从来没有发生。但是内含子在很多情况下**支配**着前体RNA的长度。例如,在携带卵清蛋白基因的DNA本身,有7个内含子;在另一种蛋白质伴清蛋白的基因中,有17个无义的入侵序列,其中多数都比它们所包围的16个外显子序列要长;而在小鼠的β-珠蛋白基因中,有一个内含子有550个碱基对,它不仅长于任何一种外显子,也比所有外显子连接在一起产生的最终mRNA要长。

对于我们为什么要负担这样一个多余的遗传包袱这个问题的解释,有不同的学派。自然选择进化是一个非常有效的过程,具有这种额外DNA一定有某种用处,否则负担这个多余包袱的物种,在争取生存的斗争中就会输给那些没有这个包袱的物种。一种学派认为,剪接过程本身是细胞用来提示对其他基因——即自身转化的基因——发生了什么的一种信号。另一个学派认为,内含子起着调节的作用,不是通过它们所携带的信息（它们不是这样），而是通过它们的实际存在，例如，就像吸附在染色体上的一个脂蛋白分子会中断β-半乳糖苷酶的产生一样。这完全是新的领域，惟一可以肯定的是，当研究工作继续发展到80年代以后或者更远的将来时，我们会遇到更多的意想不到的惊奇。不过，只是为了轻松一下，我想给你们讲一讲对我来说似乎是现在最有希望的学派的情况。这个学派是由诺贝尔奖获得者吉尔伯特创立的，他是20世纪60年代以来分子生物学历史上的主角之一。

我们在第三章里看到，从进化的角度看，性和重组的价值在于，它们提供了将要接受自然选择检验的遗传物的新组合。基因中存在内含子，说明基因本身是多么容易被切割成两半，并在这个过程中重新结合，但它也蕴含着另一种可能性。在mRNA加工过程中，一旦发生导致细胞机制出现细小错误的突变，这个突变就会很容易地将一个基因的外显子按新的顺序改组到最终的mRNA上。这样的重新排列多数都是有害的——例如，许多遗传性贫血症似乎都是因为患者细胞中珠蛋白基因的外显子排列顺序出错引起的。可是，同其他突变的情况一样，新的排列偶尔也会产生一种更有效的蛋白质。吉尔伯特估计，这种新的"重组"，即一种基因的各个部件按新的组合重新排列，可以加快蛋白质成百万倍增生的速度。这很好地解释了为什么在这一水平上的快速进化可能是真核生物的一种优势，对这一点我在第十章中还要讲到。但是，无用DNA的存在能够使基因组重新排列而令其在今天具有优势这一事实，并不能解释它最初是怎样出现的。吉尔伯特对此也作了回答。

再想一下最早的生命即第一个能够自我复制的DNA分子（或者RNA，没有人可以肯定哪一个出现得更早）出现的情况。在原始汤中"第一个"形成双螺旋的此种分子肯定含有无功能的DNA片段，这些无功能DNA只是一簇簇的碱基胡乱地排在一起。当最早的、携带能够影响其环境的"信息"的较短DNA片段出现时，我们所认为的生命也就开始出现了。最早的此种信息——最早的基因——只是一些核酸片段，它们通过促进复制过程，或许是通过促进像酶那样把分子分解成更易于合成更多核酸的组分，对其环境产生着影响。似乎更有可能的是这些最初的有义DNA片段出现在更长的无义片段中，而不是最早的原始状态的基因应该孤零零地出现在化学汤里。不管是什么条件促进了最早DNA分子的产生（无人知道这些条件是什么），可以断定这些最早的分子是无义分子。

于是，吉尔伯特认为，最初的细胞发生在主要是无义DNA的片段周围，而在这些无义的片段中间，混杂着最初的有义基因。要弄清无义DNA是怎样产生的其实并不难，因为它们最早出现。我们真正需要解释的是为什么进化的一个分支即原核生物能够首先甩脱无义DNA，而进化成为有效操作的携带负荷最轻的单个细胞，而另一分支却保留了多余的DNA，发育成为真核生物和我们人类。可以这样说，这个问题已经自己给出了答案。地球上的生命有两条有效途径可循。一是牺牲灵活性以保证忠实的复制，死守着几十亿年不变的同一种生活方式；再就是采取灵活性，持机会主义态度，使生命繁衍而逐步占据所有可得的生态环境。不能说这两种途径一种一定比另一种更好。它们都是成功的，你的消化道里的细菌以及消化道本身都可以证明这一点。

不过你也要准备听到不好的消息。人主要是由蛋白质组成的，蛋白质分子不仅提供了人体的脚手架，也提供了保证人体发挥功能的酶。蛋白质由DNA分子编码，这些DNA分子生活在染色体中，并通过精子或卵子细胞一代一代传下去。到目前为止一切都还不错。但是有多少DNA用到了制造构建人体并发挥其功能所需的蛋白质上了呢？除了为蛋白质编码的结构DNA外，每个细胞都要把一定的份额留给那些为细胞自身工作部件即核糖体编码的结构DNA，其中包括mRNA和tRNA。然后，还有负责结构基因启闭的各种控制基因，加上许多我们

还不知道有任何功能但也许有一天会发现它们对生命至关重要的
DNA。不管在内含子中发现的所有(或部分)DNA是不是无义DNA,也
不管它是不是某种自私的、在细胞中免费搭车的寄生性生命形式,重要
的一点在于,从长远的观点看,所有这种不直接为人体蛋白质编码的
DNA构成了我们或者像玉米这样的植物染色体中DNA的大多数。实
际上,在你我的身体中,只有1%或2%的DNA为蛋白质编码。[8]

现在必须认真看待的可能性是,DNA是细胞内生态系统的一部分,
它就像生命最初产生时在原始海洋中那样工作。细胞壁保护着内部不
受外部事物的影响(除了细胞愿意接受的东西外),一代又一代地为其
内容物维持着一个稳定的环境。在那个环境中,DNA的各个部分可能
在相互竞争着,在分子水平上进一步进化,全然不顾外部的其他细胞发
生着什么;基因组本身的进化不仅受到达尔文关于表型由外部世界检
验并选择这一理论所提及的压力,而且受到达尔文关于只有那个环境
中"最适合"的**分子**才能生存之学说提及的同样大的压力。显然,过分
伤害细胞或整个细胞的分子将危及自身的生存,但同样明显的是,只要
它们不打乱确保它们作为其部分的细胞或生物体健康生存和繁殖的机
器,它们就可以平安无事地生存下去。其中有些产生了积极的进化
——可以从一条染色体跳到另一条染色体、安插自己并不断地被复制
而产生自己复本(从进化角度说这是成功的惟一标准)的基因。其他则
比较消极。但在所有的DNA中,只有极少的一部分直接参与了创造
"我"或"你"这样的生物。也许我们是多余的物体。正如母鸡只是鸡蛋
产生另一个鸡蛋的手段,人也只是一个细胞产生更多细胞的手段。你
说什么是地球上最成功的生命形式? 是成功主宰全球环境的人类吗?
是30多亿年来始终保持不变的细菌吗? 还是那些最终的寄生物,一团
团完全不编码、只是一些产生于原始海洋、最早自我复制并随着"有用
的"遗传物质一代又一代地演变、适应、繁殖,使其无义信息随着有用的

遗传信息永恒传下去的毫无用处的DNA？与其说我们人类是万物之灵，不如说我们是无关紧要的副产品，一个重要过程的旁支，即生产DNA的独特旁支。我们在生命中真正的作用是作为移动的家，为我们细胞中成功的分子提供等同于空调般的舒适享受。

这基本上是现在的推测。但即使我们还不能够了解我们细胞内所有DNA的确切作用，DNA的存在以及它同样要受突变——缺失、添加、易位和倒位——支配这一事实，向分子生物学家提供了一个非常准确的跟踪进化和依据DNA差异来测量物种间差别的技术。确实，相关的技术早在人们意识到我们染色体中大部分DNA系由非编码的内含子组成之前就已经发明出来了。使用这一工具，我们并不需要知道每种DNA在做什么，我们只需要知道它是存在的而且存在了很长时间，在进化的时间跨度里逐步由突变所改变。毫无疑问，有些真核生物基因里的内含子基本上毫无变化地存在了很久很久。

我前面提到过的珠蛋白基因是一个很好的例子。在人类血红蛋白里有两种蛋白质链，一种是α链，另一种是β链，它们卷叠在一起形成了血红蛋白分子中三个形态相似的三维结构。其中每一个都和肌肉细胞中固定氧的蛋白质即肌红蛋白的结构相似。这三个相似的珠蛋白之间以及为它们编码的基因之间的相似性说明，它们是从同一种古老的载氧分子发展而来的，而且它们是在大约10亿年前从这个共同的祖先分化出来的。这三个基因中的每一个都是在基因的同样部位由被两个内含子隔开的三个外显子构成，这些内含子在这个10亿年的历史中似乎总是固定在每个基因的同一个地方。杰弗里斯详细分析了人类以及其他灵长目动物中为β链编码的基因的DNA。他和同事发现，组成所谓"无用部分"的重复DNA序列，在不同物种中非常相像，它们一定是在进化期间以与功能DNA相同的方式得到了保护，这清楚地提示它们确实有一种功能，尽管我们对它还不了解。[9]

　　这些研究与一项工作有非常密切的关系,这项工作最终为达尔文的进化思想特别是关于人类起源的思想正了名。一种灵长目动物(如我们人)与另一种灵长目动物(如猩猩)的珠蛋白基因之间的细微差别,是两个谱系从一个共同祖先分化以来数百万年分别进化的结果。遗传物质的相似告诉我们的第一件事是确实存在过一个共同祖先。但那只是故事的开头。一旦这两个物种分离,一个谱系出现的突变便不再被该家族另一旁支的成员通过性和重组所共享。分化以后经过的时间越长,两个物种的DNA和它们所编码的蛋白质之间的差异就越大。19世纪60年代和70年代有重要意义但相对宣传较少的研究工作所导致的重大发现是,每一谱系突变性变化的发生,确实是两个物种分化以后许许多多**稳定**细微的差异经过数百万年慢慢积累起来的。通过测量今天两个物种DNA之间的差别,现在可以相当肯定和准确地说这两个物种究竟是什么时候从一个共同祖先分道扬镳的。这个分子钟不仅为达尔文正了名,而且为重新审视人类进化的时间表指出了道路,这一重新审视现在正在被近年来古生物学家们发现的化石证据所证实。

第十章

从达尔文到DNA

人类起源的分子证据

1859年当达尔文发表《物种起源》时,他是经过多年仔细思考才这样做的,即使当时华莱士的独立工作给了他很大的压力。达尔文很清楚地知道,他的思想可能会对一个在很大程度上仍然受教会极端保守教义控制的社会产生什么样的影响,即使在1859年,他还是试图用不谈及人类的方式避免狂风恶浪式的争议。在他这部伟大著作接近尾声的地方,对于我们本身的进化,他只是说了这么一句话:"我看到在遥远的未来,有广阔的天地开展更为重要的研究……人类的起源和历史将会大白于天下。"[1]但他所说的"遥远的未来"几乎马上就降临到达尔文面前,由《物种起源》这本书引起的风浪大部分都直接与人类在进化舞台上的位置有关。19世纪60年代,赫胥黎发表了一篇关于"人类在自然中地位的证据"的短文。1871年,达尔文本人发表了《人类的由来》,在这本书中他把自然选择进化论应用到了人这一物种。

在《人类的由来》中,达尔文概括地论述了自然选择的原理,指出了人类与现存的非洲猿类——大猩猩和黑猩猩的相似之处。他说,"我们很自然地要问,人类的出生地究竟在何处?"在指出今天世界各地生存的哺乳动物都与当地已经灭绝的物种紧密相关之后,他总结说,"所以很可能在非洲曾经生活着和大猩猩、黑猩猩极为相似的已经灭绝了的猿类;由于这两种动物是与现在人类最近的物种,所以更可能我们早先的祖先生活在非洲大陆而不是别的地方。"[2]

提供一个更简洁的关于人类起源现代观点的宣言很困难,除了把"更可能"改成"实际上是肯定的"之外。在20世纪,我们对人类起源的理解几乎完全是通过对那些达尔文提到的化石祖先的研究得到的,而与人类家系明显相关的化石已经在非洲被发现,并得到广泛的宣传。在最近几十年中,利基(Leakey)一家的工作和约翰森(Johanson)那著名的化石"露茜",已经使对我们的祖先发源于非洲以及我们同大猩猩、黑猩猩同属一个家系心存怀疑的人为数不多了,除了那些因各种原因完全不接受人类进化思想的人。

但这个故事还有另外一面,即依靠对活物种的血液和组织而不是对骨头化石碎片的解释来解决人类起源之谜。这段故事是更近期的事(尽管其受尊敬的学术先人几乎可以追溯到达尔文时代),一直到不久以前,它在公众中还不那么受到注意,也没有得到搜寻化石者应该给予的承认。但它非常接近我这里所讲述的故事的主流,它不仅提供了人类进化的直接证据,而且也提供了人类进化开始与非洲其他猿类分道扬镳的准确年代。这一分道扬镳的年代可以从活人、活大猩猩和活黑猩猩细胞DNA分子的比较中确定并修正。分子钟告诉我们,我们共同的祖先生活在500万年前的非洲。

血缘兄弟

纳托尔(George Nuttall)于1862年生于旧金山,他当时并不知道这个时候由《物种起源》一书激起的关于进化的大辩论正在进行之中。他长大以后在德国从事研究,后来成为剑桥大学生物学教授。在20世纪初,他提供了不同物种间血液关系的第一例证据。

纳托尔运用了当时新发现的机体制造抗体保护自己不受入侵者伤害的能力。病毒病(如水痘)的第一次袭击使病人病得很厉害,但人体学会识别引起水痘的入侵者,进而制造了特定的抗体来消灭它们。下次同样的入侵者再来袭击时,马上就会产生适当的抗体,于是便再不发病。人体对水痘便产生了免疫力。但是,防止你得水痘的抗体并不能帮助你抵御流感——实际上,保护你抗御一种流感病毒的抗体对另一种流感病毒也不起什么作用。首先用抗体对付疾病的德国科学家埃利希(Paul Ehrich)在19世纪90年代推测,这种专一性也许可以实现用免疫反应测定不同物种的血缘关系。不过,接过这一推测并使它成为现实的是纳托尔。

他把从其他物种体内提取的血液蛋白质样品注射到实验动物体内(他使用的是兔子)。被外来物质"入侵"的动物学会了生产对付这种特定入侵者的抗体,被入侵动物的血提供了一种专门与所选入侵者的血液蛋白质发生反应的血清。尽管纳托尔对 DNA 对于进化的重要性一无所知,对抗体也知道得不多,但他知道这种血清将会和同种血液的其他样品发生反应,在试管中产生一种黏稠的沉淀。但这一沉淀反应远不如用这种特定血清处理不同种动物时发生的反应强烈。从兔子身上制备的血清受到譬如马的血液"入侵"时,会发生强烈的反应,但和猫血则几乎没有什么反应。反应的强度与不同种类之间的相近程度十分相关,纳托尔很快用人血——他自己的血——做了试验。经过 16 000 次针对从鱼到人等各种不同物种的试验,纳托尔于 1901 年向伦敦热带医学院报告说:"如果我们同意把血液反应程度作为类人猿中血缘关系的指标,那么我们就会发现旧大陆的猿同人有更紧密的亲缘关系……这

和达尔文发表的见解完全吻合。"³

这项在《物种起源》出版后不到40年、《人类的由来》出版后仅仅30年的时候开展的工作,居然在以后的半个多世纪里一直无声无息,未被进化生物学家们所发掘,我不敢肯定这一事实是否更加令人惊讶。然而事实是,这一技术一直到20世纪50年代末底特律韦恩州立大学的古德曼(Morris Goodman)运用更精确的现代免疫技术进行与纳托尔的开创基本上同样的实验时才又被捡了起来。古德曼能够比纳托尔更加准确地测量血缘关系的程度,在用预期的家族树(family tree)比较其测量数据时,他还受益于古生物学50年的成果。在包括人类在内的不同物种从进化枝上分离出来的顺序方面,他没有发现惊人的东西——血液试验表明人和黑猩猩有非常密切的亲缘关系,长臂猿是一个较远的亲戚,旧大陆的猴子形成了这个家族更远的旁枝,而新大陆的猴子则相距得更遥远。所有这些都是活物种的形态学研究所提示、并为化石所证实的。古德曼1962年的一篇论文给世人带来惊讶,他在文章中探讨了试图找出黑猩猩和大猩猩是否与人类更接近的问题。简单的回答是,从多种免疫学试验的结果来看,他发现三者相互间的关系同等密切。⁴

对生物学家们来说,这像一颗炸弹。当时所有的人都接受这样一种观点(至今还有数目惊人的生物学家仍然这样认为,更不用说其他人),即尽管黑猩猩和大猩猩可能是我们最近的亲戚,"显然"它们之间的关系要比与我们的关系近得多。这也是古德曼所希望发现的。但分子们总是不愿意符合他所期待的观点。它们表明了而且在继续表明,人类、黑猩猩和大猩猩互相都有紧密的亲缘关系,每一个与其他两个的密切程度都是一样的。你我同黑猩猩的密切程度与大猩猩同黑猩猩的密切程度是一样的。尽管黑猩猩和大猩猩是满身是毛、行动怪异、不穿衣服、生活在非洲野外(或我们的动物园里)的动物,而我们是成熟、智慧、看电视、吃着冷冻比萨(而且会捕捉黑猩猩和大猩猩以供享乐)的城里人,但我与一只大猩猩在进化上的差异同一只黑猩猩与大猩猩的区别相比却既不大也不小。这项免疫学工作给我们留下的尚未回答的大问题是,这种祖先的家系是什么时候向三个不同方向分开,进而产生了三种不同的非洲猿类——我们和两种毛茸茸的同宗物种?获得答案并没有用太长时间,尽管古生物学家们经过很长时间才开始接受它。这个答案来自从略微不同的角度对这个问题进行的研究,它把我们带回到本书第二篇一直谈论的话题上,其中涉及早期阶段中一个非常熟悉的名字。

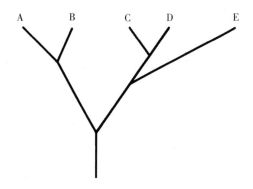

图10.1　一个假想的家族树,或进化树。C和D相互的亲缘关系比它们与E的关系要更密切,但C、D和E同A和B是同等距离的亲戚。

分子进化

莱纳斯·鲍林对血红蛋白的兴趣,使他发现一种特别的疾病是由蛋白质链上一个氨基酸的变化引起的,而这种变化又是由一段为那种蛋白质编码的DNA上的一点所发生的突变引起的。一种基因的一个密码发生的一个错误,导致了镰状细胞贫血这种致命的疾病。在整个20世纪50年代和以后,分子生物学家受鲍林那一代人从事这项研究同样的原因所驱使,继续对血红蛋白进行研究。血红蛋白是一种由几个亚单位组成的大分子。在制造这些组成部分的过程中所出现的"错误",

产生了许多人类的疾病,所以,如果产生这些错误的机制能够被认识并加以纠正的话,对医学科学有着直接的实际好处。此外,因为血红蛋白甚至在一个人(或另一种生物的个体)身上会以几种略微不同的形式产生,它提供了了解此类变异如何产生的机会,并以此探索解决进化过程中分子水平上的变异如何产生的机会。正因为这些原因,鲍林对血红蛋白进化始终保持着兴趣,1959年当楚克尔坎德尔(Emile Zuckerkandl)(出生在维也纳,1938年加入法国籍,现仍在法国工作)来到加州理工学院和他共事时,鲍林发现了一个可以与他共同把血红蛋白研究推向新阶段的新的合作者。

楚克尔坎德尔采用了英格拉姆以电泳和色谱结合分析蛋白质分子"指纹"的技术。和鲍林一起,他仔细观察了几个不同物种的血红蛋白,准确地找出了它们之间的差别,哪里的氨基酸链相同,不同物种的氨基酸链哪里会偶有不同。古德曼的技术或多或少使用了全血(whole blood),表明了我们人类与黑猩猩和大猩猩有着非常紧密的关系。楚克尔坎德尔和鲍林观察了特定的蛋白质链,提供了衡量这种关系紧密程度的直接标准。他们发现,人类和大猩猩血红蛋白之间的差异在于一条蛋白质链上有一个替换——在大猩猩血红蛋白的天冬酰胺位置上,人类却是谷氨酰胺。这确实是最小的差异——它是这么小,以至于实际上可以肯定,在地球上的某个地方,人类中有些人的血液中含有和正常的大猩猩血红蛋白相同的突变形式。在这个水平上,人和其他非洲猿类的区别表现得不比人类不同个体间的差异更突出。

原来,血红蛋白变异中的每种突变都是由一个碱基(当然,不总是同一个碱基)的变化,即改变了遗传密码的一个字母造成的。对这些变化模式的统计分析表明,实际上并没有什么模式——突变是沿着基因随机发生的,这样便导致了相应的蛋白质链上氨基酸的随机变化。所有这些证据,包括这些关键点,证实了有着共同起源(共同的"祖先基因")的两种基因,其进化分离的程度确实可以用沿着一段DNA随机发生的碱基变化加以测量。珠蛋白链的种类使得把这一技术作为判断不同物种间"距离"的指标成为可能——相当于它们从一个共同祖先分道扬镳以来的时间。

　　但是,血红蛋白并不是惟一可以那样研究的分子。进化是通过基因的DNA分子所携带密码的变化进行的,但这些DNA的变化表现在由DNA编码的蛋白质的变化上,选择在蛋白质水平上有效地进行。对分子进化的研究是从研究物种间和个体间蛋白质的差异开始的,蛋白质仍然提供了关于分子水平上进化的大量信息。自从20世纪60年代中期以后,芝加哥附近西北大学的菲奇(Walter Fitch)和马戈利什(Emanuel Margoliash)对许多物种细胞色素c的蛋白质氨基酸序列进行了详细研究。细胞色素c是能量丰富的分子在生物体内传输不可或缺的酶,它们和血红蛋白一样在许多不同的物种中以多种形式存在,从事基本上相同的工作。例如,狗和马的细胞色素c的差异,在于104个氨基酸的长链中的10个氨基酸。有趣但也无法解决的问题是,所有这些变化是不是对这两种动物不同生活方式的进化反应,或者,有些变化是否为偶然发生的无因果关系的突变,例如,一只狗如果有和马一样的细胞色素c也能照常生活?但是,不管怎样,这些不同提供了衡量两个物种间差异的尺度,它们从共同祖先分离后在不同的进化道路上走了多远的指标。[5]马和狗显然不如细胞色素c只相差四五个氨基酸的动物相互之间关系更近。按细胞色素c绘出的家族树现在已经表明了鸡和企鹅、金枪鱼和蛾、丽蝇和龟——当然还有人和猿——之间存在的进化关系。这个故事总是相同的。与为血红蛋白编码的DNA的变化一样,为细胞色素c编码的DNA的变化也是随机发生的,随时间推移积累在基因组中。而人、大猩猩和黑猩猩实际上是相同的,它们之间的关系是三个不同的物种之间所能有的最近关系。

20世纪60年代中期以来,这个故事沿着两条线发展。一条采取了较宽的视角,一直追溯到为血红蛋白的蛋白质成分——珠蛋白编码的基因起源之时。另一条是我们主要感兴趣的那条线,它集中在我们人类与非洲猿类相近处那令人困惑的细节上,并试图确定我们从共同祖先群中分离出来的确切时间。[6] 在我们接下去讲分子钟的测时之前,也许应该简要地看一看珠蛋白前沿的最新消息,这涉及我们迄今所知甚少的关于跳跃基因和内含子的情况。

宏观图景

记住,人类的血红蛋白包含两套不同的蛋白质链,α珠蛋白和β珠蛋白。但这并不是故事的全部。实际上有5种不同的"β式"珠蛋白,3种"α式"珠蛋白,它们都是身体在从早期胚胎到胎儿,再到婴儿、成年等不同发育阶段制造出来的。看来,针对人类在不同阶段对氧的需求,最初的珠蛋白产生了几种不同的变异来满足不同时期人体的具体需求。它们是怎样发生的呢?

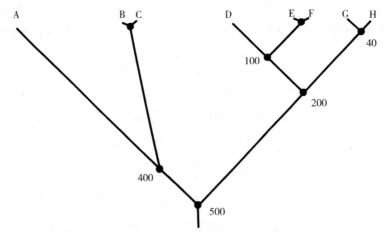

图10.2 珠蛋白间的相似程度,使学习分子钟的学生能够计算引起不同家系生物发生的突变何时发生。图中的数字是数百万年前发生分离的次数。

为不同形式的α珠蛋白编码的人类基因簇(cluster of human genes)，按照其发育时被"打开"的顺序排列在一条染色体上。β簇的排法也差不多，只不过是在不同的染色体上。α珠蛋白基因和β珠蛋白基因之间的相似性表明，它们是从一个共同祖先发展而来的，在5亿年前脊椎动物进化之初开始分化。α和β基因都有两个内含子(非编码DNA区域)，分布在对等的位置(这是怀疑它们具有共同起源的原因)；遗传物质的分布表明曾经有过第三个内含子，但它在进化过程的某个时候被剪切掉了。这一点特别令人感兴趣，因为最近有人提出，植物的豆血红蛋白也许是搭了病毒的车进入到植物基因组的——因为豆血红蛋白另有一个第三内含子恰好位于脊椎动物血红蛋白似乎失去一个内含子之处。在这种情况下，如果确实有搭车现象，植物一定会从脊椎动物以外的什么地方得到新的基因。这显然可能是昆虫，现在人们正在研究昆虫的珠蛋白，以了解那里是否也有内含子。

关于珠蛋白的研究提供了一些最清楚的指示，即内含子并不仅仅是垃圾。一方面自从导致人和猿的遗传线索自连接旧大陆猴子的线索分离以来，已有大约3000万年时间，这个时间可由化石证据可靠地加以证实。但人类、大猩猩和狒狒的β基因簇仍然显示，在有些地方存在相同量的"额外"DNA，它们的"无义"密码本身没有什么变化。有看法认为，这个DNA似乎是无义的，它当然不为蛋白质编码，但它一定有某种用途，否则突变就会更迅速地把它搅乱，而不是像现在这样。

看一看亲缘关系较远的物种，在某种程度上就像回顾更早的过去一样。像英国莱斯特大学杰弗里斯这样的研究人员指出，整个基因簇的进化遵循一个基因被复制的简单模式，这样，DNA携带了一个额外的复本，具有一种新型的基因版本，它通过突变而发生轻微改变，直至产生在不同发育阶段具有活性的变异。哈佛医学院的莱德(Philip Leder)1981年在《科学》杂志[7]上评论这些发现时说："珠蛋白基因座不断地产

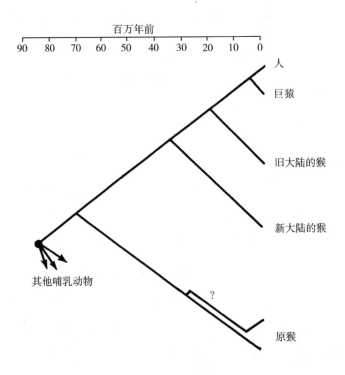

图 10.3　这里是图 10.2 中珠蛋白家族树上一个珠蛋白基因簇（图 10.2 中用 H 代表 β 珠蛋白）的聚焦，这里可以从珠蛋白的差别中计算出人类与其他灵长类动物分离的时间。

生其基因的复本，并用它们不断攻击着基因组的其他部分……对珠蛋白有效的东西一定对其他基因也有效。"人类珠蛋白基因簇的复杂性是遗传变化的一个直接特征，这种遗传变化使我们有如此长的妊娠期，且出生的婴儿仍处在非常不发育的软弱状态。从这个意义上说，我们的珠蛋白基因比棕狐猴这样的动物的基因更加"成熟"，而只要看一下猴子这类中间物种的基因，就可以了解从狐猴这样的远祖形式到我们目前这种形式所走过的路径。由于我们现在知道，人体并不依赖于工作基因的一个复本（这个基因在不破坏人体正常功能的情况下不能发生突变），而是不断地产生复制品来充当进化的原料，所以我们便能够开始看到进化如何进行得如此有效。多余的基因复本能够通过各种稀奇古怪的中间阶段进行突变,直到它们找到一种为有用的蛋白质编码的形式,给它们所在的身体一个有助于选择的推动。不过我有点离题了。尽管这一新的工作很吸引人,但在人和其他非洲猿类分化时间的问题上,它并没有告诉我们更多的东西。事实证明,即便是古德曼的技术也能够提供这一问题的答案,尽管**证明**这个答案是否正确还花费了稍多的努力。

分子钟

1964年,萨里奇(Vincent Sarich)还是加利福尼亚大学伯克利分校人类学系的研究生。他参加了由体质人类学教授沃什伯恩(Sherwood Washburn)主持的一系列研讨班。沃什伯恩的兴趣在于人与其他猿类之间的体质相似之处——骨骼的确切结构,头的形状等等。尽管表面上有明显的差别,但这些体质相似之处确实非常相近。一句话,人、黑猩猩和大猩猩的基本体形是灵长动物的体形,这种体形适应了悬挂在树枝上,并用手臂吊荡树枝前进。[8]如果按照20世纪60年代初人们关于人和猿是1500万或2000万年前分化并独自进化的传统认识,这三种动物之间的相似程度应该远远小于沃什伯恩的发现。沃什伯恩怀疑古德曼测量不同物种血液蛋白质异同程度的技术,也许不能用来说明这种分化实际上发生得有多远或多近。萨里奇自告奋勇地翻阅了关于这个问题的所有学术文献(1964年时为数还没有那么多),并将情况向研讨班报告。

萨里奇意识到,如果导致现今不同物种血液和组织中蛋白质差别的突变,在进化过程中以稳定速度积累的话,那么关于这些差别的测量数据就不仅可以被用来说明两个物种之间的进化"距离",而且可以表明它们自一个共同祖先分化以后所经过的时间。分子可以被用作一个时钟,而积累的突变则要用千年为单位来表示。这种可能引起了研讨班另一个成员阿伦·威尔逊(Allan Wilson)的兴趣,他正好在伯克利组建一个生物化学研究组。沃什伯恩建议萨里奇以这个问题作为他的博士研究课题,于是萨里奇加入了威尔逊的小组,开始了一项最终改写我们对人类起源认识的合作研究。[9]

第一批重要的论文发表于1967年。萨里奇运用了比古德曼(更不用说纳托尔)的方法远为精确的生物化学技术,比较了许多不同物种,特别是我们最近的亲戚灵长目动物的血液蛋白质。他发现,人和大猩猩、黑猩猩之间的差别,从它们血液蛋白质链中的氨基酸替代物数量的角度说,只是人与旧大陆猴子之间差别的1/6。现在,旧大陆的猴与猿分离的时间是化石测定的最可靠时间之一,确定为大约3000万年以前。如果突变的积累在那段时间内确实是随机的,并且以稳定的速度进行,那么只可能有一个结论。人类和黑猩猩(以及大猩猩)的分离应该发生在猿与猴分离以后1/6处,也就是说仅在500万年以前。

在这一解释被人们接受之前,非常重要的前提是引起蛋白质氨基酸序列变化的突变,必须是随机而且以稳定速度发生的。对于随机性不存在疑问。即使在20世纪60年代,有一点也很明确,即这些差别是由为蛋白质编码的DNA的随机突变导致的,自那时以来的所有研究只是进一步证实了突变确实是在基因组中随机发生的。但伯克利的研究人员能否肯定这些变化发生的**速率**即使在不同物种从共同祖先分离后仍保持不变呢? 譬如假定,产生人、大猩猩和黑猩猩的三向分离确实如同1967年为人所接受的那样发生在1500万年以前,但自那时以来进化从一定的意义上说,在非洲猿类中的速率只是近缘物种(如亚洲猿)的1/3。进化速率的这种减缓,可以产生与更近期的分离以及以旧的速率继续发生进化改变同样明显的效果。

这一点十分重要,因为在1967年和以后的许多年里,许多古生物学家没有能够理解萨里奇和威尔逊并没有**假定**突变积累的速率(即进

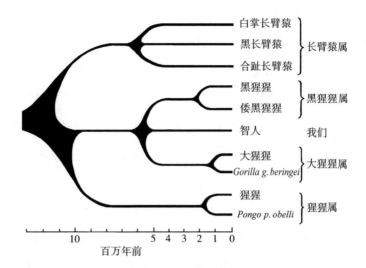

图 10.4 利用不同分子的分子钟技术的许多不同版本,组合起来指明了我们与我们的血缘近亲之间的关系。人类、黑猩猩、大猩猩从同一祖先分出来的三向分离,距今不足 500 万年。

化的速率)在他们所研究的分子家族中保持不变。他们实际上是进行实验去检验是否如此。这些实验证明突变的速率没有变化,因此,这些分子可以作为一个时钟,可靠地计算人类进化的时间。

古生物学家脑子里的混乱是如何产生的呢?当然,首先在于他们不愿意相信新的证据——在 1967 年,他们还自认为掌握了关于人类起源的满意答案,把人与其他非洲猿分离的时间推至 1500 万年以前。他们不愿意张开臂膀接受两个掌握测定不同物种分离时间新技术的年轻生物化学家,传统的时间尺度也不会在一夜之间被改写——古生物学家也不愿意看到它被改写。第二,分子钟证据发表的方式,也许有意无意地使它没有及时得到承认。据萨里奇回忆,1966 年和 1967 年,他和威尔逊写了三篇论文宣布他们的发现。其中两篇发表在负有盛名并且发行量很大的《科学》杂志上,关于人类和我们亲缘最近的亲属在 500 万年前发生分离这一爆炸性观点是在第二篇论文中提出的。[10]但在这两篇论文之间,萨里奇和威尔逊还向《科学》杂志投了另一篇论文,他们认为这篇论文至关重要,因为它**显示**了说明分子钟速率不变的实验结果。《科学》杂志的编辑们凭自己的智慧以"未有任何新意"[11]为由退回了这篇论文。这样,这篇为分子可以用作时钟的观点提供关键性重要基础的论文,最后便发表在同样有名但读者较少的《美国科学院院刊》上。[12]萨里奇说,这篇文章在以后人们批评他们用分子钟方式研究进化的学术论文中"实际上从来没有被提及过"。

分子钟会以稳定的速率运转——或更确切地说,每一个分子钟会以自己稳定的速率运转,因为每一个蛋白质都有自己的行为模式——这可能确实令人惊奇。我们可能作出的一种猜测或想当然的推想,常常会是突变在两代间隔较短的物种中积累得更快。根据这一推想,老鼠在分子水平上的生长应该比大象更快。这是一种猜想,对许多人来说,这种猜想似乎比那种认为对某一特定分子来说,所有物种(不管其繁殖速度有多快)分子突变积累速率都相同的猜想更合理。但重要的一点在于,这些猜想能够被检验,而正确的猜想是时钟稳定地运转,不管它是否明显。

检验这些猜想的技术很容易理解,尽管操作起来要费很大功夫。基本上,它要取一个已经确定的进化年代,如猿和旧大陆猴子分离的年代,看一看在此众所周知的年代发生分离并遗传下来的尽可能多的代表物种之活体中,一种选定蛋白质中所积累的变化(萨里奇和威尔逊首先选用的是清蛋白)。在这一特定情况下,所有活的猿类清蛋白积累的差异数,与旧大陆猴子相比是相同的。猴子同(生活在亚洲的)长臂猿的进化距离,与猴子同(生活在非洲的)黑猩猩,或者黑猩猩同人类的进化距离是一样的。显然,不同物种的突变不同——譬如,在猩猩的清蛋白中突变的特定氨基酸与黑猩猩中发生变化的氨基酸不同。但在所有情况下,包括黑猩猩和猩猩,与猴子一线分离以后的突变数是相同的。

同新大陆的猴子，或食肉动物，或任何一种尚未检验的物种相比较，结果也是一样。[13]哺乳动物清蛋白中突变积累的速率只取决于过去的时间，而不管两代间隔时间或任何别的因素。

这个速率是什么呢？每种分子都不一样，这样就有可能对照不同的分子钟，并使用对测量所研究的物种最适用的那个时钟。但是，举两个人们很熟悉的例子，在细胞色素 c 中，变化以每 2000 万年影响蛋白质链 1% 的速率积累，而血红蛋白显示每 600 万年有 1% 的变化，与一个氨基酸平均每 350 万年有一个变化相对应。事情应该是，即使是人和大猩猩血红蛋白只相差一个氨基酸这样一个事实也符合新的时间尺度，尽管 500 万年对于运用血红蛋白钟来说实在是一个太短的间隙。在清蛋白中，由于为清蛋白编码的 DNA 发生了一个突变，大体上每 100 万年链上就有一个随机选出的氨基酸发生变化。只要计算蛋白质链上氨基酸组分的不同，分子生物学家们就能够算出自两个物种共有一个祖先以来的时间。正如萨里奇所说："1967 年还是一个最佳的初步猜想，到 1970 年已经变成了一个确凿无疑的定论——这个情况至今仍未改变。"[14]

自那时以来的所有新数据都已证实了最初的年代，误差为 50 万年。分子人类学指出了人类家系最早同连接大猩猩和黑猩猩的家系分离的最可靠年代，即 500 万年以前。关于人类祖先新解释的绝妙之处在于，它不仅能够测量 DNA 编码的蛋白质中的差异，而且能够测量不同物种自身 DNA 分子之间的差异。DNA 钟和其他分子时钟一样，均为人类进化提供了相同的精确时间尺度。

DNA 本身

一个蛋白质代表一个正在工作的基因，而一个基因只代表人类 DNA 储存的全部信息的大约二百万分之一。此外，每种不同的蛋白质有它们自己的分子钟,每种都以自己的速率积累着突变。尽管分子钟方法取得了巨大成功,我们最好还是能够找到一种测量DNA本身突变积累的方法。确实,我们能够找到。

这项技术可以追溯到1960年。当时据报道,被稍稍加热而裂开的DNA链在冷却后会再次结对变成双链,即按照常规结对的碱基。就像分子钟有规律一样,它的发生可能是一个令人惊奇的事件。DNA双螺旋的两个链只是被连接A和T以及C和G的弱氢键结合在一起,所以它们稍微加一点热就会分开。不管加热多么温和,分开的链在这个过程中都会在这里或那里断开,然后"熔解"的DNA片段自由地盘绕在一起。要理清这团乱麻简直是不可能的。但是当营养汤慢慢再冷却时,A和T之间以及G和C之间的亲和力是如此突出,以至于DNA片段和它们的伙伴又靠在了一起,相互之间又建立了氢键。来自某一双螺旋的两条链极不可能再互相碰到一起,但如果每条链能够找到与营养汤中自己原来伙伴完全相同的复制品的话,效果则正如原来的双螺旋被恢复一样。DNA片段重新连接的过程叫做退火(annealing),它是如此有效,以至于只要稍作处理,产生的DNA就会恢复其许多生物学活性。

退火取决于A和T以及C和G之间的亲和力。完全互补的DNA链,即整个双螺旋的两个半边,相互之间显然有很大的亲和力,因为一条链上的每一个A都与另一条链上的T相匹配,而另一条链上的每个G自然会靠在它要选择的伙伴C身旁,它们在一起可以构成一个很强的氢键。这一过程是纯粹的量子物理学作用——原子总是要形成能态最低的排列,这样便形成了氢键,这在所有化学现象中可能是最带有量子力学特点的现象了。

如果DNA那两条试图退火的链不能很好地匹配,又会发生什么情况呢?显然,在碱基配对的地方仍然会有一些氢键形成,但是在两个错误碱基相对的地方,则不能成键。退火仍然会发生,但不那么有效,这样产生的双链分子就不会这样紧密地结合在一起。这就意味着,如果它们再次受热,它们就会比完全匹配的链更容易断开——这种退火程度较差的DNA的"熔点"要低于正常DNA,这是用DNA作为终极分子钟的关键。

耶鲁大学的阿尔奎斯特(Jon Ahlquist)和西布利(Charles Sibley)是目前运用这一技术的两名研究人员。他们的做法是从两个物种——可以是人和黑猩猩——中分别取样,然后加热而分离DNA链。然后把这两套熔解的DNA混合在一起让它冷却。当营养汤冷却的时候,根据量子物理学法则,DNA各条单链就会试图配对。有的找到了合适的对象,形成退了火的紧密螺旋结构;但有时,一个物种的一条链与另一个物种的一条链配对,形成了一个结构较松的螺旋。当新形成的DNA再度受热时,这些结合得不完善的链会首先分离,比其他链在更低的温度熔解。对此作出适当的测量并弄清那种DNA螺旋在什么时候熔解,并非一件易事。但是,仔细研究实验细节,有两点很清楚。第一,普通的DNA在大约85℃的温度下熔解。第二,由不同物种的链形成的杂种DNA的熔点较低,而且每低1℃,沿DNA分子的碱基串就相应有1%的差别。如果两个物种的DNA有99%相同,它们杂交形成的DNA的熔点就大约是84℃;两个物种的DNA碱基如果有98%相同(DNA上同样的碱基按同样的顺序排列),它们形成的杂交DNA的熔点就大约是83℃。这个试验表明,人类、黑猩猩和大猩猩的DNA至少在98%的长度上是相同的。人类所"独有"的特点包含在我们DNA不到2%的片段里。

同运用其他分子钟的情形一样,DNA杂交试验可以应用于已经通过可靠化石证据证实,是在某一年代从共同祖先分离出来的那些物种。这种方法同萨里奇和威尔逊用来测定清蛋白的方法是一样的,提供的信息也同样准确无误。例如,化石证据明白无误地表明,2500万年前分离进化的所有物种(狗和浣熊是很好的例子),两个物种DNA间的差别大约是12%。人类DNA同黑猩猩或大猩猩DNA的差别是2%,这说明它们相互分离的时间大约是上述时间的1/6,也就是400万年多一点。每个试验都讲述了同样的故事。DNA确实以稳定的速率积累。第一次以人类、黑猩猩和大猩猩为对象所作的这种测量所得出的结果,同用蛋白质钟所证明的三向分离完全相同,大约是500万年以前。现在,这项技术又进一步得到改进,作这样的测量,其精确度要胜过蛋白质钟。阿尔奎斯特和西布利20世纪80年代初做了一项研究,据他们说,这项研究表明大猩猩是600万年前首先分离出来的,而人类和黑猩猩在这一家族另一旁系上的分离,则发生在450万年以前。这些数字仍然与蛋白质钟完全相符,但它们为人们研究人类起源提供了一点点新的线索,也许能够说明人类的直接祖先究竟是什么样的。

为达尔文正名

从分子角度为达尔文正名包括两个方面。第一,达尔文提出人类起源于非洲,非洲猿是我们最近的活亲戚这一观点已被证明比他猜想的更加准确。积累的分子数据证明了我们的祖先也正是黑猩猩和大猩猩的祖先,存在这样一种可能——迄今为止还只是一种可能——即在大猩猩分离之后,黑猩猩和人类曾有一个短暂的时期具有共同的家系。越来越多的证据——1967年以来已经收集到大量的证据——表明,人类家系与其他非洲猿分离不会早于大约500万年以前,除非生命之分子,以及生命分子本身,在这三种生物中的表现同在人们已经研究过的所有成千上万种生物中不同。

DNA的这种细微变化能够解释你我与大猩猩之间并非微不足道的差别这一事实表明,使人类能够从非洲猿一群中产生出来的突变一定与控制基因有关。记住我们的DNA多数都是非编码的,我们的DNA与黑猩猩DNA之间的2%差别中,相当一部分一定是由无义DNA的差别造成的。两个物种中为蛋白质编码的DNA的差别比例很可能小于2%。但它决定了使我们成为人的所有特性。之所以会是这样,麦克林托克的工作以及雅各布和莫诺较近期对操纵子的研究提供了线索。在我们体内,只有很少一部分DNA在任何时候都是活动的,关键在于哪一段处于活动状态,以及什么时候处于活动状态。通过改变操纵子工作的方式,使黑猩猩成其为黑猩猩的基本蓝本可以加以改变而产生一个人。我们甚至可以知道这些改变包含什么样的内容。

其实,人就是婴儿期的猿。我们生下来并不是成熟的,所以当我们是婴儿时我们什么也做不了,需要成年人的照顾。出生时的这种不成熟,是允许我们的脑在出生后仍然能够持续发育和生长的关键因素,因为若胎儿的头过大,将会影响母亲的生育过程和生活。多数其他哺乳动物在母体子宫内可以长到完全成型,出生后马上能够站立起来并跟随其群体跑来跑去,而人类的新生儿即使在离开子宫以后,实际上还只是有待进一步发育的胚胎。显然,当我们知道基因是如何开启和关闭以后,人类从猿进化的关键因素就成为一个发育逐渐减缓的过程,这个过程叫做幼态延续(neoteny)。

我们生下来不会马上跟其他人一道跑动,但我们一出生就具有学习和适应不同环境的能力,具有发育出一个较大的、可以用来了解和控制我们环境的脑的能力。这个减缓的过程并没有就此停止。人活的时间远远长于黑猩猩,但从我们头部的形状和体毛较少来看,我们仍然保持着胚胎期猿类的一些特征。从典型猿类的角度看,人类即使没有发现**永葆**青春的秘密,至少也是找到了**延长**青春的秘密。我们应该将此归功于控制其他基因启闭进而控制我们身体发育速度的那些极少的基因。

那么,最早的原始人即最初的人科动物应该是什么样的呢?最好的证据是,黑猩猩是我们最近的亲戚,我们都是大约450万年前从一个共同的祖先演变而来的。我们最古老的、已经成为人的那些祖先大约在300万—400万年前活跃在非洲东部,它们肯定很像生活在同一地区的黑猩猩最古老的祖先。现在仍然有两个种的黑猩猩存在,即黑猩猩(*Pan troglodytes*)和倭黑猩猩(*Pan paniscus*)。分子告诉我们,它们是200万—300万年前从同一个家系分化出来的。倭黑猩猩,也叫"俾格米"黑猩猩,因其头部比黑猩猩要小而得其名,但它的四肢并不像其名字给人留下的印象。迄今鉴定出的最古老的化石人类,是被命名为阿法南方古猿(*Australopithecus afarensis*)和非洲南方古猿(*Australopithecus africanus*)的两个种留下的,它们在大约350万年前生活在非洲东部。古生物学家和人类学家仍在争论发现这些化石的确切意义,以及这两个种是否就是我们直接的祖先。但是,将它们作为我们最可能祖先的最佳范例,在现有的化石证据的基础上,结合这两种南方古猿的特征,就可能知道一个典型的南方古猿是什么样子。加利福尼亚大学圣克鲁兹分校的日赫曼(Adrienne Zihlman),及包括萨里奇和威尔逊在内的她的几个同事正好做了那项工作,他们搞出了一个很像现代倭黑猩猩的一种动物。日赫曼总结说:"我们所知道的350万年以前最早的人科动物,与现在的倭黑猩猩这类小猿也许只有一步之差。"[15]确实,如果我们不是带有偏见地把人类单独地列为进化分支的一类,那么,把我们自己命名为智黑猩猩(*Pan sapiens*)可能会更加合情合理。

当然,我们真正的起源应该追溯到更加久远的过去,和地球上所有生命的起源相同。生命在地球上出现已经有35亿年之久,而人类作为一个单独的家系,其历史也只有500万年。人类独立地行走,才占我们整个历史的1/700。对达尔文自然选择进化论(即解释现今地球上形形色色的生命如何从那些原始生命细胞遗传产生的理论)的最后正名也来自对分子进化的新认识。

在20世纪70年代中期,哲学家波普尔(Karl Popper)因在其自传

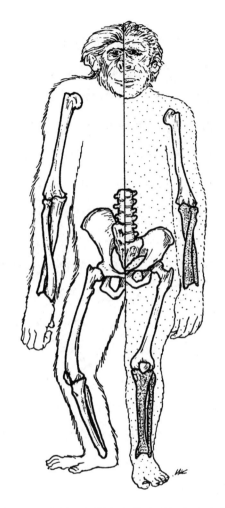

图 10.5　日赫曼绘制的现代倭黑猩猩和人类家系祖先南方古猿(*Australopithe-cus*)的结构比较图。

《无尽的探索》[16]中发表了一段话而在科学界引起了一场轩然大波。他说:"达尔文理论不是一个可验证的科学理论。"对此,那些反对进化论思想的残余者理所当然地感到欣喜若狂,他们没有看到(或者说不想看到)这样一个事实,即波普尔并没有说进化没有发生,也没有说达尔文是错误的。波普尔只是在"什么构筑了科学理论"这个哲学问题上刻意进行繁琐论证。

科学理论的严格定义要求它应该能够作出预见,而这些预见应该能够被检验,也就是说,理论本来就必须是能够被证伪(falsified)的。波普尔认为,达尔文的自然选择进化论不是真正的理论,因为它只是解释了我们所看到的以及化石记录中的生命的模式,并没有提出具体的可以检验的预见。实际上,波普尔错了,他那些并不成熟的评论引起了许多科学家和科学哲学家的强烈反应,使他在相当大的程度上修改了他的立场,而多数科学家则认为达尔文理论从来就是而且现在仍然是备受尊重的科学理论。用达尔文理论确实能够对细菌或果蝇这样的实验室种群受制于不同的环境条件以及不同的选择过程时所发生的变化作出预见。但是我最喜欢的是由新西兰的三个研究人员彭尼(David Penny)、福尔兹(L. R. Foulds)和亨迪(M. D. Hendy)进行的检验,他们的工作发表在1982年的《自然》杂志上[17],这项工作似乎完全驳斥了波普尔最初的断言,而且也否定了那些借波普尔为其盟友攻击进化论之人的谬误。

他们的论据是这样的。蛋白质中的氨基酸序列提供了进化信息,用这些信息,就可能构建一个能显示不同物种何时从祖先家系分离出来的时间进化树。从一种蛋白质——如细胞色素c——提供的信息,就可能用数学方法构建一个涉及最小数目突变的进化树,这个进化树因而就代表了观察到的模式可能发生的最有效途径。数据能够这样排列这一事实,并没有证明进化已经发生,只是说一个进化树确实对人们看到的蛋白质的差别提供了一种可能的解释。但现在出现了一个可检验的预见:如果进化发生了,那么通过比较两个不同物种的细胞色素c而构建的最小树,应该和使用同样两个物种其他蛋白质所得到的最小树相同。然而,如果所有的蛋白质树都不同,那就意味着蛋白质序列不包含进化信息,就与进化论作出的预见相矛盾。因此,存在一个独一无二的进化树是一个可以证伪的假想,能够被检验。

　　当新西兰工作者研究11个物种的5种不同蛋白质时,他们发现所有的进化树都非常相似,对于任何一个和我一样的人来说,在得知这个情况时都不会感到惊奇。连接这11个物种,可能画出34 459 425个不同的树,虽然这个新西兰小组构建的5个树互相并不完全相同(测量蛋白质差异的实验技术还做不到100%精确),但统计检验显示,它们是如此相似,以至于相似性作为偶然性而出现的机会,只有十万分之一。"不同的蛋白质序列所产生的这些树惊人地相似,显示了它们之间的关系与进化论是一致的。"就像所有好的理论一样,进化论确实是可检验的;它已经受到过检验,而且通过了所有的检验。

　　量子物理学使我们从分子水平上了解了生命。它解释了在细胞中蛋白质是怎样集中在一起并发挥其功能的,DNA双螺旋是怎样盘绕在一起然后又松开来制造信使RNA或自我复制,把遗传信息即遗传密码一代代传下去的。现在我们看到,这些分子(人们用物理学家的技术和量子理论不辞辛苦地调查了这些分子的特性)不仅揭示了我们自己直接祖先的秘密,而且也对进化论本身提供了一种直接的检验,达尔文的理论光荣地通过了这一检验。还有什么地方更合适我结束这篇关于量子物理学与生命之间联系的报告呢?

注　释

第一章　重新认识达尔文

1. 见 D. S. Bendal 主编 *Evolution from Molecules to Men* 中 Mayr 的文章。

2. 见 F. Darwin 编 *Life and Letters of Charles Darwin* 第二卷中 Huxley 的文章。

3. Jonathan Howard 所著 *Darwin* 中引用的信件。

4. 见 Peter Brent 的杰出传记 *Charles Darwin*。

5. 见 Antony Flew 的著作 *Malthus*。

6. 见我的作品 *Future Worlds*。

7. 见 "Darwin's Notebooks on Transmutation of Species", *Bulletin of the British Museum* (*Natural History*), *Historical Series*, volume 2, 1960, and volume 3, 1967. Gavin de Beer 所著的 Charles Darwin 的传记，详细讨论了达尔文思想的发展，更加通俗易懂。

8. 那些早期论文的抽印本，可以在 H. L. McKinney 所著的 *Lamarck to Darwin* 中读到。

9. *Journal of the Proceedings of the Linnean Society, Zoology*, volume IV, page viii, 1860.

第二章　孟德尔与现代综合

1. Theresia 出于兄妹之情的援助并非没有回报，Mendel 后来给她的三个儿子提供了帮助。这三个孩子中的两个——Dr Alois Schindler 和 Dr Ferdinand Schindler，后来又为 Iltis 写传记提供了一些背景资料。

2. 实际上，Mendel 发表的数目与 3∶1 的比率是如此接近，以至于这个数目好得让人难以相信。20 世纪的一些数学家曾经进行过计算，像 Mendel 那样仅仅用几千粒豌豆做"样品"，能得到他所说的"正确"比率的机会只有万分之一。换句话说，如果他重复做 10 000 次这样的试验，能够得出他所发表的确切数字的机会只有 1 次。而其他人则从不同的角度来解释他的统计数字，他们认为，Mendel 的过错只不过是根据他数年的工作经验，把有疑问的豌豆（比如，绿中带黄的豌豆到底该算黄的还是算绿的呢？）放进了他觉得"应该"放的一类。虽然要证实这一点是不可能的，但在这个问题上 Mendel 确实有修饰其实验结果的嫌疑。

然而自 1900 年以来，这类实验不知已进行过多少次，Mendel 提出的行为模式不仅成立，而且相当精确。 Mendel 是否越过了修饰数据使之日臻完美与存心搞欺骗之间的界限,这个有趣的问题也许永远不会有答案,而且也只是学术界感兴趣的问题,因为今天已经有大量不容置疑的证据证实了"孟德尔式"遗传。

3. 引自 *Schwann and Schleiden Reseaches*, trans. H. Smith, Sydenham Society, 1847。 Francois Jacob 在其著作 *The Logic of Life* 中对细胞概念的发展有比较详细的讨论,我在这里也引用了一些。另见 *Great Experiments in Biology*, ed. M. L. Gabriel and S. Fogel, Prentice-Hall, New York, 1955。

4. *The Logic of Life*, page 121.

5. 这段话转引自 Iltis 写的传记,304页。

6. 至少有一位科学史专家认为 Mendel 并非真是被"重新发现"的,虽然 Mendel 的工作在19世纪60年代没有得到广泛的注意,但也没有完全被忽视。 Augustine Brannigan 认为,1900年 Mendel 的"复活"主要是因为 Correns 和 De Vries 关于学术领先权的争论,结果,Mendel 作为一个中立的、已经离开人世、争论双方都能够接受的研究人员反而赢得了至高无上的地位。("The Reification of Mendel", *Social Studies of Science*, volume 9, page 423, 1979。)

Brannigan 似乎对 Mendel 没有宣传自己的发现感到特别不解,并认为 Mendel 没有认识到这些发现的重要性。总之,这是社会学家喜欢搅起的一种争论,但我也不赞同 Brannigan 的说法。 由于在教会里的地位及为安全所计,所以 Mendel 对自己的工作始终保持低调,这一点不奇怪;他的经典论文在1900年以前没有被广泛地报道:如果他的论文在科学家中真是知名度很高的话,那么怎么在图书馆书架上摆了三十多年也没有被裁开? 的确,这篇论文在1900年以前被引用的次数非常少;不过,在1900年以后 Mendel 成了一个差不多是家喻户晓的名字,孟德尔学说也成了一条熟悉的科学术语。

7. 46页。 Nordenskiöld 的话也引自这本书。

8. *Evolution from Molecules to Men*, ed. D. S. Bendall, page 10.

9. 我在这里简单讨论过的现代综合的坚实基础,出自 Fisher 从数学角度论述的著作,紧随其后的是 T. Dobzhansky 的 *Genetics and the Origin of Species* (Columbia University Press, New York, 1937)。这是第一本可读性很强的书;还有 Julian Huxley 的经典之作 *Evolution: The Modern Synthesis* (Allen & Unwin, Lodon, 1942)。这些著作都值得一读。Huxley 尤其棒,在20世纪40年代初对这样一本书的需求,表明达尔文思想与孟德尔思想的融合花了多么长的时间。

第三章 性与重组

1. September 1978, volume 239, number 3. Ayala 的文章"The Mechanisms of Evolution"在48—61页。

2. Cambridge University Press, 1981, page 343.

3. 性与进化的关系中关于我们人类自己的特别叙述,在我与 Jeremy Cherfas 合

著的 *The Redundant Male* 中有更加详尽的讨论。

4. Barbara McClintock 的这段话,引自 Keller 著作的第45页。

5. 同上。

6. 引自 Evelyn Fox Keller 著 *A Feeling For the Organism*,第59页。

第四章 量子物理学

1. 这里所述的梗概——19世纪90年代至20世纪20年代,物理学是如何被改造的——只能是极简略的概述,主要涉及人们对原子的重新认识,这一认识在20世纪30年代对化学的改造产生了重要影响。详见我所著的 *In Seaech of Schrödinger's Cat*。

2. 关于X射线的故事以及它与波/粒子之谜的关系,最近 Bruce Wheaton 在 *The Tiger and the Shark* 一书中作了精彩的描述。

3. 对于没有质量的粒子来说,需要从动量而不是质量的角度来对待,否则这个方程里的所有参量就会变成零或者无穷大。

4. 我在这里现在所用的方法是标准的:我特意从 Fritjof Capra 的 *The Tao of Physics*(Bantam edition, 1977, Chapter 11)中借用的。

5. 除了我自己从一个物理学家的角度所撰写的书之外,Linus Pauling 和 Peter Pauling 合著的 *Chemistry* 一书,精彩地描述了测定原子结构的方法,其要点可以在许多科普文章中读到。

第五章 量子化学

1. 固态氯化钠的结构是1913年借助于X射线衍射方法发现的,这种方法后来在分子生物学的发展中被证明是一个关键的工具。一旦你知道X射线是波或者在适当的情况下被当作波,你就可以对固态原子和分子进行X射线散射,以便发现这种衍射图样的本质,从而测出这种固体的结构。在这种情况下,实验表明,根本就不存在单一的NaCl分子,每个钠原子同周围的6个氯原子保持着相等的距离,每个氯原子同周围的6个钠原子也是等距的。在这个意义上说,整个晶体——每颗盐粒——就是一个巨大的分子。

2. *Chemistry*, page 143.

3. 漂亮、简单的规则都有例外。例如磷的原子序数为15,它最外层的壳上有5个电子。它能够用这5个电子一次形成多达5个键;理解这一点的最简易方法是把它视为和碳一样,有4个带有共享电子对的共价键,再加上一个离子键,磷的一个电子转移给了它的伙伴。不过,既然5个键中的每一个都同其他的一样,我们就需要想象这些键中的每一个都是80%共价性、20%离子性的。这非常符合20世纪30年代发展起来的对量子化学的新理解。

4. 在理解磷原子为什么能够同时生成5个键时,也要运用这一构想。

第六章 生命之分子

1. Judson, *The Eighth Day of Creation*, page 77.

2. 水占那么大的比例就很明显地表示生命最初起源于海洋。我们陆地生物必须随身携带自己的"海洋",它存在于我们的细胞中,为维持生命延续的化学反应提供了液体介质。

3. 从这个结构可以明显看出为什么氮是生命之分子中的重要成分。植物可以从周围的环境(或者从土壤中的化合物,或者直接从空气)中获取氮来制造氨基酸和蛋白质。动物,包括人类,却不能这样。我们依赖于植物作为向我们提供所有含氮分子的生产者。对于我们人类,我们可以制造11种基本的氨基酸,但我们的饮食中必须含有足够量的9种重要氨基酸,它们是:组氨酸、异亮氨酸、亮氨酸、赖氨酸、甲硫氨酸、苯丙氨酸、苏氨酸、色氨酸和缬氨酸。如果我们的食物中缺少了其中任何一种氨基酸,我们最终将会死亡。虽然我们可以从平时摄取的动物食物中获得一些必要的氨基酸,但动物中的氨基酸最终也是从植物中获得的,植物从周围环境中吸取氮并将其转化为有机化合物。

4. 有关含氢分子特别是含有铵离子的分子之间的这种特殊键的思想,最早可以追溯到 Alfred Werner 1903 年的研究工作。 1920 年,加利福尼亚大学伯克利分校的 W. M. Latimer 和 W. H. Rodebush 曾提出,水分子之间吸引力的成因可能是"一个水分子的一对自由电子可能对另外一个水分子的氢原子施加足够的力,使两个分子绑在一起"(*Journal of the American Chemical Society*, volume 42, page 1419)。但从物理学角度对这个行为进行理解仅在 20 世纪 30 年代。

5. 这就是为什么氨(NH_3)的分子量虽然只有 17,但在较高的温度下仍然呈液态。但是在量子几何排列中,每个氮原子与 3 个氢原子相连,这样在氨分子之间就不可能像水分子之间一样形成有效的氢键,所以说氨这种物质并不如水有趣。

6. 例如见 Judson, page 76。

7. Judson, op. cit.

8. 不仅仅是 Bragg 研究组。 当他收到 Pauling 和 Corey 的论文时,Bragg 把它交给了时任剑桥大学有机化学教授的 Alexander Todd(现在为勋爵),Todd"告诉他如果他在过去 10 年中的任何时间里问我,或者问我实验室里任何一个人,我们都会告诉他肽键是平的"(Judson, page 89)。Bragg 的卡文迪什研究组的一位成员 Max Perutz 立即注意到 α 螺旋结构模型暗示着,从纤维和 X 射线束到 Astbury 的标准设置,从不同角度照射而得到的照片中一个特殊的亮点本应该给记录下来;经过合适的影像曝光,他马上得到了结果。 Pauling 再一次抢先了 Bragg 一步。

9. *Chemistry*, page 496.

10. *Structural Chemistry and Molecular Biology*, edited by Alexander Rich and Norman Davidson, W. H. Freeman, San Francisco, 1968. 同样,在此书中, J. D. Bernal 本人描述 Pauling 的 α 螺旋研究为"他的最伟大成就"(第 270 页)。 当你忆及 Pauling 两次获得诺贝尔奖都是因为他的**其他**贡献之时,就会感到这是极高的评价。

11. Judson, op. cit.

12. 它后来成为医学研究理事会(MRC)所属的闻名世界的分子生物实验室，Perutz任主任，Kendrew任副主任。

13. 不一定最小的分子就最不具有附着性。起作用的因素是分子外部基团的类型和数量，看它们是否能够轻易地"抓住"氨基酸所爬过的固体物质。

14. 当然，实际上每一个点都含有数十万个蛋白质分子。但每一个位于多肽链末端并被标上颜色的氨基酸是相同的，而且它们都沿滤纸移动，聚集形成一个黄点，这个黄点含有数十万个某种氨基酸分子。因为同种蛋白质的一个分子与相同蛋白质的其他分子是相同的，所以这种技术好像是只在处理一个单独的蛋白质分子。这**之所以**可行是因为一定蛋白质的所有分子都是相同的。

15. 诺贝尔奖历史上最奇怪的事件是Sanger的得奖时间。 是他创立了分析蛋白质组分氨基酸的技术，但这个技术很快便被其他化学家应用，其中包括美国人Vincent du Vigneaud。 du Vigneaud使用Sanger的技术决定了两种较为简单的蛋白质的结构，它们叫做后叶催产素和后叶加压素，而且比Sanger做得更好，他按照氨基酸的排列顺序重造了这种较为简单的蛋白质的复制品。 他从无活性的生命构件合成了在任何方面行为都和机体所产生的分子相似的生命分子。 这个成就是巨大的，它暗示我们，生命无非就是由一些非生命分子按正确的顺序排列组合而成。为此，du Vigneaud在1955年立刻获得了诺贝尔奖。我们可以想象是在几年后诺贝尔委员会才认识到如果没有Sanger， du Vigneaud是无法开展他的工作的，而且确定胰岛素的结构远比确定后叶催产素和后叶加压素的结构复杂。 当然，最后他们还是作出了公正的决定。

16. *The Eighth Day of Creation*, page 213.

第七章 生命分子

1. 引自Franklin Portugal and Jack Cohen, *A Century of DNA*, page 9。

2. 引自Alfred Mirsky, "The Discovery of DNA", in *Scientific American*, volume 218, page 78, June 1968。

3. 含有核糖的核酸之正确名称叫"核糖核酸"。含有核糖失去一个氧原子而产生的戊糖的核酸，其正确名称叫"脱氧核糖核酸"(插入的数字告诉你失掉的是哪一个氧原子)。它们的简称分别为RNA和DNA。从现在起，我在本书中将使用它们的简称。

4. 他为此获得了1910年度诺贝尔奖。

5. 例如见Judson, 39页。有些人猜测，Avery的研究工作没有马上为人们广泛接受的原因，也许是由于洛克菲勒研究所的重要人物Levene的影响太大，Levene于1940年去世。但最终这个发现还是超越了四核苷酸假说。但权威史学家Robert Olby的 *The Path to the Double Helix* 却不这样认为。当时确实有一小群人反对Avery的研究工作，但许多生物化学家，也包括洛克菲勒的人在内都立即留下了深刻印象。1943年当 Avery 在一次午茶会上向同事正式介绍他的研究时，他得到了大家"长时间的喝彩……一个极其热烈的接受"。（McCarty，引自 Olby，205 页。）

6. 但这还只是在专家的范围内。因为这一重要结果从没被总结成一篇简短的论文在 Science 或 Nature 杂志上发表，而许多重要发现都是通过它们传播开来的。而且在战争末期跨洋旅行也很困难。 消息最终还是传到了巴黎，Andre Boivin 确信 DNA 作为转化物质的作用，并对这项研究十分感兴趣。但在英国，新发明产生的影响很小，即使在生物化学家之中。

7. The Path to the Double Helix, page 211.

8. 引自 Portugal and Cohen 的报告，page 201。

9. Bohr 的讲演 "Light and Life" 发表于 Nature, volume 131, page 421, in 1933。

10. 见 Olby 的引语，page 231。

11. 请不要与另外一篇有关量子理论的著名论文混淆。它也被称为"三人论文"，虽然名字相同，内容却不同。关于那篇论文，见我的另一本书 In Search of Schrödinger's Cat。

12. 实际上，物理学家已经有了有关生命之分子化学方面的重要线索。从 1928 年开始的一系列实验中，Lewis Stadler 研究了玉米在紫外线下的诱导突变效应。他发现产生突变最有效的波长就是 DNA 的吸收波长，大约为 260 纳米，这比蛋白质分子的吸收波长短，蛋白质分子的吸收波长大约为 280 纳米。其中的暗示就现在来说非常明显，但在 30 年代，科学界并没有得出明确的结论。

13. 此书仍在重版，颇值一读。

14. Olby, page 247.

15. Olby, page 214.

16. Olby, pages 19—29.

17. 由于 Delbrück、Hershey 和 Luria 对噬菌体研究的贡献，他们分享了 1969 年诺贝尔生理学医学奖。

18. The Double Helix, page 87.

19. 引自 Wilkins 的诺贝尔演说；见 Portugal and Cohen，page 238。

20. 对这个很奇怪的限制有很好的解释。战后，英国有关基础研究的经费非常有限，而且 Perutz 在卡文迪什的研究组和 Randall 在国王学院的生物物理学研究部都是由同一家组织资助，即医学研究理事会。于是为了避免资金浪费，就不可能有重复研究。所以并不是当时分子生物学没有足够多令人感兴趣的问题可供研究。在当时卡文迪什和国王学院之间有着这样的君子协定，即国王学院的研究组优先研究 DNA。问题是在某种程度上说，Watson 和 Crick（特别是 Watson）有些做法不够君子。

21. 另一方面，Hershey-Chase 实验结果的宣布对剑桥研究组的影响并不是很大，Watson 已不再需要有关 DNA 就是生命分子的证明，而且他对这类噬菌体的实验也很熟悉。 对他来说，韦林搅拌器的结果最多只不过是 Avery 蛋糕上的酥皮。

22. 有关 Griffith 的故事许多书中都有记载，Olby 的是最完整的，上面一段 Crick

的自述引自 *The Path to the Double Helix*, page 388, 是 Olby 在 1968 年记录的长篇采访中的一部分。

23. Crick, reported by Judson, page 144.

24. 可能部分原因是现在她有更好的物质去研究。科罗拉多的 Ralph Barclay 最近指出, 他曾将他得到的 DNA 送给 Wilkins, 随后又转给了 Franklin。他是用"一种分离过程, 结果所得的 DNA 非常纯净, 足以使 Franklin 得出美丽、精确的 X 射线衍射照片……如果没有那份 DNA, 这样的衍射照片在当时是不可能获得的"(*New Scientist*, 8 March 1984, page 47)。

25. 他们当然需要 Bragg 的同意, 才能正式研究 DNA。Pauling 的论文对批准起到了重要作用。当然为了与国王学院竞争是毫无疑问的, 但 Bragg 非常愿意看到卡文迪什能在 DNA 的结构上击败 Pauling。Pauling 当年在与 Bragg 的"竞争"中取胜一事, 多年来仍然记在 Bragg 心中。

26. 当然, 来自国王学院的数据告诉 Watson 和 Crick 的不仅仅是 DNA 分子的基本结构是一个双螺旋。有关分子的直径、螺旋旋转的角度以及其他参量都包含在 Franklin 的观察结果里。

27. Watson, *The Double Helix*, pages 114 and 115. 在 Crick 亲自与 Griffith 和 Chargaff 交谈半年后, "这时查加夫规则突然显现出来"的说法令人吃惊, 也许它恰恰揭穿了有关 Watson 和 Crick 早已经有了互补的思想而只是留用于自己并没与世人分享的说法。

28. 信的日期是 3 月 7 日, 由 Olby 引用, page 414。

29. Olby, pages 417 and 418.

30. Sayre, pages 163 and 164.

31. 本段的引语都引自 *The Double Helix*, 124 页。

32. 信的日期是 10 月 9 日, 由 Judson 引用, page 186。Judson 告诉大家, 在 1953 年初, Franklin 得到 Randall 的正式"要求", 请她不要再研究 DNA 了, 但她还是与 Gosling 完成了一系列论文, 进一步证明了沃森-克里克模型。她自己在伯尔贝克的研究进展顺利, 直至最终病逝; Crick 同样也进入另一个卓越的研究生涯, 但 Watson 再没有做出类似和克里克合作时期的工作。他写了一本大教科书, 并成为一名一流管理者, 成为冷泉港实验室主任。

33. 最近的新闻又出现了 Meselson 的名字, 但与此关联不大。这个 Meselson 曾参加对军方声称为共产党方面使用化学武器证据的东南亚所谓"黄雨"进行化学分析, 证明它只不过是蜜蜂的排泄物。见 *Nature*, volume 309, page 205, 17 May 1984。

34. Judson, page 188.

第八章 破译密码

1. 这篇论文至今仍被视为提出宇宙背景辐射是产生火球(即大爆炸本身)的"回声"这一思想的关键著作之一。有时它也真的被人简称为 αβγ 论文。令 Gamow 高兴的是, 完全出于巧合, 这篇论文于 4 月 1 日(愚人节)发表。

2. 选自华盛顿国会图书馆 George Gamow Collection 中的一次采访录。Portugal 和 Cohen 引自 *A Century of DNA*, page 285。所说的那一期 *Nature* 出版于 5 月 30 日, 里面刊载了 Watson-Crick 的第二篇论文。凑巧的是, 正是这位 Luise Alvarez 在 20 世纪 80 年代因赞同 6500 万年前的恐龙灭绝由巨型陨星撞击地球而造成这一理论而闻名。*

3. *Nature*, volume 173, page 318, 1954.

4. 当然, 动物是从它们所吃的植物或其他动物那里得到能量丰富的分子的。

5. 事情是这样发生的。携带镰状细胞基因和正常基因杂合体的人, 有在正常情况下具有轻微但不严重的镰状转变倾向的血红蛋白。如果它们受到疟原虫的侵袭, 疟原虫就进入红细胞, 同疟原虫攻击不携带镰状基因的人一样。但是带有镰状细胞性状者的红细胞在受到这样的攻击时会褶皱起来, 与此同时, 入侵者也被摧毁。所以, 如果你身处疟疾多发地区, 那么携带一对杂合体中含有一个编码镰状细胞性状的基因就为此作出了贡献, 尽管你那具有一对杂合体镰状细胞性状的子女有可能死亡。

6. Eighth Day, page 308.

7. 对 Crick 这篇论文之重要意义的评价引自 Elof Carson, *The Gene*, page 236。Crick 的论文发表在 *Symposium of the Society for Experimental Biology*, volume 12, page 138。本段文字中的引语均引自那篇论文。

8. 引自 Crick 的论文, 同前。

9. Judson, page 433.

10. 对 Judson 的访谈, 见 *Eighth Day*, page 481。

11. 同上。

12. 如 Lubert Stryer 的 *Biochemistry*, W. H. Freeman, San Francisco, second edition, 1981。

13. 这里留了个尾巴, 令我忍不住要多讲几句。细胞是如何避免在核糖体忙于沿着 mRNA 分子一个接一个**无休止**地翻译信息时, 使自身充斥同一种蛋白质的? 好像每个新的 mRNA 分子的 3 号端都连着一串分子——与遗传密码无关的一个尾巴。随着翻译过程的继续, 这条尾巴变短了; 每个核糖体在到达一定基因翻译成一定蛋白质这一过程的末尾时甩掉一个片段。当上百个核糖体经其全程后, 尾巴完全消失之时, 酶把 mRNA 分子切成许多片段, 被细胞重新回收, 于是就暂时不再制造那种蛋白质。

第九章　跳跃基因

1. 在 Lehninger 等出版的现代教科书中对此有较详细的介绍, 但有些内容属于最近的研究成果, 未被收入教科书, 更不用说科普读物了。我使用的材料取自 Lu-

---

* 参见上海科技教育出版社"哲人石丛书"中的《霸王龙与陨星坑》。——译者

bert Stryer 所著 *Biochemistry*, Freeman, San Francisco, second edition, 1981。

2. *Journal of Molecular Biology*, volume 3, page 318, 1961.

3. 你可能会觉得这段故事虽然很有趣，但同我要说的关于量子物理学与生命的主题离得太远了一点。为什么一种蛋白质会觉得一个部位比另一个部位更有吸引力呢？这是由于分子水平上各种力量的相互作用以及它追求可得的最低能量构型之"需要"。决定这些化学力量相互作用方式的规律是什么？哪种状态是最低的能态？这些都是有关量子物理学法则的问题。尽管我不打算在本书所有地方详细介绍每一个原子和分子的量子物理学行为，但量子规律是这些原子和分子都遵循的惟一规律。想办法按最低能量构型分配你的电子云，你就会到达分子的天堂。生命的全部复杂性以及人类智慧最值得骄傲的成就，皆有赖于宇宙的这一终极真理。

4. 最早的报道见 A. L. Taylor, *Proceedings of the National Academy of Science*, volume 50, page 1034, 1963。

5. 目前介绍重组 DNA 技术的最好导读是 James Watson, John Tooze 和 David Kurtz 著 *Recombinant DNA*(Scientific American Books, 1983)。略有渲染但非常通俗明了地介绍遗传工程革命的作品是 Steve Prentis 著 *Biotechnology*(Orbis, 1984)。

6. *A Feeling for the Organism*, page 187.

7. 见 Roger Lewin 关于剑桥会议的报道，*Science*, volume 213, page 634, 1981。当然，这一发现不一定意味着人类基因能够翻译到今天的植物染色体中去，但是很久以前我们的一个祖先把这个基因"给"了一个远古的植物。另一方面，这一发现并没有说遗传物质从人类转移到一棵白菜或者反过来转移在今天是不可能的。

8. 例如，见 Roger Lewin, *Science*, volume 213, page 634。

9. 见 Lewin 的文章，同上。

第十章 从达尔文到DNA

1. Pelican edition, page 458.

2. 引自 *The Descent of Man* 第2版，155页。

3. G. F. H. Nuttall, "The new biological test for blood", *Journal of Tropical Medicine*, volume 4, page 405, 1901.

4. M. Goodman, "Serological analysis of the systematics of recent hominoids", *Human Biology*, volume 35, page 377.

5. 正如 Thomas Jukes 于1966年在他的精彩(虽然现在看有点过时)著作 *Molecules and Evolution*(Columbia University Press, page 192)中报告 Margoliash 的结论时指出的那样，细胞色素c相似性和变异的总模式提供了"(迄今所研究过的)所有活物种都从一个共同祖先进化而来的惊人证据"。

6. 关于分子钟的全部故事和它对我们了解人类起源的影响，我和 Jeremy Cher-

fas 在 *The Monkey Puzzle*（Bodley Head, London; McGraw-Hill, New York; 1982）一书中作了叙述。

7. Volume 214, page 426.

8. 我们在 *The Monkey Puzzle* 中详细探讨了这个问题；这种吊荡生活方式的特点之一是将身体直挂在树枝上，这为我们的祖先来到地面上生活时逐步向直立行走过渡准备了条件。

9. 关于这项合作的进展情况和最终结果，可以从 Sarich 和后来加入这个小组的 J. E. Cronin 的文章中读到，见 *New Interpretation of Ape and Human Ancestry*, edited by Russel Ciochon and Robert Corruccini。

10. Volume 158, page 1200.

11. 引自 Sarich, in *New Interpretation*, page 140。

12. Volume 58, page 142.

13. 确实，这一技术被证明是研究从大蝙蝠、海象、熊猫等温血动物到鱼、爬行动物、细菌等与我们较远的物种时一种非常宝贵的工具。无论在哪里研究活物种的进化起源，Sarich 和 Wilson 的分子钟都是一种标准的并为人们接受的工具。只有在充满争议的人类起源问题上，由于似乎涉及更敏感的个人问题，而且有些人对此深感恐惧，所以一些传统主义者仍然顽固地反对这一潮流。

14. Op. cit., page 141.

15. A. L. Zihlman and J. M. Lowenstein, in *New Interpretations*, page 691. 这篇从第677页开始的文章概述了形似黑猩猩的最初人类的证据，为早期的研究论文提供了参考。

16. Fontana, London, 1976. 初版标题为 "Autobiography of Karl Popper", in *The Library of Living Philosophers*, edited by Paul Schilpp, Open Court Publishing Co., Illinois, 1974。

17. Volume 297, page 197.

参考文献

D. S. Bendall, editor, *Evolution from Molecules to Men*, Cambridge University Press, 1983.

Peter Brent, *Charles Darwin*, Heinemann, London, 1981.

Elof Carlson, *The Gene: A Critical History*, W. B. Saunders, Philadelphia, 1966.

G. M. Caroe, *William Henry Bragg*, Cambridge University Press, 1978.

Jeremy Cherfas and John Gribbin, *The Redundant Male*, Bodley Head, London, and Pantheon, New York, 1984.

Russel Ciochon and Robert Corruccini, editors, *New Interpretations of Ape and Human Ancestry*, Plenum, New York, 1983.

Helena Curtis, *Biology*, Worth, New York, second edition, 1975.

Charles Darwin, *The Origin of Species by Means of Natural Selection*, Pelican, London, 1968.

Charles Darwin, *The Descent of Man*, John Murray, London, second edition, 1889.

Charles Darwin, *The Voyage of Charles Darwin*, Ariel Books/BBC, London, 1978.

Charles Darwin and Alfred Wallace, *Evolution by Natural Selection*, Cambridge University Press, 1958.

F. Darwin, editor, *The Foundations of the Origin of Species: Two Essays Written in 1842 and 1844 by Charles Darwin*, Cambridge University Press, 1909.

Francis Darwin, editor, *Life and Letters of Charles Darwin*, John Murray, London, 3 volumes, 1887.

Paul Davies, *Quantum Mechanics*, Routledge & Kegan Paul, London, 1984.

Richard Dawkins, *The Selfish Gene*, Oxford University Press, 1976.

Gavin de Beer, *Charles Darwin*, Nelson, Edinburgh, 1963.

Loren Eisely, *Darwin and the Mysterious Mr. X*, Dent, London, 1979.

Ronald A. Fisher, *The Genetical Theory of Natural Selection*, Oxford University Press, 1930; revised edition, Dover, New York, 1958.

Antony Flew, *Malthus, Pelican*, London, 1970.

Edward Frankel, *DNA: The Ladder of Life*, McGraw-Hill, New York, second edition, 1979.

George Gamow, *Mr Tompkins in Paperback*, Cambridge University Press, 1967.

Wilma George, *Biologist Philosopher*, Abelard-Schuman, London, 1964.

John Gribbin, *Future Worlds*, Plenum, New York, 1981.

John Gribbin, *In Search of Schrödinger's Cat*, Bantam, New York, and Wildwood House, London, 1984.

Jonathan Howard, *Darwin*, Oxford University Press, 1982.

Julian Huxley, *Evolution: The Modern Synthesis*, Allen & Unwin, London, 1942.

Hugo Iltis, *Life of Mendel*, Allen & Unwin, London, 1932.

Horace Freeland Judson, *The Eighth Day of Creation*, Cape, London, 1979.

Evelyn Fox Keller, *A Feeling for the Organism*, W. H. Freeman, San Francisco, 1983.

John Kendrew, *The Thread of Life*, Bell & Sons, London, 1966.

Albert L. Lehninger, *Principles of Biochemistry*, Worth, New York, 1982.

H. L. McKinney, editor, *Lamarck to Darwin: Contributions to Evolutionary Biology 1809—1859*, Coronado Press, Lawrence, Kansas, 1971.

H. L. McKinney, *Wallace and Natural Selection*, Yale University Press, 1972.

Jacques Monod, *Chance and Necessity*, Collins, London, 1972.

Robert Olby, *The Path to the Double Helix*, Macmillan, London, 1974.

Colin Patterson, *Evolution*, Routledge & Kegan Paul, London, 1978.

Linus Pauling, *The Nature of the Chemical Bond*, Cornell University Press, Ithaca, third edition, 1960.

Linus Pauling and Peter Pauling, *Chemistry*, W. H. Freeman, San Francisco, 1975.

Max Perutz, *Proteins and Nucleic Acids*, Elsevier, Amsterdam, 1962.

J. C. Polkinghorne, *The Quantum World*, Longman, London and New York, 1984.

Franklin Portugal and Jack Cohen, *A Century of DNA*, MIT Press, Cambridge, Massachusetts, 1977.

Steve Prentis, *Biotechnology*, Orbis, London, 1984.

Anne Sayre, *Rosalind Franklin & DNA*, W. W. Norton, New York, 1978 (original edition 1975).

Erwin Schrödinger, *What is Life?* and *Mind and Matter*, Cambridge University Press, 1967.

Scientific American, *Organic Chemistry of Life*, W. H. Freeman, San Francisco, 1974.

G. Ledyard Stebbins, *Darwin to DNA, Molecules to Humanity*, W. H. Freeman, San Francisco, 1982.

Gunther Stent, editor, *The Double Helix*, Weidenfeld and Nicolson, London, 1981.

James Watson, *Molecular Biology of the Gene*, W. A. Benjamin, Menlo Park, California, third edition, 1976.

James Watson, *The Double Helix*. See Gunther Stent.

James Watson, John Touze and David Kurtz, *Recombinant DNA*, Scientific American Books, New York, 1983.

Bruce Wheaton, *The Tiger and the Shark*, Cambridge University Press, 1983.

图书在版编目(CIP)数据

双螺旋探秘:量子物理学与生命/(英)约翰·格里宾著;方玉珍等译.——上海:上海科技教育出版社,2019.1(2024.5重印)

(哲人石丛书:珍藏版)

ISBN 978-7-5428-6908-1

Ⅰ.①双… Ⅱ.①约… ②方… Ⅲ.①量子力学—普及读物 ②生命科学—普及读物 Ⅳ.①0413.1-49 ②Q1-49

中国版本图书馆CIP数据核字(2018)第303144号

责任编辑	王世平 潘 涛	
	殷晓岚	
封面设计	肖祥德	
版式设计	李梦雪	

双螺旋探秘——量子物理学与生命

[英] 约翰·格里宾 著

方玉珍 朱进宁 秦久怡

朱 方 译

出版发行	上海科技教育出版社有限公司
	(201101 上海市闵行区号景路159弄A座8楼)
网 址	www.sste.com　www.ewen.co
印 刷	常熟市华顺印刷有限公司
开 本	720×1000　1/16
印 张	20.75
版 次	2019年1月第1版
印 次	2024年5月第5次印刷
书 号	ISBN 978-7-5428-6908-1/N·1047
图 字	09-2015-1083号
定 价	52.00元